全国部分高校冶金工程专业
硕士研究生入学专业课试题选解

吕俊杰　许文林　高绪东　编著

北　京
冶 金 工 业 出 版 社
2017

内 容 提 要

本书收集了1981年至2014年的全国部分高校招收冶金工程专业硕士研究生入学考试的专业课试题，并对其中的部分试题进行了选解。

本书可供参加全国高校冶金工程专业硕士研究生入学考试的在校大学生和已工作的冶金工程专业本科生、冶金技术专业专科生等有关人员阅读，也可作为全国冶金高校改进冶金工程专业课程的教学参考书。

图书在版编目(CIP)数据

全国部分高校冶金工程专业硕士研究生入学专业课试题选解/吕俊杰，许文林，高绪东编著.—北京：冶金工业出版社，2017.12

ISBN 978-7-5024-7562-8

Ⅰ.①全… Ⅱ.①吕… ②许… ③高… Ⅲ.①冶金工业—研究生—入学考试—习题集 Ⅳ.①TF-44

中国版本图书馆CIP数据核字(2017)第212400号

出 版 人 谭学余

地 址 北京市东城区嵩祝院北巷39号 邮编 100009 电话 (010)64027926

网 址 www.cnmip.com.cn 电子信箱 yjcbs@cnmip.com.cn

责任编辑 张熙莹 唐晶晶 美术编辑 彭子赫 版式设计 孙跃红

责任校对 李 娜 责任印制 李玉山

ISBN 978-7-5024-7562-8

冶金工业出版社出版发行；各地新华书店经销；三河市双峰印刷装订有限公司印刷

2017年12月第1版，2017年12月第1次印刷

787mm×1092mm 1/16；18.25印张；438千字；278页

62.00元

冶金工业出版社 投稿电话 (010)64027932 投稿信箱 tougao@cnmip.com.cn

冶金工业出版社营销中心 电话 (010)64044283 传真 (010)64027893

冶金书店 地址 北京市东四西大街46号(100010) 电话 (010)65289081(兼传真)

冶金工业出版社天猫旗舰店 yjgycbs.tmall.com

(本书如有印装质量问题，本社营销中心负责退换)

前　言

冶金工业是国民经济的支柱产业，涉及面广、产业关联度高、消费拉动大，在经济建设、社会发展、财政税收、国防建设及稳定就业等方面发挥着重要作用。2016年，全国粗钢产量达8.08亿吨，粗钢产量连续21年跃居世界第一，我国铜、铝、铅、锌、镍、镁、钛、锡、锑、汞10种有色金属总产量达5283万吨，保持了较快增长。

冶金又分为钢铁和有色金属两大行业。我国是钢铁和有色金属的生产和消费大国，冶金工程的专业方向主要分为钢铁冶金、有色金属冶金和冶金物理化学。在我1979年考入东北工学院（今东北大学）读本科时，当时的冶金类专业分别叫：炼铁专业、炼钢专业、电冶金专业、轻金属冶金专业、稀有金属冶金专业、重金属冶金专业、冶金物理化学专业。1980年初专业合并，原炼铁专业、炼钢专业、电冶金专业三个专业合并成为钢铁冶金专业；同时将原轻金属冶金专业、稀有金属冶金专业、重金属冶金专业合并成为有色金属冶炼专业，冶金物理化学专业保留，进入2000年以后新一轮专业调整，又将钢铁冶金专业、有色金属冶炼专业、冶金物理化学专业再次合并为冶金工程专业，从学习前苏联的专业设置细分专门化到今天的专业合并为大冶金，学生既要学习钢铁，又要学习有色，通常在一个专业名称下设置2~3个专业方向。

我国冶金专业的研究生教育开始于20世纪50年代，当时的东北工学院最早在苏联专家的指导下招收钢铁冶金（炼铁、炼钢、冶金炉等）方向的研究生。1966年“文化大革命”开始后我国的研究生教育中断，直至1980年恢复了研究生招生，至今已有37年。

从我1979年9月在东北工学院上大学开始就想在本科毕业之后继续深造，希望将来能够读研究生，在紧张的学习之余开始收集研究生考题。有幸自己在1985年9月考上了北京钢铁学院（今北京科技大学）钢铁冶金专业的硕士研究生。在20世纪80年代初冶金工业部所属的16所冶金高校中，有9所高校设置有钢铁冶金专业，分别是：北京钢铁学院、东北工学院、包头钢铁学院、马鞍山钢铁学院、武汉钢铁学院、江西冶金学院、鞍山钢铁学院、西安冶金建筑学院、昆明工学院。此外重庆大学（教育部直属高校）、上海工业大学、唐山工程技术学院（这两所高校属于地方高校）等三所高校也设置了冶金专业。而中南矿冶学院当时设置了有色冶金专业，重庆大学设置的冶金专业叫化学冶金专业。全国有冶金专业本科的学校仅为13所，每年招收钢铁冶金、有色冶金、冶金物理化学方向的研究生不到100人。后来钢铁与有色分家，一些冶金院校（如中南矿冶学院、昆明工学院、江西冶金学院）调整到了当时的中国有色金属总公司，一些院校（如北京钢铁学院、东北工学院、包头钢铁学院，马鞍山钢铁学院、武汉钢铁学院、鞍山钢铁学院、西安冶金建筑学院）留在了原冶金工业部。1998年以后冶金工业部和中国有色金属总公司撤销，东北大学、北京科技大学、中南大学划归教育部，其他学校下放地方管理，随后更名、合并、专科升本科。目前全国的冶金高校达到了73所，其中设置冶金工程本科的高校有50所，设置冶金技术的高职、专科学校有23所。

近年来，我国的冶金教育发展很快，每年招收专科本科生7000~8000人，硕士研究生400~500人，博士研究生80~100人。编写出版本书的目的，一方面作为史料将过去30多年部分冶金高校招收研究生的专业课试题收集整理，将部分试题选解，提供给在冶金高校、生产企业、设计院及研究所有志于报考研究生的青年朋友参考，便于他们在复习专业课程时，精心准备，考出优异成绩，实现个人的读研梦想；另一方面也为在校大学生学习冶金工程专业相关课程提供一本习题参考，以加强同学们的专业课程学习，掌握好专业课程。

俗话说："十年磨一剑，不敢露锋芒"，本书收集资料长达30多年，花费了我大量的时间和心血，这些资料具有史料价值，所收集的试题保证了其真实性、准确性，与原招生单位保存在本单位档案馆（或档案室）的研究生入学试题相一致。为保持试题的原貌，对原试卷中的招生单位名称、试卷所用的计量单位没有修改，特在此说明。

目前有大量政治理论、英语、高等数学等硕士研究生招生试题汇编及复习指导书出版发行，但还未有冶金工程专业硕士研究生招生专业课程试题方面的书籍出版。本书的出版填补了这方面的空白，同时本书的出版对研究改革开放后中国冶金高校冶金专业的研究生教育也是有益的，从中也可以了解中国钢铁工业技术进步的历史和冶金专业高层次人才培养对推动中国钢铁工业的发展作出的贡献，钢铁工业能够取得今天的巨大成就与我们重视人才培养密切相关！

在过去30多年收集研究生入学专业课试题的过程中，得到了各研究生招收单位、许多研究生指导教师和我在北京科技大学、东北大学及辽宁科技大学等单位工作的大学、研究生同学和朋友的鼎力支持和帮助，在此向他们表示衷心的感谢！

本书的试题部分选解内容，取自公开出版的各种冶金书籍，在选解中所引用的内容部分加以列出，书末附有参考文献，在此向书籍的原作者致谢！

感谢国内冶金院校的同行们这些年来给予我工作上的大力支持！感谢夫人重庆医科大学附属第一医院心内科主任罗素新教授对本书出版给予的关心与鼓励！

感谢学校谢枭鹏副教授对本书出版给予的支持和多年来对我工作的无私帮助！

在本书出版过程中，得到了重庆科技学院冶金工程专业2013级朱正录同学的大力支持，在本书出版之际向他表示衷心的感谢！

本书另两位作者许文林老师、高绪东老师在试题的录入、试题的选解方面做了大量工作，没有他们两位的共同努力本书难以出版。在此，一并向关心支持本书出版的各位朋友表示衷心的感谢和崇高的敬意！

由于编者水平有限，书中不足之处，恳请读者批评指正。对本书的意见和建议，希望通过电子邮件反馈到：Ljj630707@163.com。

吕俊杰

2017年7月于重庆西郊

目　录

第一部分　冶金专业硕士研究生入学考试题

第二部分　冶金专业硕士研究生入学考试题选解

附　录

第一部分

冶金专业硕士研究生入学考试题

1.1980 年北京钢铁学院炼钢学试题

一、解释下列名词。（本题 20 分，每小题 2 分）

瓶口式钢锭模；连铸板坯的鼓肚；AOD 法；保护渣浇铸；平炉炼钢的“软熔”；铁水预处理；镇静钢钢锭的线收缩；立弯式连铸机；DH 法；第二类硫化物夹杂。

二、已知铁水成分：4.2%C，1.1%Si，0.2%P，0.01%S；炉渣按以下成分考虑：43.8%CaO，30%SiO_2，23.63%FeO，2.13%MgO，0.44%P_2O_5。铁水中碳和硅的氧化反应式如下：

$$[Si]+2[O]═══(SiO_2)\qquad \Delta G^{\ominus}=-139300+53.55T$$

$$[C]+[O]═══CO\qquad \Delta G^{\ominus}=-4100-10.16T$$

根据 ΔG-T 的关系，试计算碳开始激烈氧化的温度（即 C 和 Si 氧化的转化温度）。

计算所用有关数据给定如下：

活度相互作用系数：$e_{Si}^{Si}=0.03$，$e_{Si}^{C}=0.205$，$e_{Si}^{P}=0.085$，$e_{Si}^{S}=0.057$，$e_{C}^{C}=0.22$，$e_{C}^{Si}=0.088$，$e_{C}^{P}=0.047$，$e_{C}^{S}=0.090$，$\gamma_{SiO_2}=10^{-1.5}$，$p_{CO}=1atm(1atm=101325Pa)$。

相对分子质量：$M_{CaO}=56$，$M_{SiO_2}=60$，$M_{FeO}=72$，$M_{MgO}=40$，$M_{P_2O_5}=142$。（本题 20 分）

三、在顶吹氧气转炉吹炼过程中取炉渣试样，分析其成分并进行换算后，按时间顺序以 a、b、c、d、e 标绘在 CaO-SiO_2-FeO 三元相图 1600℃ 等温截面上，如图 1 所示。试列出这些炉渣的近似成分（按炉渣为 CaO、SiO_2、FeO 三元系考虑），并扼要比较两炉造渣过程的优缺点。（本题 20 分）

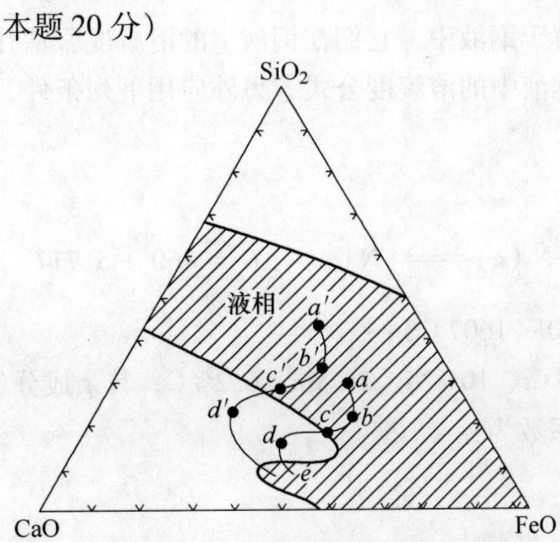

图 1　CaO-SiO_2-FeO 三元相图 1600℃ 等温截面

四、(1) 图2中两个拉瓦尔喷头，哪一个是正确的，简要回答为什么?

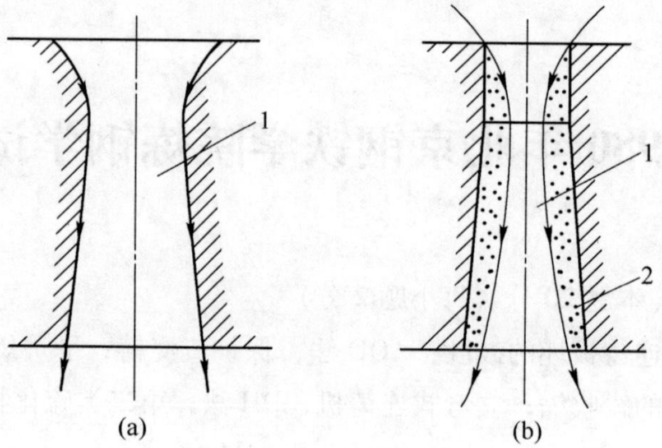

图2 拉瓦尔喷头

1—流股；2—流股脱离喷嘴内壁的区域

(2) 在设计氧气顶吹转炉的多孔喷头时，主要考虑哪几个参数? (不需加以说明)(本题20分，每小题10分)

五、用图解表示在正常生产情况下浇铸出来的镇静钢钢锭、半镇静钢钢锭、沸腾钢钢锭的结构和镇静钢钢锭的偏析（不需另加说明）。(本题20分)

2.1981年北京钢铁学院炼钢学试题

一、通常有哪些气体溶解于钢液中，它们在钢液中的溶解度服从什么定律? 试以任一种气体为例，写出其在钢液中的溶解度公式。另外应用下列条件，计算氮在钢液中的溶解度。(20分)

已知条件:

(1) 溶解自由能: $\frac{1}{2}N_2(g) = [N]_{1\%}$ $\Delta G^{\ominus} = 860 + 5.71T$;

(2) 钢液温度: 1880K(1607℃);

(3) 钢液成分: 20%Cr、10%Ni、2%Mn、0.2%C，其余成分忽略不计;

(4) 活度相互作用系数为:

e_N^{Cr}	e_N^N	e_N^{Mn}	e_N^C
-0.05	0.01	-0.02	0.13

（5）氧分压有两种情况：$p_{N_2}=1atm$；$p_{N_2}=0.1atm$（$1atm=101325Pa$）。试计算两种情况下钢液中氮的溶解度各为多少？

二、试从理论上简要说明顶吹氧气转炉比平炉熔池脱碳反应速度快的道理。（15分）

三、在使用设计定型的拉瓦尔喷头（出口面积和临界面积已定）的氧枪时，应如何控制工作氧压，试从可压缩流体力学理论角度加以简要说明。（15分）

四、绘出典型的沸腾钢、镇静钢及半镇静钢钢锭结构示意图，并简述为什么要生产上述三种不同的钢锭。（15分）

五、设钢液脱硫反应为渣-钢两液相间的反应，由于化学反应速度很快，动力学阻力集中在相界面两侧的边界层，设过程以稳态进行，试根据以上条件导出脱硫反应的动力学方程式（浓度可以用体积摩尔浓度表示）。另外再根据以下条件计算渣洗脱硫效果：

（1）钢液冲入还原性渣液，碎裂成平均直径为0.1cm的液滴；

（2）硫的分配系数为：$L_S=\dfrac{(\%S)}{[\%S]}=50$；

（3）由于L_S值相当大，脱硫的控制环节认为是钢液中硫的传质；

（4）金属中硫的扩散系数：$D_S=1.15\times10^{-4}cm^2/s$；

（5）由于渣量很大，渣中（%S）可作为常数处理，取（S）= 0.1%；

（6）钢液渣洗前含硫量：$[S]_0=0.052\%$；

（7）金属液滴穿过渣层平均时间为10s。

求渣洗后钢液含硫量为多少？（20分）

六、在顶炉氧气转炉炼钢车间，要求用中磷生铁生产一种特殊用途的低碳超低磷钢种，有关数据如下所列：

（1）铁水含磷量为0.31%，钢种要求始点钢水含磷量小于0.005%；

（2）终渣渣量为金属质量的15%；

（3）终渣脱磷能力用磷的平衡分配系数L_P表示：$L_P=\dfrac{(\%P)}{[\%P]}=80$；

（4）脱磷反应按$2[P]+5[O]=(P_2O_5)$考虑，气化脱磷等其他脱磷反应均忽略不计，磷的相对原子质量是31，氧的相对原子质量是16；

（5）计算中以100kg金属料为计算单位。

根据上列数据，试计算终点钢水的含磷量能否达到钢种的要求。参考计算结果论证，在技术上还需采取哪些措施来保证冶炼出这种超低磷的合格钢水（包括采用国外已经应用的新技术及改进现有操作方法等）。（15分）

3. 1981 年东北工学院炼钢学试题

（一、二题必答，三、四、五题任选两题，即共答四题）

一、已知条件：

（1）$[C]+[O] = CO \quad \Delta G^{\ominus} = -3800 - 10.26T$；

（2）碳活度系数 $f_{[C]} = 1.0$，氧活度系数 $f_{[O]} = 1.0$；

（3）$p_{CO} = 1atm$。

计算和回答下列问题（30 分）：

（1）1650℃时，钢水中碳氧反应生成 CO 的平衡常数。（10 分）

（2）反应达平衡后，钢水中含碳量为 0.1%，钢中含氧多少？（10 分）

（3）LD 转炉终点钢水的碳氧反应是否已达平衡，为什么？（10 分）

二、回答下列问题：（30 分，每小题 3 分）

（1）钢锭、连铸坯的双浇（重接）的产生原因？

（2）含碳保护渣中的碳有哪些作用？

（3）说明弧形连铸机横断面上非金属夹杂的分布规律。

（4）Si^{4+}、Al^{3+}、Fe^{3+} 等为什么能和 O^{2-} 结合为 SiO_4^{4-}、AlO_3^{3-}、FeO_3^{3-} 存在于熔渣中？

（5）Ca^{2+}、Fe^{2+}、Mn^{2+}、Mg^{2+} 等为什么能以阳离子单独存在于熔渣中？

（6）LD 转炉为什么需用活性石灰造渣？

（7）炼沸腾钢时，对脱氧锰铁成分有什么要求？

（8）镇静钢脱氧时的加铝量，根据什么来决定？

（9）转炉氧枪喷头处的氧流速度，为什么要达到超声速？

（10）在平炉和转炉炼钢过程中，下列反应主要发生在什么地方？

$$\frac{1}{2}\{O_2\} + [C] = \{CO\} \quad (1)$$

$$[O] + [C] = \{CO\} \quad (2)$$

$$(FeO) + [C] = [Fe] + \{CO\} \quad (3)$$

$$[FeO] + [C] = [Fe] + \{CO\} \quad (4)$$

三、已知条件：

成分	CaO	SiO_2	P_2O_5	$CaCO_3$
炉渣	40%	20%	3%	
石灰	80%	3%		10%
相对分子质量	56	60	142	100

渣量为钢水量的 15%，计算下列各题（20 分）：

（1）在炉渣原有碱度的基础上，将碱度提高为 3.0 时，每吨钢需要多少千克 CaO？

（2）在上述同样的条件下，每吨钢需要加多少千克石灰？

四、写出炼钢炉渣的脱磷、脱硫的离子反应式和磷、硫在渣-钢间的离子分配系数式，说明脱磷、脱硫从转炉中分离出去进行铁水预处理的必要性和合理性。（20 分）

五、试述 AOD 法（氩氧精炼）原理、工艺特点及适用范围。（20 分）

4. 1981 年重庆大学炼钢学试题

一、根据 CaO-FeO-SiO_2 三元系 1600℃下等温截面图（见图 1），从成渣理论出发，提出加速氧气顶吹转炉成渣过程的措施。（15 分）

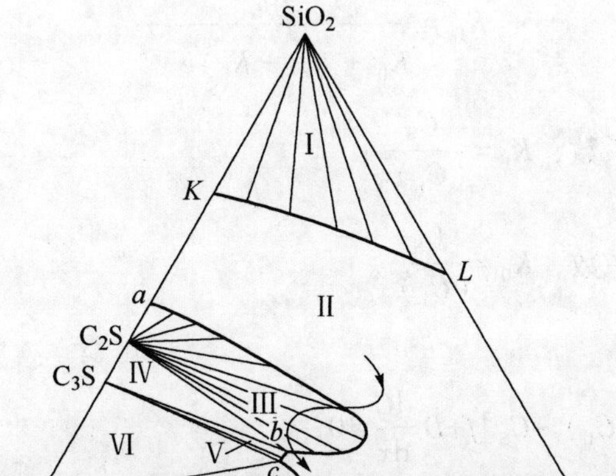

图 1　CaO-FeO-SiO_2 三元系 1600℃等温截面图

Ⅰ—SiO_2+液相；Ⅱ—液相区；Ⅲ—C_2S+液相；→—成渣途径

二、根据碳氧化反应机理，阐明氧气顶吹转炉的脱碳速度为什么远远地大于不吹氧平炉的脱碳速度。(15 分)

三、(1) 钢液凝固冷却过程中的体积变化对钢锭（镇静钢）质量有何影响？(8 分)

(2) 为什么很少浇注直径大于 500mm 的圆钢锭？(2 分)

四、为什么低碳碳素钢、低碳高铬和高铬镍合金钢锭易于出现轴心晶间裂纹？(10 分) 怎样防止？(5 分)

五、设一棒状物体（见图 2）自左向右凝固时，溶质浓度（C）的分布如图 2 所示，试从溶质流连续方程 $\frac{d^2C}{dx^2}+\frac{f}{D}\frac{dC}{dx}=0$ 证明有效分配系数 K_E 与凝固速度 f 存在以下关系。(15 分)

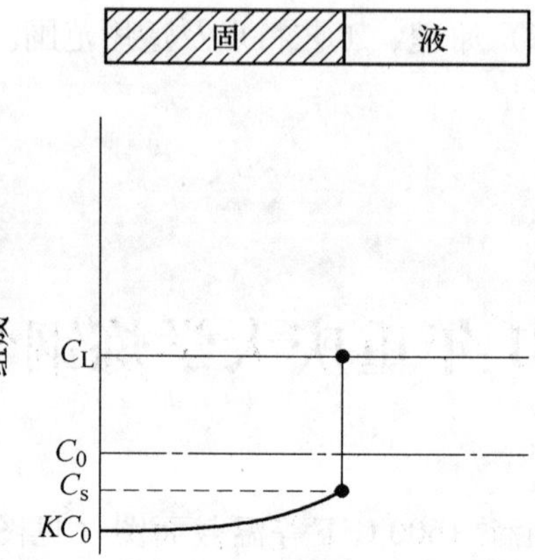

图 2　溶质浓度分布

$$K_E=\frac{K_0}{K_0+(1-K_0)e^{-\frac{f}{D}\delta}}$$

式中　K_E——有效分配系数，$K_E=\frac{C_S}{(C_L)_B}$；

K_0——平衡分配系数，$K_0=\frac{C_S}{(C_L)_i}$。

已知边界条件：

(1) 当 $x=0$ 时，$[(C_L)_i-C_S]f+D\frac{dC}{dx}=0$；

(2) 当 $x\geqslant\delta$ 时，$C_L=(C_L)_B$；当 $x=0$ 时，$C_L=(C_L)_i$。

六、试从改进设备和操作方法两方面，说明电弧炉炼钢节电的可能措施。(15 分)

七、试述现代冶炼 18-8 型不锈钢的主要问题、解决的途径和方法。(15 分)

5. 1982 年北京钢铁学院炼钢学试题

一、从生产操作和基本理论两方面分析脱氧时影响合金元素收得率的各种因素，并写出脱氧所需铁合金量的计算公式。(20 分)

二、试讨论钢液脱氧的下述问题：(15 分)

(1) 元素脱氧能力的定义及表示方法。

(2) 从出钢到凝固过程元素脱氧能力的变化规律。

(3) 镇静钢和沸腾钢通常使用什么作脱氧剂，为什么？

三、试分析在浇铸沸腾钢时，为什么要控制沸腾强度和沸腾时间，这和钢锭质量有什么关系？(20 分)

四、碳的燃烧反应与反应温度 T、空气流速 v、颗粒大小 d_p 有关，根据实验结果得到如图 1 所示的曲线。利用该图对碳燃烧反应动力学做简要分析讨论。(15 分)

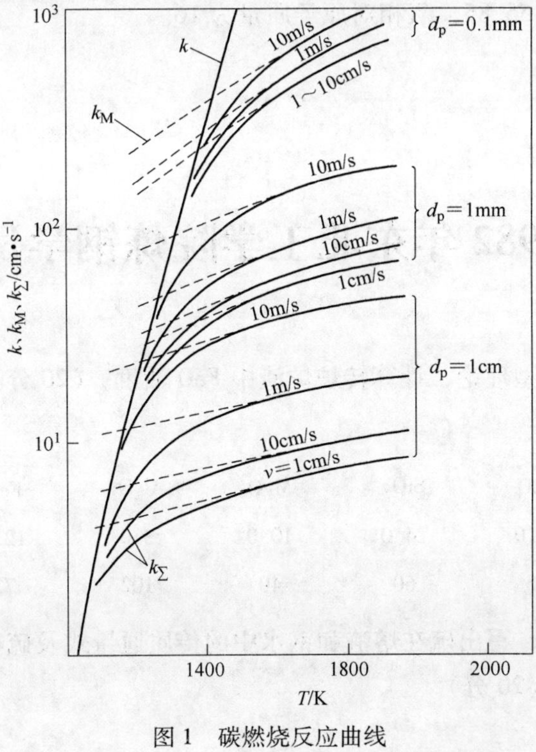

图 1　碳燃烧反应曲线

k—反应速度常数；k_M—传质系数；k_Σ—总反应速度常数

五、有碱性氧化渣，成分（摩尔分数,%）如下：$CaO+MgO$ 45；$SiO_2+Al_2O_3+P_2O_5$ 25；FeO 25；MnO 5。试求用该渣炼低碳钢种时，1600℃钢中残余锰能达到多少？（15 分）

计算所用数据：

$$Mn(l)+1/2O_2(g)=\!=\!=MnO(s) \qquad \Delta G^{\ominus}=-95400+19.21T(cal/mol)$$

$$1/2O_2(g)=\!=\!=[O]_{1\%} \qquad \Delta G^{\ominus}=-28000-0.69T(cal/mol)$$

$$MnO(l)=\!=\!=MnO(s) \qquad \Delta G^{\ominus}=-10700+5.21T(cal/mol)$$

$$\lg[O]_{max}=-\frac{6320}{T}+2.734$$

Fe-Mn 系形成理想溶液 $\gamma_{Mn}^{\ominus}=1$，钢中其余成分忽略不计。渣中组元活度以纯氧化物为标准态，该渣 $\gamma_{MnO}=1.6$，$a_{FeO}=0.40$，Mn 相对原子质量为 55，Fe 相对原子质量为 55.85。

六、有 30t 氧气顶吹转炉。装入含 0.075%P 铁水 32t，吹炼终点钢水温度 1677℃，钢水含磷 0.025%，出钢量 29t，终渣成分为 CaO 41.5%、SiO_2 13%、$\sum FeO$ 12.87%。试求终点时渣量有多少吨？（15 分）

计算所用数据：磷的分配系数公式为：

$$\lg\frac{(\%P)}{[\%P]}=\frac{22350}{T}-16.0+0.08(\%CaO)+2.5\lg(\%\sum Fe)$$

铁相对原子质量为 55.85，氧相对原子质量为 16。

6. 1982 年东北工学院炼钢学试题

一、用完全离子溶液模型理论，计算转炉炉渣中 FeO 活度。（20 分）

炉渣成分如下：

炉渣成分	CaO	SiO_2	MgO	Al_2O_3	FeO	Fe_2O_3
质量分数/%	48.0	24.0	10.0	3.0	12.0	3.0
相对分子质量	55	60	40	102	72	160

二、根据下列已知条件，写出硫在熔渣和钢水中的传质通量式及硫在熔渣和钢水两相中传质系数的比值式。（20 分）

已知条件：

（1）硫在熔渣和钢水中的传质为稳定态；

（2）硫在熔渣和钢水中的浓度如图 1 所示。

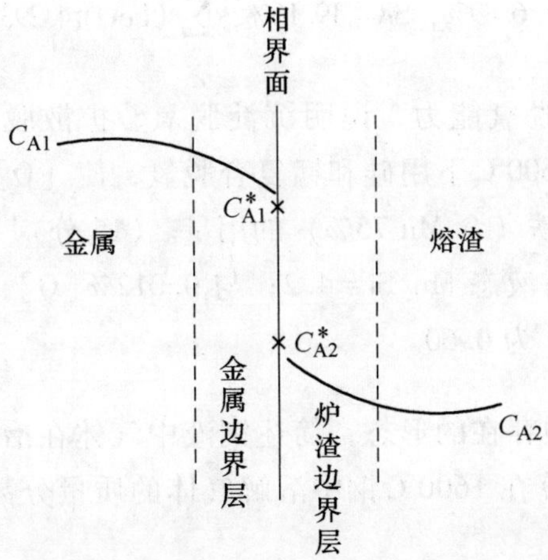

图 1　硫在熔渣和钢水中的浓度示意图

三、有 50t 含磷 0.07%的钢水。造新渣后磷在渣钢间的分配系数为 20，即 $L_P = \frac{(\%P)}{[\%P]} = 20$。分两次造渣，第一次造渣 2t，脱磷后除净渣，假设钢水量无变化，第二次再造渣 2t，求两次造渣的总脱磷量（按质量分数计）。（20 分）

四、解释下列专业名词。（20 分）

过冷，过冷度；树枝晶，等轴晶；倒 V 型偏析；连续炼钢，直接炼钢。

五、回答下列问题（20 分）：

（1）在结晶结构上，连铸坯和钢锭比较连铸坯有哪些特点？

（2）画图说明 LD 转炉吹炼过程中脱碳速度随钢水含碳量的变化规律。

7. 1982 年重庆大学炼钢学试题

一、使用含［V］生铁提［V］时，为保证钒渣质量，即使提钒后的半钢适合转炉吹炼的要求，必须控制提［V］的温度，试计算其适宜的温度。（15 分）

数据如下：

（1）　$4/3[V] + O_2 = 2/3V_2O_3(s)$　　$\Delta G_1^\ominus = -186400 + 50.53T$

$$2[C] + O_2 = 2CO(g) \qquad \Delta G_2^{\ominus} = -64200 - 21.7T$$

（2）生铁成分为：C 4.0%，V 0.4%，Si 0.8%，P 0.6%，$f_{[V]}=0.641$，$f_{[C]}=4.21$；

（3）钒渣成分为：V_2O_3 6.89%，SiO_2 19.16%，$\sum$(FeO) 4.293%，$x_{V_2O_3}=0.041$，$\gamma_{V_2O_3}=10^{-5}$。

二、用什么来判断元素的脱氧能力，说明沉淀脱氧、扩散脱氧、真空脱氧的特点。含[O]0.05%的钢液在1600℃下用硅和锰复合脱氧，使［O］降低到0.012%，试求硅铁（含Si 50%）及锰铁（含Mn 75%）的用量。（15分）

数据：为使脱氧产物呈液态 Mn/Si = 4.2；与0.012%[O］平衡的［Si］为0.12；与0.012%[O］平衡的［Mn］为0.60。

三、说明［H][N］在钢中存在的形态，简述钢液中气体在冶炼过程及吹氩过程中排出的动力学特点，试计算在1600℃钢中溶解气体的质量分数（真空条件为10^{-3} atm）。（15分）

数据：1600℃时：$K_N=4.5\times10^{-2}$，$K_H=2.7\times10^{-3}$。

四、举例说明氩气在现代炼钢过程中的作用。（15分）

五、试述电渣重熔过程的特点及其钢质量的特点，电渣重熔法与真空电弧重熔法相比较，有何优越性？（10分）

六、回答下列问题（20分）：

（1）钢锭结构包括不同的结构区（如柱状晶区，等轴晶区），如何控制钢锭的凝固结构以适应不同用途的要求。

（2）钢液结晶时伴随发生的物理化学现象有哪些？

（3）它们对钢锭质量带来什么影响？

（4）为什么含碳0.02%左右的低碳钢容易出现横裂纹？

七、钢液结晶过程的形核为非均质形核，非均质形核的最简单情况如图1所示：

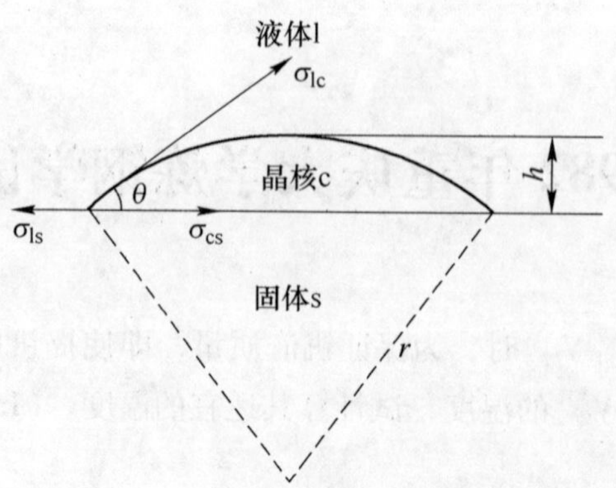

图1 非均质形核示意图

在稳定条件下，θ 是液体与晶核界面能的函数：

$$\cos\theta = \frac{\sigma_{ls} - \sigma_{cs}}{\sigma_{lc}}$$

试分析上式，怎样才能促进液态金属的非自发形核，从而达到细化铸态组织。(10 分)

8. 1982 年鞍山钢铁学院炼钢原理试题

一、解释。(25 分)

(1) 什么叫表面更新传质理论?

(2) 解释选择性氧化的理论依据并举一例说明。

(3) 什么叫 TN 法和 SMR 法 (最少渣量吹炼法)?

(4) 为什么对铁水预处理脱硫比对钢水脱硫有利?

(5) 解释冷裂纹产生的原因。

二、在只考虑 [Mn] 传质的情况下，推导并说明钢中锰氧化所需时间的计算式。

有 20t 电炉，熔池面积为 $1.2\times10^5cm^2$，钢液密度 ρ_m 为 $7g/cm^3$，扩散系数 D_{Mn} 为 $10^{-4}cm^2/s$，有效边界层厚度为 0.003cm。根据上式计算熔池中钢液 Mn 去除掉 85%所需的时间。(20 分)

三、试述铸态下硫化物夹杂的类别及其对力学性能的危害和改变硫化物夹杂形态的措施。(25 分)

四、试比较各种铸钢件 (包括钢锭等) 的结构特点。(15 分)

五、成分为 4.2%C、1.1%Si、0.2%P 和 0.01%S 的铁水用 LD 法进行吹炼，生成的炉渣成分为 43.8%CaO、30%SiO_2，26.63%FeO，2.13%MgO 和 0.44%P_2O_5，求碳焰开始剧烈上升的温度。

计算时设 $p_{CO}=1atm$，并已知

$$2(FeO) + (Si) = 2Fe(l) + (SiO_2) \qquad \Delta G_1^{\ominus} = -80160 + 26.65T \qquad (1)$$

$$2(FeO) + 2[C] = 2Fe(l) + 2CO \qquad \Delta G_2^{\ominus} = 40140 - 39.40T \qquad (2)$$

在上述炉渣成分时：$a_{FeO}=0.575$，$a_{SiO_2}=0.03$，$e_{Si}^{Si}=0.03$，$e_{Si}^{C}=0.205$，$e_{Si}^{P}=0.085$，$e_{Si}^{S}=0.057$，$e_{C}^{C}=0.220$，$e_{C}^{Si}=0.088$，$e_{C}^{P}=0.047$，$e_{C}^{S}=0.090$。(15 分)

9. 1982 年上海钢铁研究所炼钢学试题

一、若铁水中的碳被氧化 1%，能使铁水温度上升多少摄氏度？

（1）如通入纯氧，氧气温度为 25℃；

（2）如通入空气，空气温度为 25℃，设空气中 $O_2:N_2=1:4$（物质的量比）。

设铁水的温度为 1600K，在此温度下，铁水中的碳可与气相中的氧反应：$[C]+1/2O_2 = CO(\Delta H=-33.19kcal)$，铁水的 $\bar{c}_p$ 为 0.2kcal/(kg·℃)，O_2 的 $\bar{c}_p$ 为 8.9cal/(mol·℃)，N_2 的 $\bar{c}_p$ 为 8.5cal/(mol·℃)，渣量为铁水的 1/10，渣的 $\bar{c}_p=294$cal/(kg·℃)。（10 分）

二、边界层和雷诺数有什么关系，施密特数对速度边界层和浓度边界层的关系有什么影响？写出流动中流体的动量传递、传质和传热的基本方程，并说明各传输系数的物理意义。（10 分）

三、某厂 30t BOF 七炉炉渣的平均成分为：22.50% SiO_2，0.82% P_2O_5，1.76% Fe_2O_3，5.82%FeO，0.68% MnO，61.0% CaO，2.52% MgO，0.124% S。钢水成分为：0.59% C，0.01%Si，0.07%Mn，0.009%P，0.016%S。

计算在该熔渣下 1600℃时的（%S）/[%S]。炉渣中的 FeO 含量可按（Fe_2O_3）折算成 $Fe_2O_5^{4-}$，全氧法或全铁法任选一种计算。

炉渣按完全离子模型，$T=1600$℃。已知：

$$\sum n^+ = n_{CaO} + n_{MgO} + n_{MnO} + n_{FeO}$$

$$\sum n^- = \sum n^+ - n_{SiO_2} - n_{P_2O_5} - n_{Al_2O_3} - n_{Fe_2O_3} + n_S$$

$$\sum x_{SiO_4^{4-}} = \frac{n_{SiO_2} + 2n_{P_2O_5} + 2n_{Al_2O_3} + n_{Fe_2O_3}}{\sum n^-} \qquad f_S = 1.16$$

$$\lg L_S = -\frac{920}{T} - 0.5784 \qquad \lg(\gamma_{Fe^{2+}} \cdot \gamma_{S^{2-}}) = 1.53\sum x_{SiO_4^{4-}} - 0.17$$

相对原子质量：Si 为 28；O 为 16，P 为 31，Fe 为 56，Mn 为 55，Ca 为 40，Mg 为 24，S 为 32，C 为 12。（20 分）

四、试分析铁水预脱硫的优点和各种脱硫剂的利弊。（10 分）

五、钢中反应：

$$[Ce] + 2[O] \rightleftharpoons CeO_2(s) \qquad \Delta G^\ominus = -204000 + 59.8T$$

$$2[Ce] + 3[O] \rightleftharpoons Ce_2O_3(s) \qquad \Delta G^\ominus = -341810 + 86.0T$$

已知钢中 $a_{[O]} = 0.005$，$a_{[Ce]} = 0.04$，试问在 1800K 时 CeO_2 是否存在，为什么？（10 分）

六、在采用特级高铝砖（$Al_2O_3 > 97\%$，$a_{Al_2O_3} = 1$）的 VOD 装置中精炼 18-8 不锈钢，开始冶炼时 $[C]_1 = 0.15\%$，$[Al]_1 = 0.01\%$；$T_1 = 1600℃$，吹炼终点时 $[C]_2 = 0.015\%$，$[Al]_2 = 0.02\%$；$T_2 = 1800℃$，且知 $f_{[C]} = 0.2$，$f_{[Al]} = 0.75$。

$$Al_2O_3(s) + 3[C] = 2[Al] + 3CO(g) \qquad \Delta G^\ominus = 311440 - 143.27T$$

求：欲使耐火材料不激烈分解，开始真空度及终了真空度各应控制在多少？（20 分）

七、不锈钢高铬返吹开始时，$[Cr] = 12\%$，$[Ni] = 9\%$，$[C] = 0.35\%$，求从碳优先氧化变为铬优先氧化的转变温度。

已知：$e_C^C = 0.22$，$e_C^{Cr} = 0.024$，$e_C^{Ni} = 0.012$，$e_{Cr}^{Cr} = 0$，$e_{Cr}^C = -0.10$。

Cr 的氧化反应（氧压为 1atm）：

$$3/2[Cr]_{1\%} + O_2 = 1/2(Cr_3O_4)(s) \qquad \Delta G^\ominus = -178000 + 53.42T$$

C 的氧化反应（氧压为 1atm）：

$$2[C]_{1\%} + O_2 = 2CO(g) \qquad \Delta G^\ominus = -66700 - 20.34T$$

假定 Cr_3O_4 在渣中饱和，并以固态析出，$p_{CO} = 1atm$。（20 分）

10. 1982 年上海工业大学炼钢原理试题

一、问答题。（共 45 分）

（1）试述炉渣氧化性，它的表示方法及影响因素。（15 分）

（2）氧气顶吹转炉冶炼中，成渣过程的理论分析。（15 分）

（3）真空精炼时，钢液脱氧限度讨论。（15 分）

二、计算题。（共 55 分，第 1 题 30 分，第 2 题 25 分）

（1）某转炉钢吹炼终点时的炉渣成分为：

组成	CaO	MgO	MnO	FeO	SiO_2	P_2O_5	S
质量分数/%	56.50	2.09	0.87	17.44	18.70	0.81	0.126

钢液温度为 1600℃，含磷量为 0.005%。

问钢渣之间磷的分配是否已达到平衡，平衡的［P］是多少？

已知：

1）　$[Fe] + [O] = [FeO]$　　$\Delta G^{\ominus} = -28900 + 12.51T$

且按此炉渣成分查（FeO）等活度图知 $a_{(FeO)} = 0.53$。

2）　$2[P] + 5[O] = [P_2O_5]$　　$\Delta G^{\ominus} = -151200 + 123.74T$

3）$\lg\gamma_{P_2O_5} = -1.12(22x_{CaO} + 15x_{MgO} + 13x_{MnO} + 12x_{FeO} - 2x_{SiO_2}) - \dfrac{44600}{T} + 23.80$

4）假设吹炼完毕时残存元素很低，$f_{[P]} = 1$。

5）各相对原子质量为：

Ca	O	Mg	Mn	Fe	Si	P	S
40	16	24	55	56	28	31	32

（2）向1600℃原始含氧量为0.025%的钢液喷吹粉状脱氧剂，欲使喷吹后钢中氧活度低于0.002%，试问各需多少下列脱氧剂（不考虑除脱氧剂以外的其他损失）？

1）含 Al 99%的铝粉；

2）含 Si 75%的 Fe-Si 粉；

3）含 Ca 30%的 Ca-Si 粉（且不考虑其中 Si 的脱氧）。

已知：

$$2[Al] + 3[O] = (Al_2O_3)(s) \qquad \lg K_{Al} = -\frac{62780}{T} + 20.17$$

$$[Ca] + [O] = (CaO)(s) \qquad K'^{1873}_{Ca} = 2.5 \times 10^{-5},\ K'_{Ca} = K^{-1}_{Ca}$$

$$[Si] + 2[O] = (SiO_2)(s) \qquad \lg K_{Si} = -\frac{30410}{T} + 11.59$$

11. 1983 年重庆大学炼钢学试题

一、（1）阐明纯氧顶吹转炉中氧气射流对熔池的作用。（10 分）

（2）写出脱碳反应的步骤，并说明什么是脱碳反应的准稳态。（6 分）

（3）比较电弧炉炼钢法和纯氧顶吹转炉炼钢法脱碳反应生成的特点。（5 分）

二、阐述液-液相反应动力学的双膜理论，写出由扩散过程控制的渣-钢反应的总速度式。（15 分）

三、比较电弧炉炼钢法和纯氧顶吹转炉炼钢法脱硫的特点。当纯氧顶吹转炉使用［S］>0.15%的铁水时，一般采用什么方法脱硫，简述几种主要方法的特点。（15分）

四、碱性电弧炉采用返回吹氧法，氩-氧精炼炉冶炼1Cr18Ni9Ti不锈钢，试分析：（1）两种方法的理论基础；（2）两种方法的操作要点。（15分）

五、（1）钢液凝固，为什么要过冷才能产生晶核？（2）为什么已经达到化学平衡的钢液，在凝固过程中还会发生化学反应？（3）用图示出下注镇静钢时，模内钢液的流动方向，并说明模内液体对流对钢锭的凝固结构和宏观偏析有什么影响？（18分）

六、（1）试述钢锭裂纹的产生原因及防止措施。（10分）

（2）从钢种成分分析：冶炼硅锰弹簧钢（如60Si2Mn）为什么宜少用铝或者不用铝脱氧；冶炼高锰钢时，钢液温度为什么不宜过高。（6分）

12. 1983年东北工学院钢铁冶金学试题

（一~四题必答，五~七题任选一题答）

一、用CaC_2进行炉外铁水预处理脱硫。已知条件如下：

<table>
<tr><td colspan="5">铁水成分/%</td><td colspan="2">铁水温度/℃</td></tr>
<tr><td>［C］</td><td>［Si］</td><td>［Mn］</td><td>［P］</td><td>［S］</td><td colspan="2" rowspan="2">1300</td></tr>
<tr><td>4.0</td><td>0.7</td><td>0.6</td><td>0.1</td><td>0.05</td></tr>
<tr><td colspan="2" rowspan="2">相互作用系数</td><td>e_S^C</td><td>e_S^{Si}</td><td>e_S^{Mn}</td><td>e_S^P</td><td>e_S^S</td></tr>
<tr><td>0.11</td><td>0.065</td><td>−0.025</td><td>0.029</td><td>−0.028</td></tr>
<tr><td colspan="2">活度</td><td colspan="5">$a_{CaC_2}=1.0$，$a_{CaS}=1.0$，$a_C=1.0$</td></tr>
<tr><td colspan="2">CaC_2脱硫反应平衡常数式</td><td colspan="5">$\lg K=\frac{19000}{T}-6.28$</td></tr>
</table>

（1）根据上列条件，求CaC_2的理论脱硫量。

（2）在实际生产中，能否到达理论脱硫量，并说明其理由。（共20分）

二、分析高碱度烧结矿的冶金性能及其对高炉冶炼的意义。（20分）

三、在顶底复合吹炼转炉采用底吹氧和喷石灰粉的操作条件下，比较顶底复合吹炼转炉

和顶吹转炉在化渣、渣中 $\sum$FeO、脱碳、脱磷和脱硫等方面有何不同的冶金特点。(20 分)

四、在电弧炉氧化法冶炼中，还原期与氧化期相比，哪一个更易于吸氢，为什么?(20 分)

五、提高高炉煤气利用率（η_{CO}）的有效途径是什么，煤气中 CO_2 的极限值主要由什么因素来决定?(20 分)

六、解释和说明下列炼钢专业技术名词。(20 分)

转炉吹炼强度；连铸比；水平连铸；钢中白点；半镇静钢。

七、回答下列各问题。(20 分)

(1) 电弧炉氧化法冶炼中去磷反应的条件是（　　　）、(　　　）、(　　　）和（　　　）。

(2) 对钢中非金属夹杂物的基本要求是（　　　）、(　　　）和（　　　）。

(3) 精炼低碳不锈钢的炉外精炼方法有（　　　）法、(　　　）法；精炼滚珠钢的炉外精炼方法有（　　　）法和（　　　）法。

(4) 电弧炉炉衬耐火材料磨损指数的表示方法是（　　　）。

(5) 绘出炼钢电弧炉电气特性中的有功功率、电弧功率、电效率及功率因数四条曲线。

13. 1983 年北京钢铁研究总院炼钢学试题

（任选 5 题，报考电渣冶金者，第六题必选）

一、(1) 简述各种现代炼钢法，试比较它们的异同和优缺点。(12 分)

(2) 炉渣在炼钢过程中起什么作用，能否实现少渣或者无渣炼钢，如何实现?(8 分)

二、(1) 试比较高炉、平炉、电弧炉、氧气顶吹转炉中脱硫反应的差别。(12 分)

(2) 生铁的炉外石灰脱硫反应是

$$CaO(s) + [S] + [C]_{饱和} \xlongequal{} CaS(s) + CO \qquad \Delta G^{\ominus} = 26830 - 26.71T$$

求 1300℃，p_{CO} = 1atm 时，生铁中的硫活度。(8 分)

三、(1) 试讨论炼钢过程脱磷反应的热力学和动力学因素。(12 分)

(2) 试解释为什么平炉能在熔化期脱磷，空气底吹转炉（托马斯法）在吹炼末期方能脱磷，而氧气顶吹转炉在吹炼前期就能脱磷。(8 分)

四、(1) 钢液脱氧的目的是什么，按脱氧程度不同，钢锭分成几类，它们采用什么脱氧剂；这几类钢锭的含氧量是多少，试画出几类钢锭的剖面结构图。什么叫扩散脱氧，什么叫沉淀脱氧？(12 分)

(2) 钢包中盛有 80cm 深的钢液（1600℃），为了确保直径大于 50μm 的硅酸盐夹杂物充分浮出钢液面，试计算浇钢前钢液必须在钢包内静置多少时间（已知 1600℃时钢液黏度为 0.0203g/(cm·s)，钢液密度为 7.16g/cm^3，夹杂物密度为 3.6g/cm^3）。(8 分)

五、(1) 1600℃时钢液原始含氧量为 0.1%，然后将渣覆盖上，渣成分为：20%FeO，10%MnO，40%CaO，20%SiO_2，问此渣对钢液是还原性（脱氧）还是氧化性（供氧）（已知炉渣成分的相对分子质量：CaO 56，SiO_2 60，MnO 71，FeO 72，MgO 40；γ_{FeO} = 1.30，$\lg[\%O]_{饱和} = -\frac{6320}{T} + 2.734$）。(12 分)

(2) 1650℃钢液同炉渣成平衡时，测得钢液含氧量为 0.093%，求该炉渣中 FeO 的活度。(8 分)

六、简述电渣重熔炉渣的作用及选择炉渣成分和配比时必须考虑的物理化学性质。(20 分)

14. 1983 年上海钢铁研究所炼钢原理试题

一、填空。(共 40 分，(7)~(10) 题仅需选答 2 题即可)

(1) 碳溶解进钢液是吸热反应，则铁碳熔体是________溶液。

(2) 金属的导温系数（$\alpha = \lambda/(\rho c_p)$）代表物体________能力，是物体________的量度。α 值大，物体________性能好，能较快凝固。而 $\sqrt{\lambda \rho c_p}$ 是材料________的量度。对于钢锭模热帽材料应选择________材料。

(3) 钢水沉淀脱氧后，产生一次、两次、三次脱氧夹杂的数量是不同的。采用脱氧剂________，加入数量________，则二次、三次夹杂形成越少，可能获得较纯净成品钢。这是因为____。

(4) 黏度（η）、导热系数（λ）、扩散系数（D）是传输介质的________特性。传质系数（K_M）不是流体________特性，而是和________有关的函数。

（5）只用硅脱氧铸态钢中，如 O/S 很高时生成________硫化物，其特征为________。当脱氧程度较高，________生成第Ⅱ类硫化物，其特征为________在________生成第Ⅲ类硫化物，其特征为________。为获得所要求硫化物形态，可以依靠________来实现。

（6）一般情况下，同样温度的酸性渣比碱性渣的黏度________，主要因为渣中 SiO_2 存在________的缘故。而在 1450℃以下________黏度低。因此浇注用的保护渣________。

（7）氧在纯铁溶液中的溶解度，实际上和气相中________无关，而仅取决于________。因为________________________________。

（8）试述熔渣分子理论要点：

1）________________________________；

2）________________________________；

3）________________________________；

4）________________________________。

（9）转炉炼钢时，采用铁水预脱硫的有利因素有：

1）________________________________；

2）________________________________；

3）________________________________；

4）________________________________。

（10）测定氧在熔体中的溶解度时，由于平衡气相氧气压极低，通常采用________________与熔体平衡来实现。

二、问答题。（共 20 分，（2）~（3）题仅需选答其一，简明扼要回答）

（1）$CaO-SiO_2-FeO$ 三元熔渣中氧化铁的等活度线如图 1 所示，试按离子分子共存理论解释。

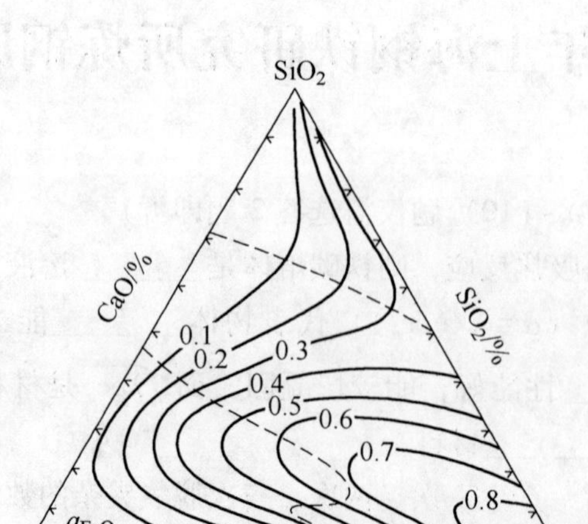

图 1 $CaO-SiO_2-FeO$ 三元熔渣中氧化铁的等活度图

（2）为什么铁液中铝-氧平衡曲线［O］$=f$(［Al］)存在极小点（见图2）（提示：$e_{O}^{Al}=e_{Al}^{O}=-1.05$）。

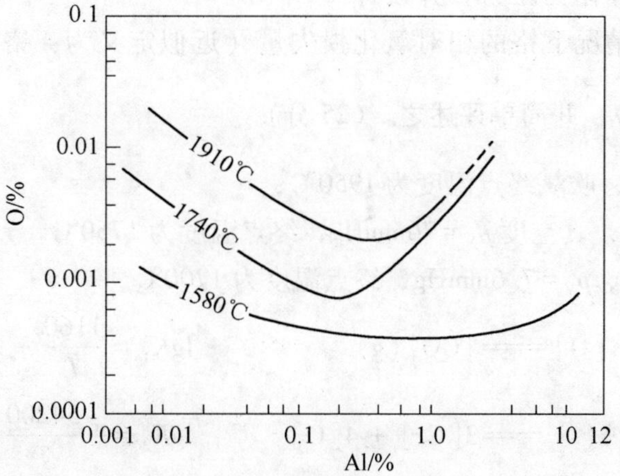

图2　Al-O平衡曲线

（3）以VOD类型的精炼炉冶炼0Cr18Ni9不锈钢，在约1550℃初始温度下，进行真空下的吹氧脱碳。随着熔池中［C］下降，［C］［Cr］［Si］氧化速度（即单位供氧量的元素损失量）如图3所示。试简要解释。

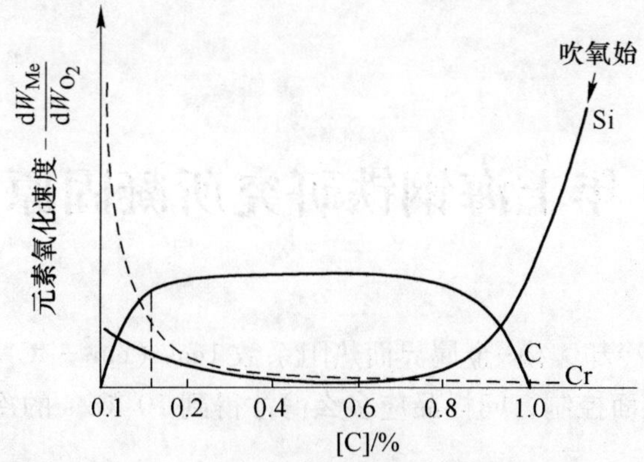

图3　元素氧化速度

三、计算题。（共40分）

（1）炼钢温度下，Fe-Cr熔体是近似理想溶液。铬的熔点为1860℃，熔化热$\Delta H=4600$cal/mol。求：在熔铁中溶解1%固态纯铬时的标准自由能变化（$R=1.987$cal/(mol·K)，$M_{Fe}=56$，$M_{Cr}=52$)？（10分）

（2）有直径为d_0的圆球状石墨颗粒，在静止的无限大的纯铁液中向外扩散，假定扩散流不随时间变化，求证：$S_h=K_Md_0/D=2$（K_M为传质系数，D为扩散系数）。提示：先证明$J=\frac{2D}{R}(C_{表}-C_{\infty})$。（5分）

（3）采用返回吹氧法冶炼成品［C］≤0.03%的超低碳不锈钢，假定吹氧前［Cr］=19%，终吹氧时钢中［Ni］=8.0%，Si、Mn、S、P 等元素残存量均不考虑。且不计动力学因素阻碍产生的“当量阻力压力”并设 $e_{C}^{Cr} \approx e_{Cr}^{Cr} \approx 0$。

试求：下述三种情况下铬的相对氧化损失量（近似定义为：铬的相对氧化损失量≈$\frac{[Cr]\%_{原始} - [Cr]\%_{终点}}{[Cr]\%_{原始}}$），并简单评述之。（25 分）

（1）电弧炉冶炼，吹氧终点温度为 1950℃；

（2）VOD 炉冶炼，真空度 p_V = 76mmHg，终点温度为 1750℃。

（3）VOD 炉冶炼，p_V = 7.6mmHg，终点温度为 1700℃。

已知：

$$[C] + [O] = \{CO\}(g) \qquad \lg K_1 = \frac{1160}{T} + 2.003$$

$$(Cr_3O_4)(s) = 3[Cr] + 4[O] \qquad \lg K_2 = -\frac{54200}{T} + 24.26$$

且知［Cr］≥9%时，氧化生成物为（CrO_4），相互作用系数为：

元素	C	Ni
e_{C}^{j}	0.298	0.012
e_{Cr}^{j}	−0.10	−0.009

15. 1983 年上海钢铁研究所凝固原理试题

一、铝在铜模中超高速冷却，模-金属界面热阻系数 1cal/(cm² · ℃ · s)。

（1）假定传热为界面控制，问样品应多么薄才得到 10^6℃/s 的冷却速度（液体温度刚刚超过熔点）？

（2）按照上边计算的厚度，原假设的界面控制传热是否还合理（铝的密度为 2.7g/cm³，熔化热为 95cal/g）？（共 15 分）

二、证明单相合金正常凝固时组成过冷的判据为：

$$\frac{G_L}{R} \geqslant -\frac{m_L C_S(1-K)}{K D_L} \quad (15 分)$$

三、试证明正常凝固时，若液相内有对流而部分混合，固相无扩散，则有效分配系数 K' 为

$$K' = \frac{K}{K + (1-K)e^{-R\delta/D_L}}$$

式中　K——平衡分配系数；

R——凝固速度；

D_L——溶质元素在液相内的扩散系数；

δ——界面处液相中扩散边界层厚度。（20 分）

四、一般以气体喷嘴喷吹的液体小滴表面很粗糙为什么？你是否认为铝压力铸件表面看起来和上述球形小滴相似，为什么是这样的，为什么不这样？（15 分）

五、简述铸件热裂形成的温度范围及其形成机理。（15 分）

六、Ge-Ga 晶体以正规凝固生长，原始熔体成分为 0.001%Ga，生长速度为 8×10^{-3}cm/s。设 $k=0.1$，$m_L=4℃/\%$，$D_L=5\times10^{-5}\text{cm}^2/\text{s}$。

（1）问假如完全没有对流。当 50%已凝固时，需要多大的热梯度可以保持平面前沿？

（2）若对流相当激烈，$k\approx K$，当有 50%凝固时，热梯度应为何值可保持平面前沿？

（3）若 $\delta=0.005$cm，当 50%凝固时，热梯度需为何值可保持平面前沿？（20 分）

16. 1983 年鞍山钢铁学院炼钢学试题

一、电弧炉冶炼不锈钢，炉料成分为 12%Cr、9%Ni 及 0.35%C。试求去 C 保 Cr 的开始吹氧温度。若吹氧使含 C 量减至 0.05%，熔池温度提高到 1800℃，此时钢液中残余含 Cr 量为多少？（25 分）

已知：　$[C]+[O] == CO$　　$\Delta G^{\ominus}=-4100-10.16T$

$2[Cr]+3[O] == Cr_2O_3(s)$　　$\Delta G^{\ominus}=-212010+93.90T$

$e_{Cr}^{Cr}=0.0003$，$e_{Cr}^{C}=-0.095$，$e_{Cr}^{Ni}=0$，$e_{C}^{C}=0.23$，$e_{C}^{Cr}=-0.022$，$e_{C}^{Ni}=0.012$

二、试推导钢液吹氩时，氩气用量与脱氢量之间的关系式。已知 1600℃时，$1/2H_2(g) == [H]$（$K_H=0.0027$），设钢液中原始含氢量为 0.0006%，试求欲将钢液中含氢量降为 0.0003%时，最少每吨钢液需吹 Ar 气多少立方米？（20 分）

三、绘出镇静钢钢锭中宏观偏析的分布，说明各区的特点，并与沸腾钢钢锭和连铸坯中宏观偏析作比较。（15 分）

四、试述 Al 脱氧后脱氧生成物的排除机理？（15 分）

五、回答下列问题：

(1) 钢中分析全铝包括哪些项，对钢结晶粒度有影响的是哪项？(4 分)

(2) 什么叫硫容，它的物理意义是什么？(5 分)

(3) 炼钢过程中［C］和［O］的乘积 m 不是常数，如何解释？(5 分)

(4) 氧气顶吹转炉、电弧炉、平炉所炼出的钢何者含氮量最高，何者最低，为什么？(5 分)

(5) 碱性电弧炉炼钢出钢时，渣钢混冲有什么好处？氧气顶吹转炉出钢时此法能否利用，为什么？(4 分)

(6) 什么叫活性石灰，有什么优点？(2 分)

17. 1983 年上海工业大学炼钢原理试题

一、从热力学和动力学角度简述以下诸反应的共同点和不同点，并说明其原因。(25 分)

(1) 碱性和酸性炼钢过程中硅和锰的氧化反应。

(2) 脱磷与脱硫反应。

(3) 脱碳与脱磷反应。

(4) 脱氧与脱硫反应。

二、铸钢中硫化物夹杂类型与何因素有关？如何控制低、中碳铸钢的硫化物为第Ⅰ类硫化物，而使高碳铸钢的硫化物由第Ⅱ类变为第Ⅲ类？(25 分)

三、熔渣离子结构理论的主要实验根据有哪些？试以熔渣离子结构理论分析解释图 1 所示实验结果中：

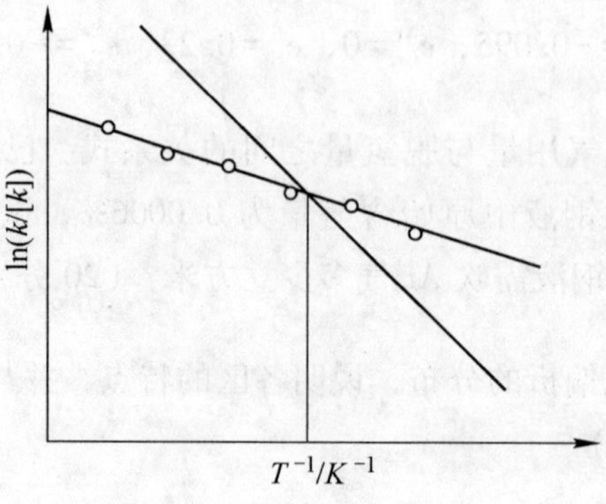

图 1 实验结果

（1）E_η 的变化率；

（2）碱金属和碱土金属的氧化物对 E_η 的影响各以一条曲线描绘 $\left(\eta = A\exp\left(\frac{E_\eta}{RT}\right)\right)$。

(共 15 分)

四、试述流体传质过程中浓度边界层和有效边界的概念。运用双膜理论根据以下条件，计算 32t 电炉熔池中锰的氧化速度（%/s）。

已知：熔池面积 $18m^2$，钢液密度 $\rho_m = 7.0g/cm^3$，炉渣密度 $\rho_s = 3.5g/cm^3$，锰在钢液中扩散系数 $D_{Mn} = 10^{-4}cm^2/s$，氧化锰在炉渣中扩散系数 $D_{(Mn)} = 2.34\times10^{-6}cm^2/s$，钢水侧边界层厚度 $\delta_m = 0.003cm$，炉渣侧边界层厚度 $\delta_s = 0.285\times10^{-3}cm$，锰的平衡分配系数 $L'_{Mn} = \frac{(\%MnO)^*}{[\%Mn]^*} = 25$，Mn、MnO 的相对分子质量分别为 55、71，[%Mn] = 0.8%，(%MnO) = 12%。(20 分)

五、用某些元素脱氧时，其质量分数脱氧平衡曲线具有最低值，试根据下述条件进行分析，决定 Al、C、Si、Cr 的脱氧平衡曲线有无最低值。

已知：
$$x[M] + y[O] = M_xO_y$$
$$m = a_{[M]}^x a_{[O]}^y = (f_M[\%M])^x (f_O[\%O])^y$$

且：$e_{Al}^{Al} = 0.048$，$e_O^{Al} = -3.90$，$e_{Al}^O = -6.60$，$e_O^O = -0.20$，$e_C^C = 0.22$，$e_O^C = -0.45$，$e_C^O = -0.34$，$e_{Si}^{Si} = 0.32$，$e_O^{Si} = -0.14$，$e_{Si}^O = -0.25$，$e_{Cr}^{Cr} = 0$，$e_O^{Cr} = -0.037$，$e_{Cr}^O = -0.12$。(15 分)

18. 1984 年北京钢铁学院炼钢学试题

一、简释下列名词。(本题 20 分，每小题 2 分)

转炉复合吹炼；氧气转炉供氧强度；铁水预处理；转炉炉容比；半镇静钢；保护渣；喷吹冶金；AOD 法；贝氏麦法和托马斯法；第二类硫化物夹杂。

二、以下 7 题任选 5 题，每题 16 分，如回答超过 5 题，则按低分计分。

（1）有钢水含 0.3%[C]、0.2%[Si]、0.015%[O]，问在 1650℃下，该钢水接触的炉衬中 SiO_2 能否分解？如钢水成分不变，求炉衬中 SiO_2 开始分解的温度。

计算所用数据（能量单位均用 cal）：

$$Si(l) + O_2(g) = SiO_2(s) \qquad \Delta G^\ominus = -227700 + 48.7T$$
$$Si(l) = [Si] \qquad \Delta G^\ominus = -31430 - 4.12T$$

$$1/2O_2(g) \Longrightarrow [O] \qquad \Delta G^{\ominus} = -28000 - 0.69T$$

金属液活度以1%为标准态。

$e_{Si}^{Si}=0.11$，$e_{Si}^{C}=0.18$，$e_{Si}^{O}=-0.23$，$e_{O}^{O}=-0.20$，$e_{O}^{C}=-0.45$，$e_{Si}^{O}=-0.13$

（2）真空下脱氧的动力学方程为：

$$-\frac{d[\%O]}{dt} = k\frac{A}{V}([\%O]-[\%O]^*)$$

试应用此方程分析影响脱氧反应速率的因素，并说明采取什么工艺措施可以提高脱氧效果。

（3）获得超声速氧气射流的基本条件是什么？试加以简要说明。当工作氧压低于或高于设计氧压时，会出现什么现象？

（4）什么是钢水的二次氧化，它对钢的质量有什么坏处，如何减轻其程度？试从理论和实践上加以分析。

（5）分析比较氧气顶吹转炉和碱性平炉废钢矿石法的热平衡特点，根据氧气转炉热平衡特点，论述转炉废钢比的影响因素和提高转炉废钢比的技术措施。

（6）分析比较模铸和连铸的优缺点，并论述世界和我国采用连铸代替模铸存在的主要问题。

（7）转炉炼钢的精料方针包括什么内容，精料对转炉炼钢生产有什么影响？

19. 1984年东北工学院钢铁冶金学试题

（一、二题必答，三~五题任选一小题回答）

一、回答下列问题：

（1）求FeO直接还原开始的温度。（15分）

设：炉内气压为1.5atm、CO为30%。

$$2C+O_2 \Longrightarrow 2CO \qquad \Delta G^{\ominus}=-223426-175.3T$$

$$2Fe+O_2 \Longrightarrow 2FeO \qquad \Delta G^{\ominus}=-519234+125.1T$$

（2）生铁中含硅0.6%，冶炼1t生铁时消耗在硅还原的碳素是多少？（5分）

二、试计算为使在1600℃下含有硅为0.01%、锰为0.1%、氧为0.06%的钢水含氧量下降到0.01%，每吨需加入的锰铁（含Mn 70%）及硅铁（含Si 80%）。（20分）

已知：（1）在1600℃时钢水中与0.01%［O］平衡的［Si］为0.11%，［Mn］为0.60%；

（2）使脱氧产物生成的硅酸锰中 Mn/Si = 6；

（3）相对原子质量：O 16，Si 28，Mn 55。

三、任选一题回答。

（1）分析高炉原料烧结、球团的冶金性能。高炉合理的炉料组成（结构）是什么？（20 分）

（2）用脱碳反应理论分析转炉（顶吹或侧吹）喷溅的形成和消除。（20 分）

（3）试述电弧炉炼钢脱硫反应的影响因素。（20 分）

四、任选一题回答。

（1）从热力学、动力学分析氢和一氧化碳在高炉内的还原作用。（20 分）

（2）用钢液凝固理论分析大型镇静钢钢锭偏析的特点。（20 分）

（3）为了得到含氢量低的钢，在电弧炉炼钢操作中应注意哪些问题？（20 分）

五、任选一题回答。

（1）试述高炉软熔带的形成过程及其位置对冶炼的影响。（20 分）

（2）同镇静钢和沸腾钢比较，生产半镇静钢有哪些优点？（20 分）

（3）在电弧炉氧化法熔炼操作中，矿石脱碳与吹氧脱碳有哪些不同特点？（20 分）

20. 1984 年钢铁研究总院炼钢学试题

一、扼要分析脱磷反应的热力学条件，为使脱磷反应充分进行，炼钢工艺应从哪方面创造有利的热力学条件，为什么？（17 分）

二、炼钢过程中脱氧的任务是什么，如何判断元素的脱氧能力？（17 分）

三、直径分别为 15μm、20μm 的球状非金属夹杂物，从 1.5m 深处的钢液中上浮，已知钢液密度 $\rho_m = 7.1g/cm^3$，夹杂物密度 $\rho_s = 3.0g/cm^3$，钢液黏度 $\eta_m = 0.03P$，钢液温度 $T_m = 1550℃$，计算这两种夹杂物完全上浮的时间各为多少（按照斯托克斯公式计算）？（15 分）

四、扼要叙述连铸钢坯和模铸钢锭的下列缺陷的主要成因：

（1）连铸钢坯的菱形和鼓肚。（5 分）

（2）沸腾钢锭的上涨和下陷。（5 分）

（3）镇静钢锭的结疤和重皮。（5 分）

五、（1）无过热的铁液注入 200mm×1000mm 的水冷矩形模子内，假定凝固金属与模壁之间无界面热阻，计算在下列已知条件下铁液完全凝固所需的时间。（10 分）

已知：铁的密度 $\rho_m=7.3\text{g/cm}^3$，铁的比热容 $c_p=0.18\text{cal/(g}\cdot℃)$，铁的导热系数 $\lambda_m=0.07\text{cal/(cm}\cdot\text{s}\cdot℃)$，相应条件下的误差函表值 $\beta=0.98$。

（2）列式并画图说明均值成核的自由能变化与晶核大小之间的关系，要形式稳定的晶核，为什么还必须有过冷度和与过冷度相应的能量起伏？（10 分）

六、如图 1 所示，有一伸入式水口保护渣连续浇铸板坯的工艺装置，伸入式水口浸入结晶器中钢液面下的一端为死底，有 6 个直径相等的侧孔，浇铸过程达到稳定时，中间罐和结晶器中的钢液面的高度稳定不变，以恒定的速度拉坯，假定浇铸全过程中伸入式水口的通道尺寸保持不变，结晶器中钢液面上的保护渣层的静压力忽略不计，在下列已知条件下，计算伸入式水口的侧孔直径 $d_{侧}$。

已知：中间罐中钢液面距离结晶器中钢液面的高度 $H=0.8\text{m}$，伸入式水口的流量系数 $\varepsilon=0.82$，铸坯断面的宽边 $a=1.5\text{m}$，铸坯断面的窄边 $b=0.2\text{m}$，拉坯速度 $v=1.0\text{m/min}$，重力加速度 $g=9.8\text{m/s}^2$，钢液的密度 $\rho_m=7.0\text{t/m}^3$。（16 分）

提示：浇铸达到稳定时，从伸入式水口诸侧孔流出的钢水总流量等于向下拉坯从结晶中带走的钢水量。

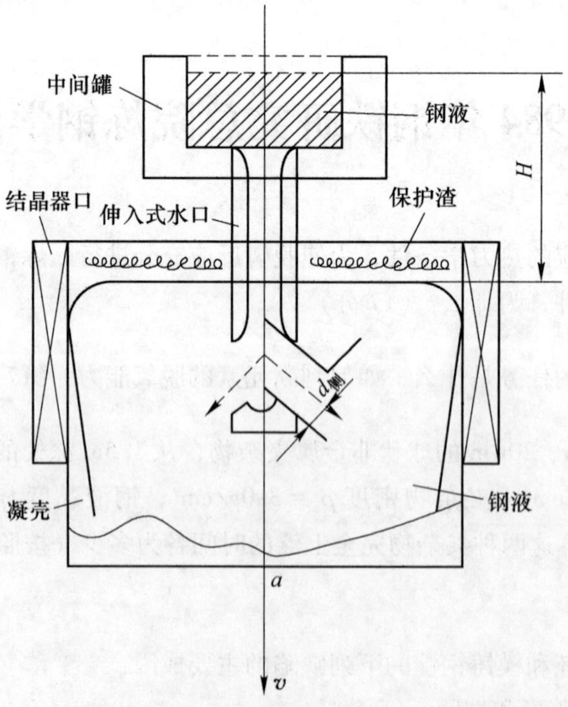

图 1　伸入式水口保护渣连续浇铸板坯的工艺装置

21. 1984 年鞍山钢铁学院炼钢学试题

一、据国内外报道，用电石可对含铬不锈钢液进行还原脱磷，初步认为其反应为：

$$3(CaC_2)(s) + 2[P] = (Ca_3P_2)(s) + 6[C]$$

若已知下列数据，试从理论上计算 1600℃ 反应达到平衡时钢液可能达到的最低含磷量（质量分数）是多少？而在实际生产试验中，用电石处理后钢液中磷难以低于 $10^{-2}\%$ 数量级，你认为主要原因是什么？（25 分）

（1）含 Cr 不锈钢液成分：C 0.15%，Si 0.2%，Mn 0.3%，P 0.05%，S 0.02%，Cr 13%。

（2）熔铁中各种元素的相互作用系数 e_i^j 见附表（略）。

（3）$CaC_2(s) = Ca(l) + 2[C]$　　$\Delta G^\ominus = 23900 - 13.2T$

$3Ca(l) + 2[P] = Ca_3P_2(s)$　　$\Delta G^\ominus = -72580 + 25.14T$

（4）$Ca(l) \rightarrow Ca(g)$ 的蒸发温度 1492℃，1600℃时 Ca 蒸气压约为 1.98atm。

二、试比较 Q-BOP、LD 和顶底复合吹法吹炼钢三过程中钢液 C、Mn、P 的变化特点及渣中终点（$\sum FeO$）的大致范围和原因。（20 分）

三、试述电弧炉冶炼过程降低电耗的有效措施。（15 分）

四、试述沸腾钢钢锭气泡暴露产生原因和防止措施。（15 分）

五、扼要回答下列问题。（25 分）

（1）球化夹杂的原理和方法。

（2）H_2 和 N_2 对钢的危害。

（3）以下成分是镇静钢还是沸腾钢：

序号	C/%	Si/%	Mn/%	Al/%
1	0.1~0.2	0.02	0.50	0.02
2	0.1~0.2	0.30	0.50	—
3	0.1~0.2	0.02	0.30	—

（4）直筒和拉瓦尔式高压氧枪的主要差别。

（5）沸腾钢锭沸腾时氧的主要来源。

（6）钢包吹 Ar 的作用及原理。

22. 1984 年上海钢铁研究所炼钢原理试题

一、填空。（每题 3 分，计 24 分）

（1）在固体熔化时，原子间的平均距离________，且形成________使体积增加。金属熔体的温度在熔点附近时，在几个原子半径的范围内，其结构与________，保持着________的性质。

（2）钢材中硫化物夹杂一般呈________状，是属________夹杂；氧化铝夹杂是________夹杂，一般呈________分布；点球状的不变形夹杂物是________。

（3）炼钢熔池中，[O]+[C]═{CO}↑是微弱的放热反应，但________，故脱碳反应仍能使熔池明显________。

（4）按选择氧化原理，顶吹氧转炉吹炼初期硅应优先氧化，但由于：1）________，2）________，所以在此阶段内，碳仍具有一定的脱除速度。

（5）炼钢过程中熔渣的主要作用有：1）________；2）________；3）________；4）________。

（6）对于气体：$P_r \approx S_c \approx 1$，所以 δ_t ____ δ_v ____ δ_c；对于金属液 $P_r \ll 1 \ll S_c$，所以 δ_t ____ δ_v ____ δ_c，在计算金属液边界层内流体性质时，温度应取________，浓度应取________。

（7）氧在纯铁溶液中的溶解度，实际上和气相中________无关，仅取决于________，这是因为________。

（8）试述双膜理论的要点：________________________________。

二、问答题。（共 3 题）

（1）氧气顶吹转炉吹炼低碳钢过程中，钢中［Mn］变化规律示意于图 1，试按有关理论简要解释。（8 分）

（2）无固相扩散，液相存在有扩散及对流物质交换的情况下，凝固过程中，某时刻溶质的分布规律见图 2，试按凝固理论简要分析其分布特征形成原因。（8 分）

（3）钢液碳氧沸腾时，脱碳与脱氢的定量关系讨论。（20 分）

三、计算题。

（1）设：对含［C］0.15%及［O］0.01%的钢水进行真空处理。真空度为 7.6Torr，温度为 1600℃，问［C］和［O］最终降低到多少？（15 分）

已知：　　[C] + [O] ══ {CO}↑　　$\Delta G^{\ominus} = -4100 - 10.16T$

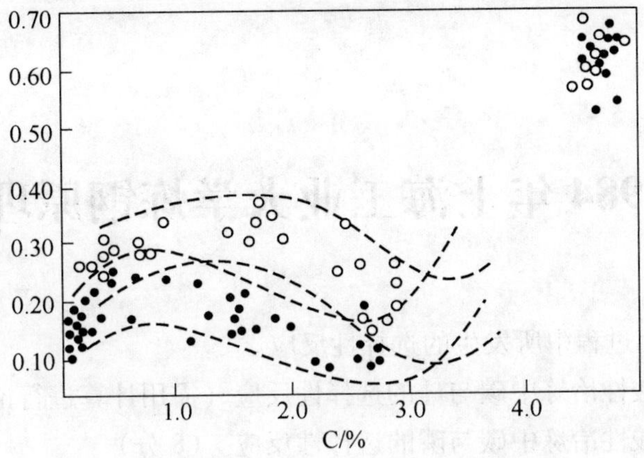

图 1　转炉吹炼钢中［Mn］和［C］的变化规律示意图

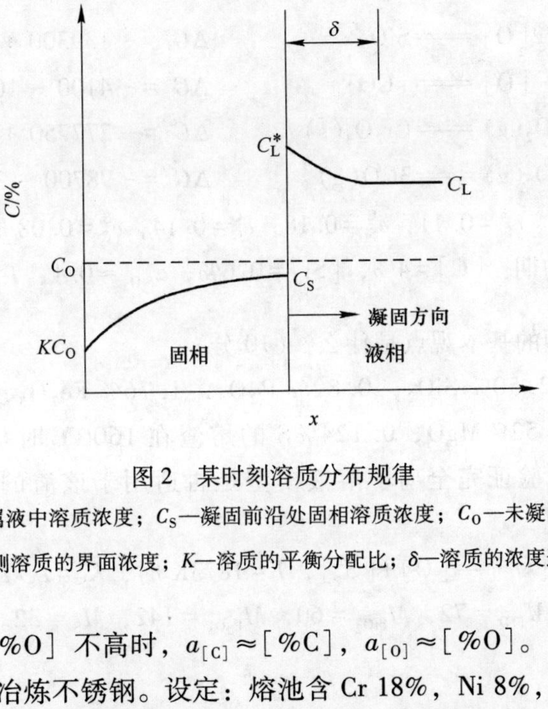

图 2　某时刻溶质分布规律

C—溶质浓度；C_L—未凝金属液中溶质浓度；C_S—凝固前沿处固相溶质浓度；C_O—未凝固前原始金属液中溶质浓度；

C_L^*—液相侧溶质的界面浓度；K—溶质的平衡分配比；δ—溶质的浓度边界层厚度

且钢水中［%C］和［%O］不高时，$a_{[C]} \approx [\%C]$，$a_{[O]} \approx [\%O]$。

（2）采用 AOD 炉冶炼不锈钢。设定：熔池含 Cr 18%，Ni 8%，用氩氧混合气体吹炼。要求成品碳为 0.05%，炉渣含有饱和的 Cr_3O_4，如果不希望熔池温度超过 1700℃，且要求尽可能减少铬的吹损。试求：吹炼末期混合气体氩氧比的理论值。（25 分）

已知：$(Cr_3O_4)(s) + 4[C] = 3[Cr] + 4\{CO\}\uparrow$　　$\lg K = -49560/T + 32.27$

相互作用系数（Si、Mn 等均不考虑）：

元素	C	Cr	Ni
e_C^j	0.14	−0.024	0.012
e_{Cr}^j	−0.12	−0.0003	0.0002

23. 1984 年上海工业大学炼钢原理试题

一、试论述转炉炼钢过程中所发生的选择性反应。

（1）在碱性和酸性冶炼中碳与硅的选择性反应（需用计算进行论证）。（10 分）

（2）在碱性和酸性冶炼中碳与磷的选择性反应。（8 分）

（3）在碱性过程中碳与铬的选择性反应。（8 分）

（4）哪些因素影响着上述反应。（4 分）

已知：

$$[Si] + 2[O] = SiO_2 \qquad \Delta G^{\ominus} = -139300 + 53.55T$$

$$[C] + [O] = \{CO\} \qquad \Delta G^{\ominus} = -4100 - 10.16T$$

$$2[Cr] + 3/2O_2(g) = Cr_2O_3(s) \qquad \Delta G^{\ominus} = -277750 + 83.67T$$

$$3[C] + 3/2O_2(g) = 3CO(g) \qquad \Delta G^{\ominus} = -98700 - 30.15T$$

$$e_{Si}^{Si} = 0.11,\ e_{Si}^{C} = 0.18,\ e_{C}^{C} = 0.14,\ e_{C}^{Si} = 0.08$$

碱性吹炼过程的初期：$[C] = 4\%$，$[Si] = 0.6\%$，$a_{SiO_2} \approx 0.1$，$T = 1250℃$。

二、完全离子溶液模型的基本观点是什么？（10 分）

有一成分为：22.50% SiO_2，0.82% P_2O_5，1.76% Fe_2O_3，5.82% FeO，0.68% MnO，61.0%CaO，2.52%MgO，0.124%S 的熔渣在 1600℃时与含硫 0.012%、含氧 0.027%的铁液平衡，验证完全离子溶液模型是否适用于该渣的脱硫反应并分析其原因。（20 分）

已知：反应 $[S]+[O^2] = [O]+[S^2]$，$T = 1873K$ 时，$K_S = L_S/L_O = 0.0172$，$M_{CaO} = 56$，$M_{MgO} = 40$，$M_{MnO} = 71$，$M_{FeO} = 72$，$M_{SiO_2} = 60$，$M_{P_2O_5} = 142$，$M_S = 32$。Fe_2O_3 按全氧法折算为 FeO。

三、未脱氧钢液中的氧含量取决于哪些因素？钢中总氧量与溶解氧含量有何区别，分别用什么方法测定？（10 分）

四、真空下钢液为什么能脱氧，其脱氧能力如何？（10 分）

五、试讨论钢包吹氩时对钢液产生搅拌能量的大小，它的去气效果及提高氩气搅拌脱气效率的途径。（20 分）

24. 1985 年北京钢铁学院钢铁冶金专业综合试题

（10 题中任选 8 题，每题分数相等）

一、从固结机理与生产工艺简述烧结与球团两种造块的方法的异同点及其特点。

二、高炉直接还原反应由 $FeO+CO = Fe+CO_2$（1）及 $CO_2+C = 2CO$（2）构成，已知式（1）685℃时 $K_p=0.66$，式（2）685℃时 $K_p=0.9$，试用计算与图来证明直接还原反应的最低温度为 685℃。

三、用同样的脱硫剂，对下列已知成分的铁水与钢水进行炉外脱硫，是铁水炉外脱硫效率高还是钢水脱硫效率高？计算铁水与钢水中硫的活度系数。已知：

元素	C	Si	Mn	P	S
铁水	4.0%	0.80%	0.30%	0.20%	0.07%
钢水	0.2%	0.10%	0.15%	0.02%	0.02%

在 1300~1600℃时，

元素	C	Si	P	S	Mn
e_S^j	0.110	0.065	0.042	−0.63	−0.025

四、说明 Rist 图解（图 1）中，*A*、*B*、*E* 三点的意义及确定方法，并标出在该图条件下，只靠改善间接还原所能达到的最低焦比时的操作线。

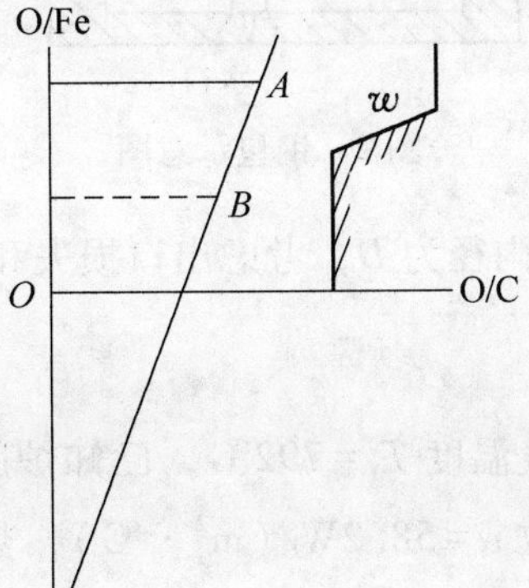

图 1　Rist 图解

五、简释下列各词。

LD 转炉吹炼过程中的炉渣“返干”现象；RH 法；白渣；绝热板。

六、试分析脱碳反应的限制性环节。

七、试述钢锭（镇静钢锭、沸腾钢锭）和连铸坯的凝固结构及控制凝固结构的方法。

八、计算题。

已知渣成分如下：

成分	CaO	SiO_2	$\sum FeO$	MgO	MnO	P_2O_5
质量分数/%	50.71	16.27	18	3.34	2.65	1.7

求在 1650℃温度条件下，该渣脱磷和脱硫能力，并简单说明。

计算所用数据：

$$\lg\frac{(\%P)}{[\%P]}=\frac{22350}{T}-23.7+7\lg(\%CaO)+2.5\lg(\%\sum Fe)$$

$$\lg\gamma_S=1.53\sum SiO_4^{4-}-0.17$$

$$\lg K_S=-\frac{920}{T}-0.5784$$

九、钢包内衬用耐火材料砌成，底部有一水口，用一根塞棒堵住。浇注时，提起塞棒，钢水便从水口流出，如图 2 所示。设开始时（$t=0$），钢水液面高度为 H，随着钢水流出，液面逐渐下降，求浇注全部钢水所需的时间是多少？

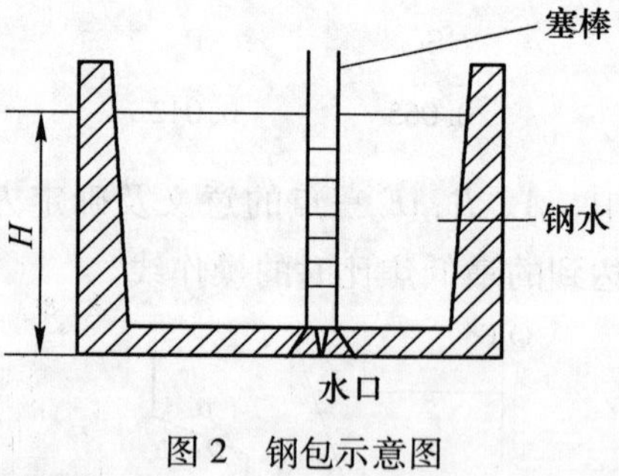

图 2 钢包示意图

已知：水口面积为 A，钢包内径为 D，考虑出口损失和缩流的影响流量系数为 C_P，钢水密度为 ρ_m。

十、用裸露热电偶测得炉膛烟气温度 $T_1=792℃$，已知炉膛壁面温度 $T_w=600℃$，烟气对热电偶表面的对流给热系数 $\alpha=58.2W/(m^2\cdot℃)$，热电偶的表面黑度 $\varepsilon_1=0.3$。试求炉膛烟气的真实温度和测量误差。为了减少测温误差应采用什么措施，并予以解释。

25. 1985 年鞍山钢铁学院炼钢学试题

一、解释以下名词。(每题 2. 5 分，选作其中 10 题，共 25 分)

转炉炉容比；AOD 法；第二类硫化物夹杂；绝热板；少渣（无渣）冶炼；酸溶铝；还原脱磷；保护浇注；白点；硫容；熔融还原；气化脱硫；晶间裂纹；钢板各向异性。

二、在下列试题中选一题回答。(8 分)

(1) 测定钢中氧含量时，用气相色谱定氧，测出的氧含量代表什么氧量？用氧浓度差电势测定钢中氧代表什么氧量，两者有何关系与区别？

(2) 为测定钢液中含氢量，如何取氢样，怎样保存，制样时要注意什么？举出测定方法的名称。

三、在氧气顶底复合吹转炉中脱碳、脱磷、脱硫与渣中 FeO 的变化与 LD 炉有何异同？(17 分)

四、冶炼 16Mn 钢时，钢液自炉内出至黏土砖砌的新盛钢桶内。若停留时间较长，将会发生什么化学反应，钢液成分会有什么变化？并试从下列已给数据（其他所缺的数据自己合理拟定）证明上述反应进行的限制条件。(20 分)

设黏土砖含 Al_2O_3 40%、SiO_2 60%，Al_2O_3 与 SiO_2 互溶为固溶体，该化学反应时 $\Delta G^{\ominus} = -1980+9.06T$，钢液成分：C 0. 16%、Si 0. 35%、Mn 1. 5%；$e_{Si}^{Si}=0.11$，$e_{Mn}^{Mn}=0$，$e_{Si}^{C}=0.18$，$e_{Mn}^{C}=-0.07$，$e_{Si}^{Mn}=0.002$，$e_{Mn}^{Si}=-0.0002$；相对原子质量：Si 为 28、Al 为 27。

五、试述等轴晶形成的各种机理，并说明实际控制柱状晶发展的各种措施。(20 分)

六、试述水平连铸新工艺的优点，并指出当前发展的关键性技术是什么。(10 分)

26. 1985 年钢铁研究总院炼钢学试题

一、扼要分析氧气转炉炼钢过程中杂质的氧化方式并写出其冶金反应式：

（1）杂质直接氧化。（10 分）

（2）杂质间接氧化。（10 分）

（3）目前多数冶金工作者认为应以哪种氧化方式为主？（5 分）

二、铁水预处理的脱硫过程：

（1）从热力学的观点出发，评述铁水预处理脱硫过程的有利条件。（10 分）

（2）目前工业生产中，铁水预处理脱硫方法有哪几种？（7 分）

（3）写出下列脱硫剂的脱硫反应式：CaO、CaC_2、Mg、Na_2CO_3。（8 分）

三、用铝脱氧的镇静钢中，存在哪种类型的非金属夹杂物？

（1）简单氧化物。（5 分）

（2）复杂氧化物。（5 分）

（3）硫化物。（5 分）

（4）Al_2O_3 型和 MnS 型夹杂物对力学性能有什么影响？（5 分）

四、扼要分析电渣重熔的冶金特点（10 分），并绘图说明电渣重熔锭与普通浇注的钢锭之间结晶组织的差异。（10 分）

五、简要分析几种常用的炉外精炼法的冶金原理及其主要冶炼钢类（钢种）。（10 分）

炉外精炼法	基本冶金原理或主要冶金效果	适用钢类（钢种）
AOD		
RH		
VOD		
钢包喷粉 IJ		
钢包吹氩		

27. 1985 年上海钢铁研究所炼钢原理试题

一、选择填空。（每空 2 分，共计 26 分）

（1）元素________能显著地降低氮在熔铁中的溶解度。

A. V，Nb　　B. Mn，Ni　　C. C，Si　　D. S，P

（2）当钢液中碳含量小于该条件下临界碳含量时，脱碳反应的限制性环节是________。

A. [O] 的扩散　B. CO 气泡的生成　C. [C] 的扩散　D. 碳氧化学反应

(3) 根据炉渣结构的离子理论，认为炉渣内硅氧离子的存在形式主要取决于________。

A. 炉渣中 (FeO) 含量　B. 炉渣黏度

C. 离子之间的结合力　D. 炉渣碱度

(4) 欲使含铬钢液中碳优先氧化，则________是明显有效的。

A. 增加钢中铬含量　B. 适当增加炉渣的碱性

C. 降低渣中 (Cr_2O_3) 含量　D. 降低气相 p_{CO} 分压力

(5) 氢原子半径比氮原子半径小得多，它在钢液中扩散能力比氮________。

A. 稍大　B. 大得多　C. 小得多　D. 差不多

(6) 不同脱氧剂产生的一次、二次和三次夹杂物数量是不同的。采用脱氧剂的脱氧能力强，加入数量多，则二次、三次脱氧产物________。

A. 不易上浮　B. 形成得较少　C. 形成得较多　D. 不易聚集

(7) 熔渣中离子间的吸引力取决于________和________。

A. 离子的结构　B. 酸碱性　C. 所带电荷数

D. 组成比例　E. 晶格形状　F. 离子半径

(8) 在一般电炉冶炼工艺条件下（一般电炉冶炼工艺指保证一定脱碳量及原材料干燥)，成品钢液的含氢量主要取决于________。

A. 气相中氢的分压力　B. 真空度　C. 脱碳速度

D. 大气湿度　E. 钢液中的原始含氧量

(9) 钢材中条状塑性夹杂物是________，脆性的串链状夹杂物是________，点球状不变形夹杂物是________。

A. 硅酸盐　B. SiO_2<60%的硅酸盐　C. 硫化物

D. 三氧化二铝　E. 钙铝酸盐　F. SiO_2>60%的硅酸盐和钙铝酸盐

二、问答题。

(1) 试根据下列凝固温度分布图（图1）的 (a)~(d)，分别注明其是何种锭模及条件下的凝固温度分布，并简要说明。(16 分)

(2) 试述炼钢熔池中碳、磷选择氧化的条件。(18 分)

三、计算题。(40 分)

某厂 300t 氧气顶吹转炉，其供氧强度（标态）为 36000m³/h，所用铁水成分为 4.3% C、0.6%Si、0.70%Mn。废钢加入量为 20%，废钢带入的 C、Si、Mn 均忽略不计。成品钢中含 0.1%Mn 及痕迹 Si，从大量生产统计数据得到图 2 的台阶型模型，已知 $C_A=3.3\%$，$C_B=0.6\%$，试计算各阶段脱碳速度表达式及第一、第二阶段时间（元素相对原子质量为：$M_C=12$，$M_O=16$，$M_{Fe}=56$，$M_{Mn}=55$，$M_{Si}=28$；且设各阶段的氧气利用率为 95%；第一阶段铁的氧化按渣中 FeO 量与 SiO_2 相等计算；各阶段碳的氧化生成物均为一氧化碳）。

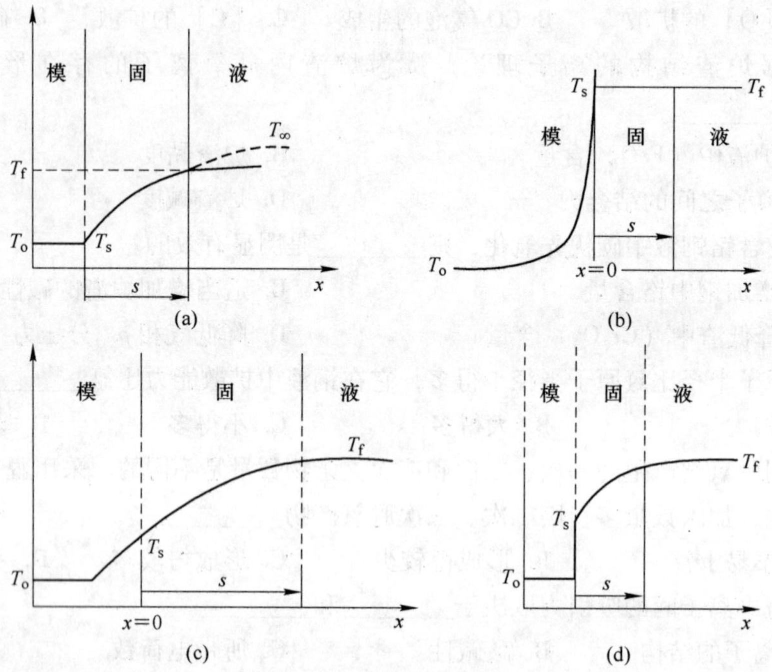

图 1　凝固温度分布图

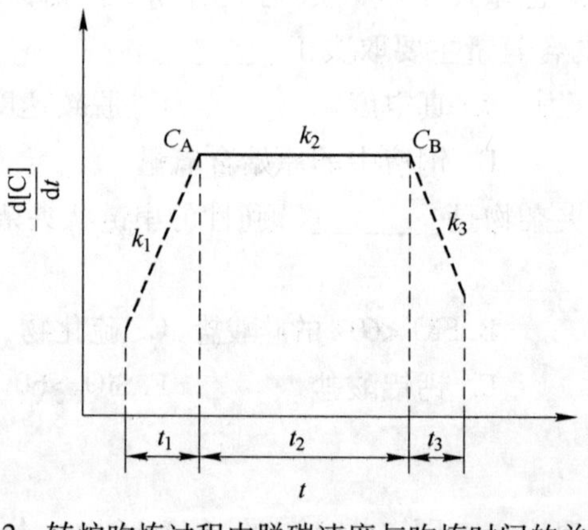

图 2　转炉吹炼过程中脱碳速度与吹炼时间的关系

28. 1985 年上海工业大学炼钢原理、电炉炼钢学、转炉炼钢学试题

一、试述铁水预处理的任务、方法和重要性。铁水同时脱磷、脱硫的热力学条件及可采用

的粉剂。(15 分)

二、简述顶吹、底吹、顶底复合吹等三种氧气转炉炼钢法的主要特点(设备、工艺),并比较它们在熔池反应、过程控制、技术经济指标、适用范围等方面的异同。(15 分)

三、说明电弧炉电气特性曲线的意义,并指出超高功率(UHP)电炉及普通功率(RP)电炉的不同应用条件。(15 分)

四、试对高铬钢液吹氧脱碳过程进行热力学估算。假设吹炼终点的目标碳为 0.03%,并希望初值仍能保持 18%的铬,则整个吹炼过程应具备何种热力学条件(温度、压力)?(20 分)

已知:$3/2[Cr] + O_2(g) = 1/2(Cr_3O_4)(s)$ $\Delta G_1^\ominus = -178400 + 53.42T$ (1)

$2[C] + O_2(g) = 2\{CO\}(g)$ $\Delta G_2^\ominus = -66700 - 20.34T$ (2)

$e_C^{Cr} = -0.024$,$e_C^{C} = 0.14$

并假设:$a_{(Cr_3O_4)} \approx 1$,$f_{[Cr]} \approx 1$。

五、分别计算当向 1600℃、$a_{[O]} = 0.01\%$的钢液加入 0.30%的硅和 0.02%的铝时,脱除的氧量、生成夹杂物的数量及钢中硅及铝的含量(假设钢中原始硅、铝含量为零,且不考虑炉渣及炉气引起的氧化损失)。(20 分)

已知:1600℃时,$K_{Si}^{1600} = [\%Si] \cdot [\%O]^2 = 2.8 \times 10^{-5}$,$K_{Al}^{1600} = [\%Al]^2 \cdot [\%O]^3 = 3 \times 10^{-11}$(不考虑活度系数的影响——硅、铝浓度很低时)。

六、炉外精炼的任务、方法及基本原理评述。(15 分)

29. 1985 年重庆大学钢铁冶金试题

(试题共 7 题,作满 5 题为 100 分。一~五题选择 4 题,六、七题中选择 1 题。)

一、纯氧顶吹转炉氧气射流对熔池有哪些物理化学作用?(20 分)

二、试述碱性电弧炉冶炼还原期的主要任务及物理化学反应。(20 分)

三、高炉采用高压操作后,对炉料顺行、对生铁产量、对焦比有何影响?(20 分)

四、高炉炼铁生产所用的燃料主要为焦炭,试问:

（1）焦炭在高炉内的作用是什么？

（2）焦炭强度对煤气通过软熔带的压力降 Δp 有何影响？

（3）炉内引起焦炭强度变差而破损产生粉末的因素有哪些？

（4）你认为减少焦炭在高炉内破损的措施是什么？（共 20 分）

五、试述铁水炉外脱硅的优点，脱硅的基本原理及脱硅方法。（20 分）

六、试述连铸坯凝固过程的特点、连铸坯特有的缺陷及其形成的原因。（20 分）

七、某高炉用全焦干风冶炼，每批炉料中焦炭质量为 $K_{批}$（吨焦/批料），焦炭含固定碳为 C_K（%），焦炭在风口前的燃烧率为 K_Φ（%）：

（1）请推导出高炉冶炼时炉料下降速度 n（批/h）与鼓风量 $V_{风}$（m^3/min）的关系式？

（2）当料批组成不变，若铁的直接还原度增大，那么下料速度 n（批/h）将如何变化？

（3）若其他条件不变，鼓风中 O_2 含量提高 1%，炉料速度加快多少？（共 20 分）

30. 1986 年北京钢铁学院钢铁冶金试题

（任选 8 题，每题 12.5 分）

一、从高炉冶炼原理出发，要达到最佳操作指标，对含铁原料的性能有哪些要求（给出各项指标的范围）？并根据这些要求，对比和评价碱性烧结矿和酸性球团矿。

二、目前大多数高炉煤气利用率不高的通病何在？并以 Rist 操作线图予以说明。若不用焦炭供热时，Rist 图发生什么变化？

三、软熔带的形状和位置对高炉操作和炉衬寿命有何影响，在生产中如何监测和控制软熔带？

四、对比高炉和非高炉炼铁法的优缺点，并根据我国条件展望各种炼铁法的前景。

五、向含 [O]0.025%的铁液中加入硅 3.0kg/t，已知 $T=1600$℃，$a_{SiO_2}=0.1$，$[Si]+2[O]=SiO_2(s)$，$\Delta G^\ominus=-13898+53T$（cal/mol），不计空气和渣的烧损，求平衡时铁液中的 [O] 和 [Si] 各为多少？

六、1600℃时钢液中 [P] 为 0.05%，造多少渣时才能将 [P] 降到 0.01%。已知

$(P_2O_5)/[P]=114.5$（氧化渣下）。

七、氧气顶吹转炉冶炼所用铁水成分为：[C]3.8%，[Si]0.5%，[Mn]0.3%，[P]0.1%，铁损3%；出钢时的[C]0.1%，[Mn]0.1%，[P]0.02%。求每吨钢耗用的氧量，简述吹炼后期钢、渣成分和温度的特点。

八、比较RH、VOD、SKF桶炉精炼的特点，论述它们的发展前途。

九、不可压缩黏性流体，在两块相距为 b 的无限大平行平板之间做垂直向下的稳定层流流动，假定流体的物性恒定，沿流动方向压力降为零，试用诺维-斯托克斯方程解析其速度分布表达式。

十、蒸汽冷凝管内径为 D、长度为 L、管壁温度为 T_W 并恒定不变，进口水温 T'_f、水的流速为 v。求管内水的温度随轴向 x 的变化规律及出口水温 T''_f 的表达式。

31. 1986年东北工学院钢铁冶金学试题

一、必答题。

（1）表1所列三种高炉用铁矿石，试按其化学成分及减重法还原实验测得的减重量，评价并比较这三种铁矿石的品位高低及还原性好坏。（20分）

表1　三种高炉用铁矿石成分

矿石种类	化学成分/%				100g试样还原1h的减重量/g
	TFe	FeO	SiO_2	CaO	
磁铁矿	64	20	10.8	—	15
赤铁矿	60	0.8	10.4	4.0	16
烧结矿	58	1.0	7.8	10.3	15

注：还原度=失重量/铁矿石总氧量。

（2）氧气顶吹转炉吹炼低碳钢，所用金属料中，铁水∶废钢=8∶2；铁水中含S 0.03%，废钢中含S 0.02%，其他装入物中的S不计。吹炼终点时炉渣成分为：(CaO) 45%，(SiO_2)15%，(FeO)20%。试求终点时钢中S的含量。（20分）

已知：钢水收得率为95%，气化脱S率为5%，每吨钢的渣量为150kg，渣碱度 $\%CaO/\%SiO_2=3$，当 (FeO)=20%时，(S)/[S]=4.7。

二、选答题。(选答 3 道题)

(1) 论述优质球团矿的原料及工艺条件并提出改进措施。(20 分)

(2) 分析高炉内硅还原的条件，提出冶炼低硅生铁的途径。(20 分)

(3) 试述高炉内氢的来源及其在高炉内的作用。(20 分)

(4) 分析说明顶底复吹转炉脱碳的特点。(20 分)

(5) 说明影响顶吹氧气转炉吹炼终点时钢水含氧量的因素。(20 分)

(6) 分析说明应用弧形连铸机在冶金上的特点。(20 分)

(7) 试分析电弧炉炼钢的氧化期（氧化熔炼法）在元素氧化顺序、温度调整及渣量控制等方面的特点。(20 分)

(8) 适用于冶炼不锈钢的炉外精炼方法有哪些，它们的基本原理是什么？(20 分)

(9) 回答下列问题：(20 分)

1）对电弧炉传统冶炼工艺（老三期）进行强化，常采用哪些方法？

2）改善电弧炉短网三相阻抗不平衡的方法有哪几种？

32. 1986 年重庆大学钢铁冶金工艺及原理试题

（考生在以下 7 题中任选 5 题，满分为 100 分）

一、概括说明炉外精炼法在特殊钢生产中的作用，并列举有代表性的炉外真空精炼法（后者只要求正确写出真空精炼法的名称）。(20 分)

二、介绍国内炼钢厂采用铁水炉外脱硫的情况，指出主要的铁水炉外脱硫方法的工艺控制参数是哪些？(20 分)

三、从理论和实践上阐明为什么氧气转炉必须实行顶底复合吹炼。(20 分)

四、试分析下列因素：合金成分、铸模材料的导热性、浇注温度，对铸锭中树枝偏析和柱状晶带宽度的影响。在工艺上应采取哪些主要措施来控制它们的发展。(20 分)

五、当烧结矿的碱度提高到 1.2～1.3 时，烧结矿的机械强度降低，粉末增加，返矿率增高。请阐明自熔性烧结矿易于粉碎的主要原因。(20 分)

六、高炉冶炼钛磁铁矿时将形成 TiO_2 炉渣。根据对合成含 TiO_2 炉渣实验研究的结果，在无变稠的条件下和在 TiO_2 含量为 10%～30%、碱度（CaO/SiO_2）为 0.8～1.4 的范围内，请阐明：炉渣熔化性温度与 TiO_2 含量的关系；炉渣黏度与 TiO_2 含量的关系；并请阐明实际高炉冶炼时含钛炉渣变稠的原因。(20 分)

七、请阐明高炉冶炼时提高鼓风温度可以降低焦比的根本原因和其他原因。(20 分)

33. 1986 年鞍山钢铁学院炼钢学试题

一、向 100t 温度为 1600℃ 的含氧 0.04% 的钢液加入锰铁（含锰 78%）及硅铁（含硅 72%）进行脱氧合金化，要求达到最终钢液成分含 Si 0.17%~0.37%，Mn 0.5%~0.80%，[O]0.011%，求应加多少千克锰铁和硅铁？（相关数据见表 1，其他数据按理自拟）。(15 分)

表 1　1600℃用硅和锰脱氧的平衡浓度（质量分数）　　(%)

硅	锰	氧
0.10	0.00	0.019
0.10	0.50	0.015
0.12	0.60	0.012
0.12	0.70	0.005

二、用 Al 脱氧时，脱氧产物 Al_2O_3 是固态，为什么其上浮速度也很快？为提高 Al 脱氧的效率向钢液加铝有哪些方法？残留在钢液中的 Al_2O_3 对钢生产工艺及钢质量有什么危害，如何解决此问题，为什么？(15 分)

三、回答下列问题。(任选 8 题，共 20 分)

(1) 铁水用苏打进行同时脱 S 和脱 P，为什么要预先脱 Si?

(2) 顶吹氧气转炉与底吹氧气转炉脱 P 的主要不同点是什么?

(3) 顶底复吹转炉底气的大小对渣中 FeO 有什么影响，为什么?

(4) 试写出焦姆金（JemKin）的完全离子溶液模型中离子浓度的表示方法与弗路德（Flood）离子溶液模型中离子浓度的表示方法。

(5) 电石渣的特点是什么，为什么在出钢前对电石渣要进行破坏?

(6) 钢包内用 Ar 气吹扫，为什么能降低钢液含 [H] 量?

(7) 炼钢时造渣使用的优质石灰有什么要求?

(8) 钢液含 [C] 低时，为什么脱碳速度慢?

(9) 为什么对铁水脱硫比对钢水脱硫有利?

（10）我国目前推广顶底复合吹转炉新工艺主要应解决什么问题？

（11）什么叫选择性氧化？试举一例。

（12）什么叫 VOD 法，RH 法？

四、有一个镇静钢钢锭最大断面处尺寸是 600mm×400mm，求该锭全凝固时间的可能范围。（15 分）

五、试述柱状晶带的生成条件及控制方法。（10 分）

六、简要回答下列问题（任选 10 个）（25 分）

（1）氧浓差电池定氧与色谱定氧的值有何区别？

（2）什么是准数与次定性准数？

（3）我国水平连铸有何进展？

（4）什么是马赫数？

（5）连铸类型有几种？

（6）顶吹炼炉烟气主要成分 CO_2 ____，CO ____？

（7）顶吹转炉烟尘主要成分 $\sum Fe$ ____？

（8）判断是何钢种（镇，半，沸）。

C/%	Si/%	Mn/%	S，P/%
0.2	0.3	0.5	≤0.02
0.2	0.07	0.5	≤0.02
0.2	0.03	0.5	≤0.02

（9）图示沸腾钢锭结构。

（10）图示镇静钢偏析区。

（11）一般镇静钢锭切头、切尾多少？

（12）复吹底枪的主要形式有几种？

34. 1986 年上海钢铁研究所炼钢原理试题

一、选择填空。（每题 2 分，共计 20 分）

（1）合金元素________能显著地降低氮在熔铁中的溶解度。

A. V、Nb、Cr、Zr、Ti　B. Mn、Mo、Co、Ni　C. S、P　D. SiC

（2）熔渣的表面张力，主要取决于________。

A. 熔渣的成分　　B. 气相压力

C. 熔体质点间化学键的性质　　D. 气相的成分

（3）所谓“长渣”即指温度降低时，黏度________。

A. 平稳增大　　B. 保持不变　　C. 降低　　D. 急剧增加

（4）钢液中碳含量小于临界碳含量 $C_{临}$ 时，脱碳反应的限制性环节是________。

A. ［O］的扩散　　B. CO 气泡的形成

C. ［C］的扩散　　D. 碳氧化学反应

（5）脱磷反应是________。

A. 钢水和气相之间的反应　　B. 钢水与炉渣间的界面反应

C. 离子交换反应　　D. 炉渣与气相之间的反应

（6）两个元素的氧化转化温度与________有关。

A. 该元素及其氧化产物的活度（压力）　　B. 氧存在的形式

C. 氧的压力（浓度）　　D. 氧化产物的形态

（7）铸态钢中硫化物的形态通常分为三类，第Ⅲ类硫化物夹杂经常出现在________。

A. 硅脱氧的铸钢中　　B. 过量铝脱氧的钢中

C. 适量铝脱氧的钢中　　D. 硅锰脱氧的钢中

（8）按夹杂物的形态分类，塑性夹杂一般指________。

A. SiO_2 含量较高的硅酸盐、钙的铝酸盐以及高熔点的硫化物夹杂

B. FeS、MnS 及 SiO_2 较低的硅酸盐夹杂

C. Al_2O_3 和尖晶石型复合氧化物夹杂

D. 颗粒度大于 10μm 的硅酸盐夹杂

（9）钢液凝固时产生气孔，显微气孔一般与________有关。

A. 钢液的性质　　B. 气体溶解度

C. 钢锭的几何形状　　D. A 和 B

（10）氢原子半径比氮原子半径小得多。扩散能力和氮相比________。

A. 差不多　　B. 小得多　　C. 大得多　　D. 稍大

二、问答题。

（1）铝、硅、锰及硅钙这四种沉淀脱氧剂的脱氧过程各有什么特点，要求按脱氧能力、脱氧产物性质及排除，脱氧反应发生在什么阶段，熔池中还是渣中，最适合的使用方法等简要说明。（5 分）

（2）说明气体在液态金属中溶解度的平方根定律是什么，如何用这个定律来说明钢水包中吹 Ar 搅拌时可以减少钢中溶解的［H］、［N］气体量，Ar 搅拌时氢、氮行为有何不同？为深度脱气，有否更有效的办法，请简单说明。（5 分）

（3）有直径为 d_0 的圆球状石墨颗粒，在静止的周围无限大的铁液中向外扩散，假定

扩散流不随时间变化，试求证：“舍谢伍德数” $Sh=K_M \times d_0/D=2$（K_M 为传质系数；D 为扩散系数）。提示：先证明 $J=2D/R(C_表-C_\infty)$（10分）

三、计算题。

（1）在炼钢温度下，Fe-Cr 熔体近似于理想溶液，铬的熔点为1860℃，熔化热 $\Delta H=$ 4600cal/mol，求：在熔铁中溶解1%固态纯铬时的标准自由能变化？（$R=1.987$cal/(mol·K)，$M_{Fe}=56$，$M_{Cr}=52$）（10分）

（2）设：碳钢液 $[C]=0.15\%$，$[O]=0.01\%$，在温度 $T=1600$℃条件下进行真空处理，真空度为7.6Torr，试问 [C]、[O] 最低能到多少？

已知：　$[C]+[O]=\!=\!=\{CO\}(g)$　　$\Delta G=-4100-10.16T$

且认为 $a_{[C]}\approx[\%C]$，$a_{[O]}\approx[\%O]$。（10分）

（3）设有100t初始 $[S]=0.05\%$的电炉钢水，在钢包中采用合成渣进行脱硫，要求成品 $[S]\leqslant0.025\%$，假定该合成渣和钢之间达到平衡后硫的分配指数为80。试问所需的最小渣量是多少？如将这些渣料分成等量的两批加入。设计的第一种工艺是第一批渣和钢达到平衡后，不扒渣即追补新渣料；第二种工艺是平衡后完全扒渣，然后再加入第二批新渣料造渣，直至平衡。问两种工艺的成品硫含量各为多少？（20分）

35. 1986年唐山工程技术学院钢铁冶金学试题

一、炼铁部分。（30分）

（1）试说明高炉内铁的直接还原度对碳素消耗的影响及降低直接还原度的主要途径。（10分）

（2）回答下列问题：

1）什么叫干风温度和喷吹燃料的补偿温度，如何计算？（5分）

2）什么叫“铁酸钙理论”？（3分）

3）填空：烧结过程中，形成铁酸钙黏结相的主要条件是________。（2分）

（3）回答下列问题：

1）试述我国炼铁生产热风温度水平（先进水平，一般水平），进一步提高热风温度从设备上及热风炉结构上应该怎样做？（5分）

2）高炉内型炉身角（β）的确定应考虑哪些因素？（3分）

3）炼铁生产余能有哪几种，在我国能回收（已经回收）的有几种，尚未回收的有几种，是什么原因未能回收？（2分）

二、炼钢部分。(40 分)

(1) 简述氧气顶吹转炉未燃法烟气净化系统中一级文氏管采用溢流水封的作用。(4 分)

(2) 简述氩氧精炼不锈钢的基本原理。(4 分)

(3) 简要分析脱碳反应的限制性环节及氧气顶吹转炉中脱碳速度的变化。(14 分)

(4) 写出白渣和电石渣脱氧的反应式，并比较两种脱氧方法的优缺点。(8 分)

(5) 某氧气顶吹转炉，装入含 P 0.2%的铁水 30t，出钢量 30t。终渣成分为:

CaO	MgO	MnO	$\sum$FeO	SiO_2
51%	4.05%	2.82%	15%	16.8%

终渣渣量占终点钢水质量的 12%，单渣操作。终点熔池温度 1650℃，求终点钢水含 P 量。(10 分)

计算所用数据:

$$\lg(\%P)/[\%P] = 22350/T - 23.7 + 7\lg(\%CaO) + 2.5\lg(\%\sum Fe)$$

三、铸锭部分。(30 分)

(1) 填空:

1) 镇静钢钢锭模保温帽体积通常占钢锭本体的________%。(2 分)

2) 1984 年我国连铸坯产量________万吨。连铸比是________%。(2 分)

3) 镇静钢钢水通常含氧 [O]________%，沸腾钢钢水通常含氧 [O]________%，半镇静钢钢水通常含氧 [O]________%。它们的典型结构分别为________。(15 分)

(2) 试述确定模铸出钢温度的原则，如该厂改为连铸后还应该注意些什么?(考生自己选择生产流程)(11 分)

36. 1986 年钢铁研究总院钢铁冶金试题

一、分析炼钢过程脱磷反应的热力学条件:

(1) 写出表示炉渣脱磷能力的公式;(5 分)

(2) 影响脱磷反应热力学条件的工艺参数有哪些?(10 分)

二、钢水脱氧的任务及脱氧剂的比较:

(1) 脱氧的任务;(5 分)

(2) 为什么复合脱氧剂与单独脱氧元素相比，可达到较好的脱氧效果?(10 分)

三、钢包吹氩原理及其计算：

（1）钢包吹氩原理；（5分）

（2）常压下温度为1600℃的钢液中，原始含氢量为0.0007%，通过向钢水吹氩去氢，使氢含量降低到0.0002%，求应吹入的最少氩气量（$K_H=0.0027$）。（15分）

四、氧气转炉吹炼含C 3.7%、Si 0.65%、Mn 0.35%、P 0.20%的液态金属铁，求达到预定终点成分时所需实际耗氧量。设：终点钢水成分C 0.2%、Mn 0.14%、P 0.02%，铁损1.4%，碳氧化后生成85%CO和15%CO_2，氧气的纯度为99.6%，氧气的利用率为75%。氧气消耗量按每吨金属铁计。（20分）

五、关于连铸：

（1）连铸有哪些特点？（10分）

（2）目前生产中使用的连铸机有哪几种型式？（5分）

六、氧气转炉顶底复合吹炼：

（1）与顶吹转炉比较有哪些优点？（10分）

（2）按照底部气源不同可以分为几种类型？（5分）

37. 1987年东北工学院钢铁冶金综合试题

（从六科中任选三科答题）

一、炼铁学。

（1）分析提高碱度对烧结矿冷热态性能的影响。（10分）

（2）分析高炉炉缸温度对高炉冶炼的影响和控制炉缸温度的措施。（12分）

（3）解释下列名词：（12分）

直接还原和间接还原；低温还原粉化率；喷吹燃料的置换比；烧结机利用系数；料线高度；炉料冶炼周期。

二、炼钢学。

（1）简明回答下列问题：（13分）

1）世界上最早用于生产钢锭的是哪种炼钢法，始于那一年？（2分）

2）以图示说明氧气顶吹转炉吹炼过程中金属内［C］和［O］的变化规律。（2分）

3）采用复合脱氧剂的主要意义是什么？（2 分）

4）试述转炉顶底复合吹炼的主要冶金效果。（2 分）

5）转炉终渣成分为：45%CaO，15%SiO_2，7%MgO，20%FeO；试计算该渣系的碱度，并根据活度图（图 1）求 a_{FeO}。（5 分）

已知：

元素	Ca	Si	Mg	Fe	O
相对原子质量	40	28	24	56	16

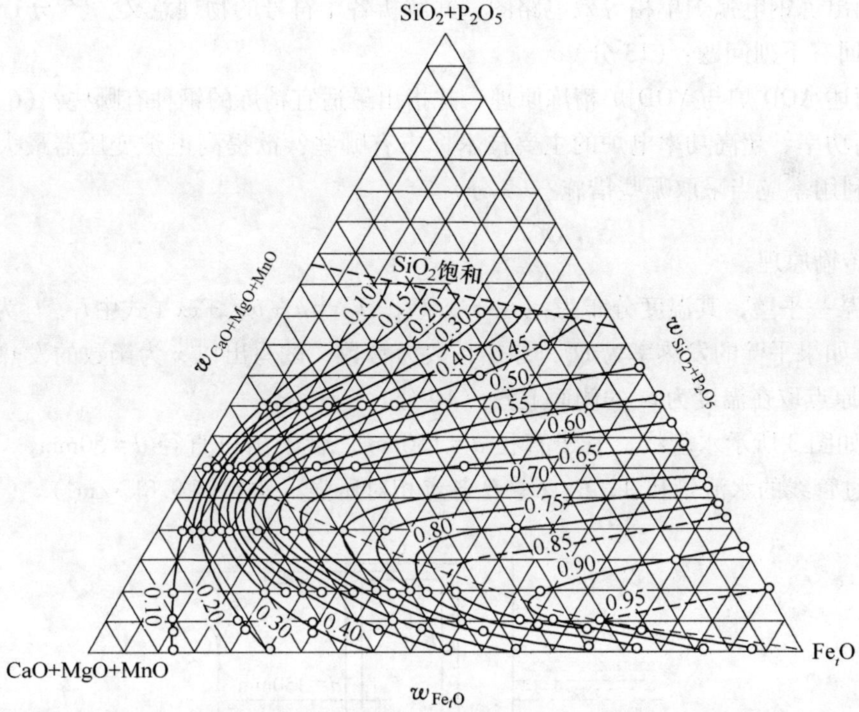

图 1　活度图

（2）试分析氧气顶吹转炉热平衡的特点，并指出提高转炉废钢比的途径及技术措施。（10 分）

（3）有一台三机三流小方坯连铸机，其中间罐内型近似于长方体，尺寸如图 2 所示，

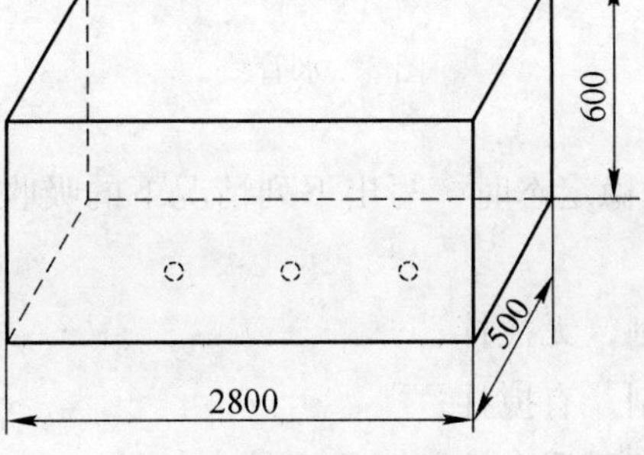

图 2　中间罐内型

采用3只直径为15mm的定径水口。当大罐最后结束浇注时中间罐内钢液面高度为500mm。试计算中间罐液面高度由500mm下降到200mm时，所经历的浇注时间是多少？（15分）

三、电冶金学。

（1）什么叫综合脱氧？阐明采取综合脱氧制度的合理性。（10分）

（2）回答下列问题：（10分）

1）强化电炉炼钢工艺的主要措施有哪几方面？说明具体方法。（5分）

2）画出炼钢电弧炉单相等效电路图，并解析各个符号的物理意义。（5分）

（3）回答下列问题：（13分）

1）简述AOD炉与VOD炉精炼原理，并指出最适宜精炼的钢种有哪些？（6分）

2）高功率、超高功率电炉的主要技术标志有哪些？欲提高电炉变压器最大功率利用率与时间利用率应当采取哪些措施？（7分）

四、冶金传输原理。

（1）某一平壁，其温度分布为：$(t-t_1)/(t_2-t_1)=a+bx^2+cx^3$（式中$t_1$，$t_2$为平壁两侧面温度）。如果平壁的发热率为$Q_v$，导热系数为常数，试写出以$x$为函数的发热率表达式（$x$轴坐标原点取在温度为$t_1$的侧面上）。（10分）

（2）如图3所示水管线，管子直径$d=150$mm，管子出口直径$d=50$mm，不计损失。试计算通过管线的水流量和A、B、C、D各点相对压强（水重度9.8kN/m^3）。（10分）

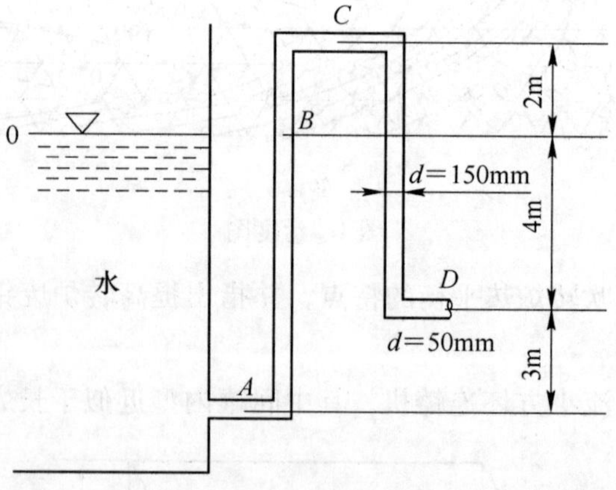

图3 水管线

（3）钢液吸收气体达到稳定态时，写出下列情况下的吸收速率式，扼要说明列式依据及各参数意义：（10分）

1）物理吸收，液膜控制，无搅拌；

2）物理吸收，液膜控制，有搅拌；

3）化学吸收，气膜和液膜混合控制，无搅拌。

五、冶金热力学及动力学

（1）判断下列各题的正误。如错误请说明为什么错误，并写出正确的结论。（10 分）

1）理想溶液服从拉乌尔定律，极稀溶液服从亨利定律。

2）已知：

$$Me(l) = (Me)_{1\%} \qquad \Delta G_1^{\ominus}(1600℃)$$

$$Me(s) + O_2 = MeO_2(s) \qquad \Delta G_2^{\ominus}(1600℃)$$

$$2C(s) + O_2 = 2CO(g) \qquad \Delta G_3^{\ominus}(1600℃)$$

$$2C(s) = 2(C)_{1\%} \qquad \Delta G_4^{\ominus}(1600℃)$$

那么，反应

$$MeO_2(s) + 2[C] = [Me] + 2CO(g)$$

$$\Delta G^{\ominus} = \Delta G_3^{\ominus} - \Delta G_2^{\ominus} + \Delta G_1^{\ominus} - \Delta G_4^{\ominus}(1600℃)$$

3）某金属熔点、熔化热均为定值，假设其 $\Delta c_p \approx 0$，那么，其熔化自由能为零。

4）根据溶解度的定义和双原子气体溶解的平方根定律，已知 $1/2O_2 = [O]_{1\%}$ 的 $\Delta G^{\ominus} = -28000 - 0.69T = -RT\ln K$，所以，$\lg[\%O]_{饱和} = 6120/T + 0.15$。

5）根据逐级转换原则，元素铁、硅及其各级氧化物之间的转换应按 SiO_2—SiO—Si，Fe_2O_3—Fe_3O_4—FeO—Fe 进行。

（2）用硅热还原法从白云石中制备金属镁，其反应为：$Si(s) + 2(CaO \cdot MgO)(s) = 2Mg(s) + Ca_2SiO_4(s)$，经查热力学数据：

$$2(CaO \cdot MgO)(s) = 2CaO(s) + 2MgO(g) \qquad \Delta G_1^{\ominus}\ 无数据$$

$$2CaO(s) + SiO_2(s) = Ca_2SiO_4(s) \qquad \Delta G_2^{\ominus} = -30200 - 1.20T(cal)$$

$$Si(s) + 2MgO(s) = 2Mg(g) + SiO_2(s) \qquad \Delta G_3^{\ominus} = 125000 - 50.6T(cal)$$

当假设 $\Delta G_1^{\ominus} = 0$，$p_{Mg} = 1atm$ 时，求得开始还原温度为 1830K；当假设 $\Delta G_1^{\ominus} = 0$，开始还原温度为 1473K 时，则要求真空度为 32.224mmHg。试分析如下问题（可只用表达式分析）：（10 分）

1）为什么在实际生产中，为保证在 1200℃ 条件下制备镁，需采用比计算值（32.224mmHg）更高的真空度？

2）当改用硅铁还原白云石，在 1200℃条件下制备镁，还需什么措施？

3）如果用 MgO 代替白云石，在 1200℃和 32.224mmHg 压力下制备镁，能否实现？如不行，还需什么措施？

（3）将成分为 4.0%C、0.4%V、0.8%Si、0.6%P、0.08%S 的生铁进行氧化提钒，使钒最大量地进入渣中，又希望碳不被氧化，以得到含碳较高的半钢。钒渣中 V_2O_3 的浓度为 $x_{V_2O_3} = 0.0406$，$\gamma_{V_2O_3} = 10^{-5}$。通过计算绘出［C］和［V］氧化反应的 $\lg a_O$ 对 $1/T$ 关系示意图，确定氧化反应的开始转化温度，并分析提钒保碳的合理工艺条件。（13 分）

已知：

$$4/3V(s) + O_2(g) = 2/3V_2O_3(s) \qquad \Delta G_1^{\ominus} = -194233 + 37.66T(cal)$$

$$2C + O_2 = 2CO \qquad \Delta G_2^{\ominus} = -53520 - 41.96T(cal)$$

$$C = [C]_{1\%} \quad \Delta G_3^{\ominus} = 5100 - 10.00T(\text{cal})$$

$$V(s) = [V]_{1\%} \quad \Delta G_4^{\ominus} = -3900 - 11.07T(\text{cal})$$

$$O_2 = 2[O]_{1\%} \quad \Delta G_5^{\ominus} = -56000 - 1.38T(\text{cal})$$

元素 i	C	Si	S	P	V
e_C^i	0.23	0.072	0.09	0.047	-0.038
e_V^i	-0.16	0	0	-0.05	0.022

六、金属学及热处理。

（1）请绘出以相组成物表示的铁碳合金状态图，并指出其中有哪几个主要基本转变。(13 分)

（2）某厂冶炼 45 号碳素钢。请你用冷却曲线的形式说明该钢在凝固和冷却过程中发生哪些变化，冷却到室温后的组织组成物是什么？(10 分)

（3）以 40Cr 钢为例，说明正火、退火、淬火及调质处理等各种热处理基本工艺要点。(10 分)

已知：40Cr 钢的临界点为：A_{c_1}：743℃，A_{c_3}：782℃，A_{r_1}：693℃，A_{r_3}：730℃。

38. 1987 年鞍山钢铁学院钢铁冶金学试题

（一~四题为必答题，70 分；五、六题选一题回答，不能混答，30 分）

一、用高炉热交换理论分析热风温度、富氧鼓风、风口喷吹煤粉对高炉炉顶煤气温度的影响。(20 分)

二、某厂既有带式烧结机又有竖炉两种造块的设备，对下列两种精矿粉（磁），根据什么原理分别选择造块方法，并如何组织其生产（保证产品的产量与质量），两种造块产品是怎样固结的？(15 分)

精矿	TFe/%	-200 目/%	CaO/SiO_2	S/%
A	65	80	1.2	0.003
B	67	60	0.2	0.12

三、含钒铁水成分如下：

C	Si	Mn	P	V
4.0%	0.7%	0.3%	0.02%	0.5%

在 LD 转炉中吹炼提取钒渣，为获得成分为 $(V_2O_3)9.00\%$，$(SiO_2)20.00\%$，$(\sum FeO)43\%$ 的钒渣，试计算吹炼温度应如何控制合适，为什么？（20 分）

已知：

$$4/3[V] + O_2 = 2/3V_2O_3(s) \qquad \Delta G^{\ominus} = -184700 + 50.53T$$

$$C+\frac{1}{2}O_2 = CO\ (g) \qquad \Delta G^{\ominus} = -32120-10.85T$$

$e_C^C=0.14$，$e_C^{Si}=0.08$，$e_C^V=-0.077$，$e_C^P=0.051$，$e_C^{Mn}=-0.012$，$e_V^V=0.015$，$e_V^{Si}=0.042$，$e_V^C=-0.34$，$e_V^P=0$，$e_V^{Mn}=0$ 和 $\gamma_{V_2O_3}=10^{-5}$；相对原子质量：V 为 50.92，Fe 为 55.8，Si 为 28。

四、试比较上大下小带保温帽（内挂绝热板）与上小下大挂绝热板模的镇静钢钢锭结构的异同点，并说明后者适用于何种钢种范围，为什么？（15 分）

五、炼铁题组。

（1）根据高炉冶炼理论，分析提高高炉煤气 η_{CO} 的方向与措施。（20 分）

（2）为什么炼铁实验所用的热电设备多为电阻炉，对中温还原实验和炉渣黏度实验分别采用何种电热体为宜，相应采用何种热电偶测温为好，根据什么道理求得其实验结果？以式表达。（10 分）

六、炼钢题组。

（1）回答下列问题。（12 题任选 8 题，每小题 2.5 分，共 20 分）

1）在 LD 转炉内脱碳，很难将碳降至 0.03%以下，而在顶底复吹转炉中却完全可以，为什么？

2）什么叫 LD 炉动态控制？

3）什么叫双流氧枪，起什么作用？

4）什么叫热脆，生成原因是什么？

5）什么叫化学封顶？举一例说明。

6）说出白渣和电石渣的主要成分与特点。

7）什么叫少渣冶炼？

8）什么叫复合脱氧剂，起什么作用？举一个例子。

9）为什么用 Ca 处理铝镇静钢合适时可防止水口堵塞？

10）LD 转炉送氧时何谓软吹与硬吹，各起什么作用？

11）浇注沸腾钢模内沸腾不足的原因是什么，应采取什么措施？

12）什么叫转炉副枪，起什么作用？

（2）回答下列问题。（10 分）

1）使用热电偶时冷端要求温度应为____℃，无补偿条件时，冷端温度应不超过____℃。（3 分）

2）取下列数为四位有效数据：（3 分）

22.405；　　6.48851；　　12.304

3）使用钼丝炉时应注意什么问题？（4 分）

39. 1987 年上海工业大学钢铁冶金试题

一、选择题。（5 题，共 10 分）

（1）某一钢种只允许依靠 0.30% 的硅脱氧，不得加铝，为获得尽可能低的氧量，宜选择的脱氧方案是：

A. 用喂线法喂入 SiMn 合金

B. 加入 FeSi 后，喷射 $CaO-Al_2O_3-CaF_2$ 渣粉（60∶30∶10）

C. 喷射 SiC 粉及 $CaO-SiO_2-Al_2O_3$ 渣粉（55∶35∶10）混合料

（2）某厂用坑式真空处理设备冶炼轴承钢，最适宜的精炼操作是：

A. 真空处理之前，Fe-Si 加入炉中、包衬用高铝砖

B. 真空处理之后包中加 Si，包衬用高铝砖

C. 渣洗后，带渣进行真空处理，真空处理后期加 Si 于包中，包衬用高级黏土砖

（3）1650℃，含 C 为 0.5% 的碳钢钢水，若只往钢中加 0.25% 的 Si，Si 的脱氧作用主要发生在：

A. Fe-Si 的熔化、溶解和均匀化过程中

B. 钢水冷凝过程中

C. 钢水在包中镇静的过程中

（4）假设电弧炉三相阻抗平衡，且不考虑动态电抗时，超高功率电弧炉的电弧工作点常选取为：

A. $\cos\varphi = 0.90$

B. 电抗百分数（$X\%$）= 0.707

C. 电弧电流和短路电流的比值（I_d/I_K）= 0.55

（5）为促进钢包中顶渣的脱硫作用起见，最强力的搅动方法是：

A. 常压下，包底吹 Ar

B. 真空下，电磁搅拌（双片式搅拌器）

C. 真空下，包底吹 Ar

二、选择题。(5 题，共 10 分)

(1) 低碳钢真空处理时，最接近于热力学平衡的反应是：

A. $[C]+[O]=CO$　B. $2[H]=H_2$　C. $2[N]=N_2$

(2) 以下几种钢液和大气直接接触时最易吸收 N_2 的是：

A. [O]0.009%，[S]0.01%，[Ti]0.01%，[Si]0.15%

B. [O]0.012%，[S]0.008%，[B]0.005%，[Si]0.10%

C. [O]0.001%，[S]0.002%，[Al]0.02%

(3) 若真空度相等，几种常用的真空处理方法中去气条件最好的是：

A. RH 法　B. DH 法　C. 带电磁搅拌的钢包置于真空坑内

(4) 某厂没有真空装置，只能利用炉内熔炼过程去除气体，以下熔炼条件中应选择：

A. 返回法熔炼，炉龄中期

B. 返回吹氧法熔炼，炉龄中期

C. 氧气法熔炼，新炉衬

(5) 包底吹 Ar 时，去气反应是：

A. 零级反应　B. 一级反应　C. 二级反应

三、填空题。(3 题各得 10 分，共 30 分)

(1) 在制定氧气顶吹转炉合理供氧制度时，需确定如下工艺参数：________和________；如果需进行优化的工艺操作，在设备已定的条件下，应对________工艺参数进行优化。在使用惰性气体的顶底复吹转炉生产中应首先考虑________工艺参数进行优化。

(2) 氧气转炉合理造渣制度应保证达到________和________等工艺目的。该制度的优化应首先从________和________方面入手。

(3) 与炼钢其他反应相比，脱碳反应的特点是________由于它的________作用，促进了炼钢其他反应的顺利进行。但它也可能给炼钢造成________等困难，要控制好炉内脱碳反应必须控制好________和________。

四、问答题。(共 40 分)

(1) 钢中氧存在的形式是什么？(2 分)

(2) 试述钢液基本脱氧方法及其表达式。(5 分)

(3) 试述硅、铝、钙、脱氧产物的形态及其对钢性能及钢材用途的影响。(8 分)

(4) 什么是炉渣的硫容量？(2 分)

(5) 瞬间反应和持久反应各在什么情况下起作用？(2 分)

(6) 哪些元素可用于沉淀脱硫，什么条件下这些元素能有效地发挥作用？(2 分)

(7) 还原性条件下有什么办法可使钢水脱磷？(2 分)

(8) 高碳钢的脱磷比低碳钢的脱磷容易吗，低碳钢的脱磷比高碳钢的容易吗？(2 分)

(9) 试简述钢锭等轴晶区形成机理的各种理论，并略作评论。(15 分)

五、计算题。(10 分)

采用 VOD 法（真空吹氧脱碳法）精炼不锈钢时，钢液条件为：[Ni] = 9%，[Cr] = 19.5%，[C] = 0.4%及温度 1680℃，现欲在真空度为 76Torr 的情况下精炼钢液至 [C] = 0.02%，请计算终点钢液含 [Cr] 量。

假设：

(1) 不考虑钢液中 Si、Fe、Mn 等元素氧化放出的热量及炉渣、炉衬吸热、炉子的热损失。钢液完全由于 Cr、C 被氧化升温，并已知每氧化 1%Cr 和 1%C 可分别使钢液升温 113℃和 118℃。

(2) 温度、压力对碳、铬选择氧化的基本关系式为：

$$0.46[\%C] + 0.0237[\%Ni] - 0.0476[\%Cr] + 2\lg[\%C] - 1.5\lg[\%Cr] - 2\lg p_{CO} = \frac{24300}{T} - 16.07$$

式中各元素含量单位为 1%，p_{CO}单位为 atm，T 单位为绝对温度。

(3) 元素化学分析误差范围为：±0.05%。

40. 1987 年武汉钢铁学院炼钢学试题

一、填空题。(42 分)

(1) 根据金属料所用比例的不同，碱性平炉炼钢法可分为：________、________和________等操作方法。(2 分)

(2) 氧气转炉炼钢生产中曾被采用过的单喷孔喷头有：________、________、________和拉瓦尔型等。拉氏喷嘴得到广泛应用的理由是：1) ________；2) ________；3) ________。(4 分)

(3) 目前氧气转炉炼钢的造渣方法通常有：________、________和________三种。(2 分)

(4) 氧气转炉炼钢的终点控制一般是指熔池的终点________和________。终点控制往往采用________和________两种。(2 分)

(5) 钢的晶粒度一般可分为三类：即________、________和________。影响钢的晶粒大小的因素主要有：________、________、________等。(3 分)

(6) 世界上先后出现过的氧气底吹转炉有三种命名法，它们是：________、________和________。(1 分)

(7) 由卢森堡 ARBED 保尔沃钢厂研制成的双流道喷煤粉氧枪（ALCI）用于氧气转炉炼钢增加废钢比，欲使煤粉能充分燃烧，在操作工艺上必须做到：1) ________；

2）________；3）________；4）________。(4 分)

(8) 连铸过程中通常将________温度定义为浇注温度。(1 分)

(9) 近年来被广泛应用的钢中加钙处理，它不但可以改变钢中夹杂物的形貌，同时又可起到：________、________、________等作用。(2 分)

(10) 应用在连铸中的电磁搅拌通常有：________、________、________和________等几种形式。(2 分)

(11) 对连铸坯的结构研究表明，它一般由三个结晶带组成，即：________、________、________。(3 分)

(12) 沸腾钢的钢锭结构一般可以分为这样几个带，即：________、________、________和________。(2 分)

(13) 无论是用外套袖砖的吹氩管从盛钢桶上部插入钢水吹氩，还是通过多孔塞砖从盛钢桶底部吹入，它们均可起到：________、________和________等作用 (2 分)

(14) 采用铁水预处理脱硫的有利因素可归纳为下述三条：1）________；2）________;3）________。(3 分)

(15) 国内外的实践证明，在转炉炼钢过程中加入白云石或白云石质的石灰造渣有利于延长炉衬寿命。白云石中的 MgO 在减轻转炉渣对炉衬的浸蚀方面有下列作用：1）________;2）________；3）________。(4 分)

(16) 氧气转炉炼钢采用副枪进行动态控制应包括下述步骤：1）________；2）________;3）________；4）________。(5 分)

二、问答题。((1)(2) 题必答，(3)(4) 题任选其一，共 38 分)

(1) 近年来国内外采用的电弧炉炼钢的新技术、新工艺有哪些？详述电弧炉炼钢节电技术方向和提高热效率的途径。(15 分)

(2) 试以一分为二的观点全面评述 ($\sum FeO$) 在炼钢中过程中的作用。(13 分)

(3) 近年来国内外采用的连铸机有哪些形式？获得广泛应用的弧形连铸机由哪几个部分组成，连铸过程中使用渣粉可以起到哪些作用？(10 分)

(4) 目前国内外推广使用的顶底复合吹炼法转炉底吹搅拌的气体有哪几种，透气元件有哪些形式，这种冶金方法的主要优点是什么，你认为这一领域尚待开发的项目有哪些？(10 分)

三、计算题。(应有解题过程，计算结果取小数点后的两位有效数，共 20 分)

(1) 已知熔渣成分 (%) 如下：

CaO	SiO_2	FeO	Al_2O_3	Fe_2O_3	P_2O_5
52.8	7.2	19.0	3.85	8.5	2.4

求：与该渣平衡的金属中的含氧量 (各元素相对原子质量：Ca 40，Si 28，Fe 55.85，Mg 24.32，Mn 55，P 32.5，Al 27；所用熔渣活度图见图 1)。(15 分)

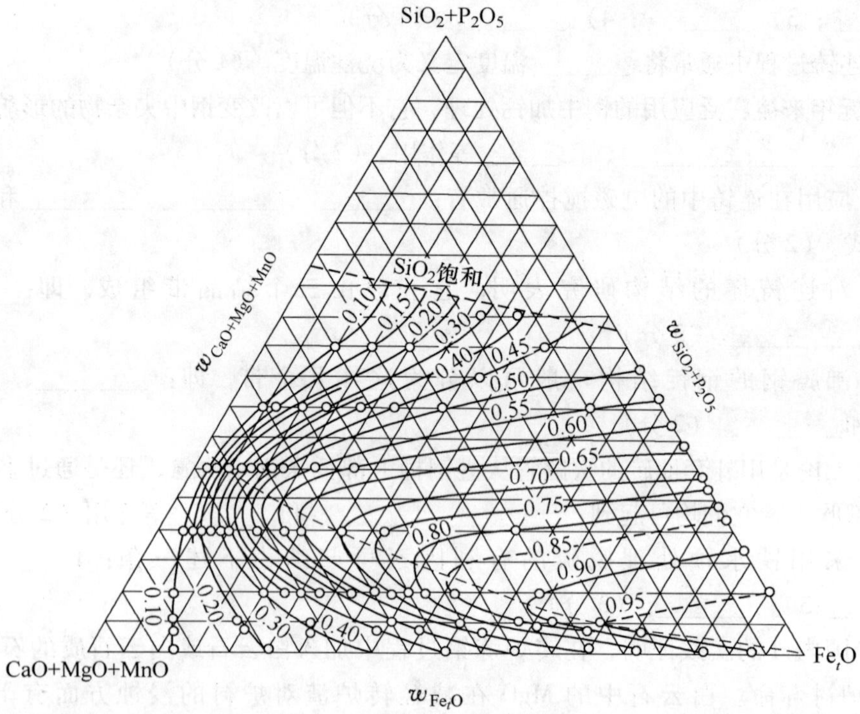

图 1　熔渣活度图

（2）某钢厂公称容量为 10t 的三相电弧炼钢炉，实际冶炼出钢量为 15t。现采用氧化法冶炼 1Gr13 不锈钢。在加中碳铬铁（Cr01）进行配铬前，熔池中含［Cr］= 0.6%。

1Gr13 不锈钢的规格化学成分（%）为：C 0.08～0.15，Si≤0.80，S≤0.030，P≤0.035，Cr 12～14。

中碳铬铁（Cr01）的化学成分（%）为：Cr 50，C 0.26～0.50，Si≤2.0，P≤0.06，S≤0.04。由该厂生产统计规律得到铬的回收率为 90%～98%。（注：合金化时加入铬铁中的其他元素对熔池的影响不计，只考虑 Cr 的作用）。

试求：在这种冶炼条件下，冶炼每炉不锈钢应加入中碳铬铁（Cr01）多少千克？（5 分）

41. 1987 年北京钢铁学院钢铁冶金试题

（五题和十题任选一题解答）

一、填空。（10 分）

（1）1600℃铁液中氧的饱和溶解度为________。

（2）1600℃铁液中氢溶解度为________，氮的溶解度为________。

（3）冶金反应的标准自由焓的标准态指的是________。

（4）钢中产生白点的主要原因是________和________。

二、写出氧化渣下脱磷的反应式，并分析影响脱磷的因素。（10分）

三、顶吹氧气转炉炼钢时，分析影响钢液元素氧化速度的主要因素是什么？（10分）

四、浇注工艺因素对钢锭缺陷有哪些影响？（10分）

五、在1600℃的铁液中［Mn］=0.8%，［O］=0.05%。渣中 $a_{MnO}=0.5$ 时，锰能否脱氧，能脱多少氧，最终平衡的［Mn］、［O］各为若干，每100kg铁液放热量多少？（20分）

$$[Mn]+[O]═══[MnO]_{液} \qquad \lg K=\frac{12760}{T}-5.68$$

铁液中［Mn］、［O］以活度计。

六、已知还原反应 $CO(g)+FeO(s)═Fe(s)+CO_2(g)$ 的 $\Delta G^{\ominus}=-4341.675+5.215T$(cal/mol)。试用计算判断上述反应高炉炉身下部 $T=1200K$，$\frac{p_{CO}}{p_{CO_2}}=10$ 的环境下能否进行？（10分）

七、某高炉操作改进后，操作线斜率降低了。图1中原操作线为 AE，线上 S 点的坐标为（1.32，1.13），改进后的操作线 $A'E'$ 通过坐标为（1.32，1.05）的 W 点。AE 及 $A'E'$ 的共有点为 P，其坐标为（0.5，−0.47），按图示计算操作改进后，焦比比原焦比下降的百分数。（10分）

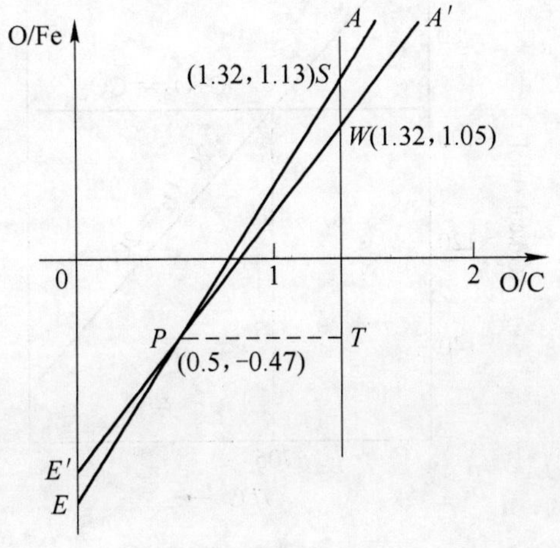

图1

八、假定 CO 还原 FeO 反应的活化能 $E_R=45.75$kcal/mol，而 CO 通过还原产物层微气孔向内扩散过程的当量活化能仅为 $E_D=4.575$kcal/mol，若其他一切条件不变，仅反应温度由 500K 提高到 1000K 时，试计算还原反应及扩散的速度各分别提高多少倍。(10 分)

九、“高碱度烧结矿+酸性球团矿”被看做是理想的高炉炉料结构的理由何在？试由此种炉料组合在冶金性能上的优越之处作评价。(10 分)

十、何谓铁矿石的“直接还原法”与“熔融还原法”，各自的特点是什么，与传统的高炉—转炉法比较，这些新流程的优缺点何在？(20 分)

42. 1987 年重庆大学钢铁冶金原理试题

一、选择性填空。(25 分，填错了的倒扣分)

(1) 为使氧化物分解，必须使气相的氧分压（　　）氧化物的分解压或气相的氧势（　　）氧化物的氧势。

A. 低于　　　　B. 等于　　　　C. 高于

(2) 由图 1 可以看出，两直线在 705℃相交。当高于 705℃时（　　）比（　　）稳定。高温下碳燃烧的产物主要是（　　）。

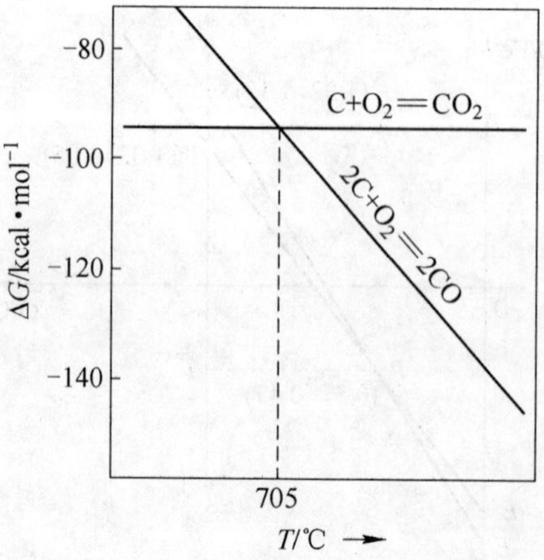

图 1

A. CO　　B. O_2　　C. CO_2　　D. C

(3) 在图 2 中，当总压一定时，曲线（1）及（2）上任何一点所代表的体系的自由度为（　　）；两曲线交点的自由度为（　　）。

A. 3　　B. 2　　C. 1　　D. 0

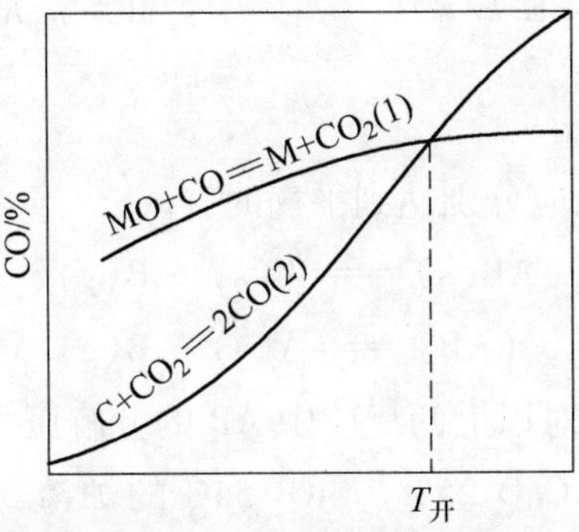

图 2

(4) 在图 2 中，当 $T>T_{开}$，在碳过剩的条件下，体系在曲线（　　）上建立平衡，共存的相有（　　）；在碳不足的条件下，体系在曲线（　　）上建立平衡，共存的相有（　　）。

A. 1　　B. 2　　C. M

D. MO　　E. C　　F. $CO+CO_2$

(5) $[O]_{钢-渣}$表示与某熔渣平衡的钢渣的含氧量，$[O]_{钢}$表示此钢液中实际的含氧量，当 $[O]_{钢-渣}>[O]_{钢}$ 时，这种渣称为（　　）；当 $[O]_{钢-渣}<[O]_{钢}$ 时，这种渣称为(　　)。

A. 碱性渣　　B. 酸性渣　　C. 氧化渣

D. 还原渣　　E. 长渣　　F. 短渣

(6) $1/C$ 对 t 作图为一直线，则该反应的级数为（　　）（题中 C 表示浓度，t 表示时间）。

A. 0 级　　B. 1 级　　C. 2 级　　D. 分数级

(7) $\ln K$ 对 $1/T$ 作图为一直线，则该直线的斜率为（　　）（题中 K 表示反应速率常数，T 表示温度）。

A. E　　B. $-E$　　C. E/R

D. $-E/R$　　E. R/E　　F. $-R/E$

(8) $\lg t_{0.5}$对 $\lg C_0$ 作图为一直线，则该直线斜率为（　　）（题中 $t_{0.5}$表示半衰期，C_0 表示初始浓度）。

A. E　　B. $-E$　　C. n

D. $-n$　　E. $n-1$　　F. $-(n-1)$

（9）传质系数$\beta=D/\delta$，是由（　　）推导出来的。

A. 边界层理论　　B. 表面更新理论

（10）$\ln D$ 对 $1/T$ 作图为一直线，则该直线的斜率为（　　）。

A. k　　B. $-k$　　C. E/R

D. $-E/R$　　E. k/R　　F. $-k/R$

二、简要回答以下各题。(25 分)

（1）温度一定，以下两反应分别达到平衡时：

$$AB(s) = A(s) + B(g)$$

$$(AB) = A(s) + B(g)$$

当增加 AB 和增加 A 的量时，对以上两反应中 AB 的分解压力有何影响，为什么？

（2）成分为 Al_2O_3 21%、CaO 25%、SiO_2 54%的炉渣，1540℃与铁水的界面张力为 650mN/m。而与钢水的界面张力为 1200mN/m，这是什么道理？

（3）$\sigma_{钢}=1200\text{dyn/cm}$，$\sigma_{渣}=600\text{dyn/cm}$，$\sigma_{钢-渣}=550\text{dyn/cm}$，此渣能否润湿钢液？

（4）利用炉渣离子理论，写出下列反应的离子反应式：

$$2[P] + 5(FeO) + 4(CaO) = (4CaO \cdot P_2O_5) + 5[Fe]$$

$$2(Fe_2O_3) + [Fe] = 5(FeO) + [O]$$

$$2(FeO) + 1/2O_2 + 2(CaO) = (2CaO \cdot Fe_2O_3)$$

（5）由双膜理论导出的速度方程，用于解决什么反应的反应速度问题？举例说明。

（6）由未反应核模型导出的速度方程，用于解决什么反应的速度问题？举例说明。

（7）菲克第一定律适用于什么扩散，菲克第二定律适用于什么扩散？

（8）影响气体还原剂还原铁矿石速度的因素有哪些？

三、某渣组成为：

成分	CaO	MnO	FeO	Fe_2O_3	SiO_2
n/mol	0. 893	0. 141	0. 236	0. 006	0. 367

设渣中有复杂阴离子 SiO_4^{4-} 和 FeO_2^-，试求在 1600℃与此渣平衡的钢液含氧量。（10 分）

已知：

$$\lg\gamma_{O^{2-}} = 1.53\sum x_{(SiO_4^{4-})} - 0.17$$

$$\lg[\%O]_{渣} = -6320/T + 2.734$$

四、液态纯 Mo 与纯铁混合形成理想溶液，计算 $Mo(l) \rightarrow [Mo]_{1\%}$ 及 $Mo(s) \rightarrow [Mo]_{1\%}$ 两反应的标准自由焓变化及 $[Mo](s) \rightarrow [Mo]_{3\%}$ 的自由焓变化。(10 分)

已知：Mo 的熔点为 2880K，熔化热为 6600cal/mol，Mo 的相对原子质量是 95. 94，Fe

的相对原子质量是55.84。

五、冶炼16Mn钢，出钢时钢中的氧含量为0.03%，钢水进入钢包时温度为1600℃，在钢包中加入锰铁，使钢中含锰量达到1.6%，问此时钢中的氧能否进一步降低？（10分）

已知：

$$Mn(l) = [Mn]_{1\%} \qquad \Delta G_1^{\ominus} = 976 - 9.12T(cal)$$

$$1/2O_2(g) = [O]_{1\%} \qquad \Delta G_2^{\ominus} = -28000 - 0.69T(cal)$$

$$Mn(l) + 1/2O_2 = MnO(s) \qquad \Delta G_3^{\ominus} = -96050 + 20.5T(cal)$$

$$e_{Mn}^{O} = -0.083 \quad e_{Mn}^{Mn} = 0 \quad e_{O}^{O} = -0.2 \quad e_{O}^{Mn} = -0.021$$

六、图3为有一个异分熔点化合物AC的三元系，请画出图中a点所代表的物系从高温下单一的熔体缓慢冷却时的结晶路线（即固、液相组成的平衡变化线），并加以说明。若物系的总质量为100g，当温度刚降至三元包晶点温度及三元共晶点温度时，渣、固相的组成点各在什么位置，其量是多少，固相中各组元的量是多少？（10分）

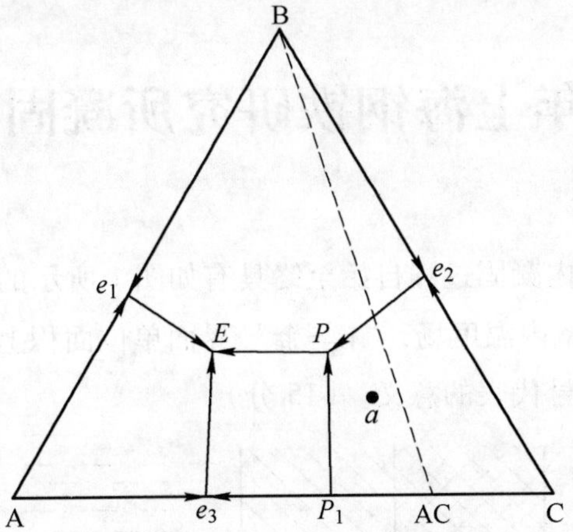

图3

七、应届毕业生考生在（1）（2）题中任选一题，在职人员考生在（1）（2）（3）题中任选一题。（10分）

（1）试导出钢液在脱碳过程中有害气体氢的排出速度。已知：CO气泡中氢的分压为p_{H_2}并与［H］平衡；排出一个CO气泡的体积为dV_{CO}(L)；在标准状态下一个CO气泡的体积为dV_{CO}^0(L)；CO气泡中CO的分压为p_{CO}；钢液的质量为W_t。

（2）试用单颗粒球形矿粒未反应核模型（图4）导出矿粒以界面反应为限制性环节时的速度式（即求出反应度R与时间t的关系式）。

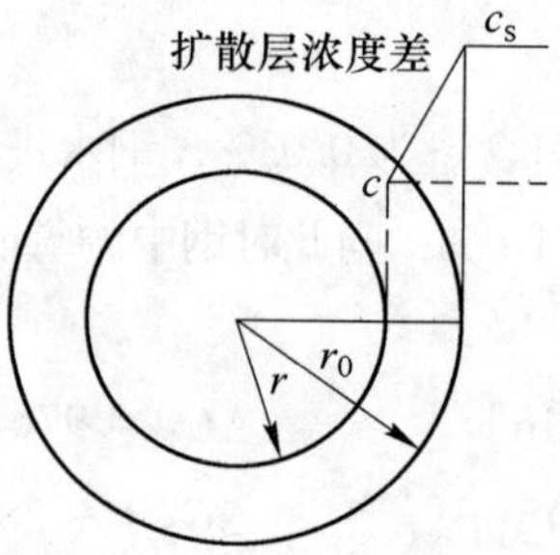

图 4

已知：矿球的初始半径为r_0，质量为w_0，反应经过时间t后矿球的未反应核质量为w，反应界面面积为A，未反应核半径为r，矿球反应前后的密度均为ρ。

（3）试计算平炉炼钢时，钢液中氧的扩散系数$D_{[O]}$及传质系数$\beta_{[O]}$。

已知：脱氧速度$v_c=0.20\%/h$。熔池深度为45cm。渣-钢界面与钢液内部氧浓度之差$\Delta[\%O]=0.05$，钢液的边界层厚度$\delta=0.004cm$，氧的扩散是脱碳的限制性环节。

43. 1987年上海钢铁研究所凝固原理试题

一、设一纯金属溶液在模内凝固过程自始至终具有如图1所示的温度分布。试分别写出在任何一种时刻t时模壁内温度场，“模-金”界面单位面积上的热流值和已凝固坯壳厚度的公式，说明各符号代表的意义。（15分）

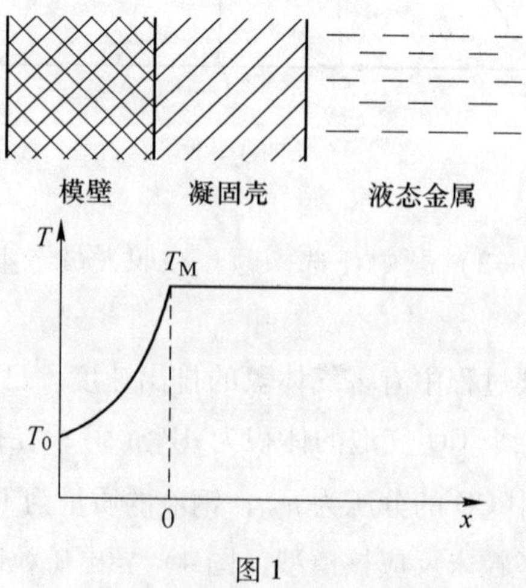

图 1

T_M—金属的熔点（常数）；T_0—模外壁温度（常数）

二、在正常凝固的液相中溶质完全混合情况下，得出凝固的固体中溶质浓度分布为：

$$c_S = c_0 K_0 (1 - Z/L)^{K_0 - 1}$$

式中　c_S——固相中溶质浓度；

c_0——原始合金的溶质浓度；

K_0——c_S/c_L；

c_L——平衡液相中溶质浓度；

Z——已凝固部分的长度；

L——结晶棒的总长。

试推导该公式。（15 分）

三、简述成分过冷现象和控制成分过冷的内外因素（临界条件）。（15 分）

四、什么是均质成核，什么是非均质成核，什么是成核率？试根据均质成核时球状晶坯自由能变化的计算公式，定性绘出均质成核时的“自由能变化-晶核半径”曲线，并说明临界成核半径的意义。（15 分）

五、如果用 Cu-30%Zn 和 Cu-10%Sn 合金来制造铸件，问：

（1）哪一个合金的疏松倾向较大；（2）哪一个合金的反偏析倾向较大；（3）哪一个合金含有第二相的可能性较大？并简要解释其原因（已知 Cu-30%Zn 的凝固温度范围为 30℃，K_0 为 0.87；Cu-10%Sn 的凝固温度范围为 175℃，K_0 为 0.36；这两种合金凝固时体积收缩率和扩散系数基本相等）。（15 分）

六、用激光束扫过 Al-4.5%Cu 合金表面，使表面层迅速熔化和快速凝固。用电子显微镜观察快速凝固区的显微组织，发现凝固区的底部有一层薄的平面前沿凝固区，其余大部分为胞状树枝晶组织，为了阐明上述显微镜组织特征，可怎样着手进行研究？（25 分）

44. 1987 年鞍山钢铁研究院冶金热力学与动力学（含物理化学）试题

一、名词解释。（每小题 3 分，共 15 分）

化学反应的活化能；浮氏体；e_i^j；正规溶液；氧势。

二、一氧化碳在高温反应内的燃烧反应为：

$$2CO+O_2 \xlongequal{\quad} 2CO_2 \qquad \lg K_P=-114/T-0.122$$

在 1450℃时，在反应器内测得各组分的分压 $p_{O_2}=2.12$atm（214.8kPa），$p_{CO}=1.08$atm（109.4kPa），$p_{CO_2}=0.95$atm（96.3kPa），试判断反应进行的方向。（15 分）

三、写出碳素气化反应式，分析温度、压力对反应的影响，并给出平衡等压图和平衡等温图。（15 分）

四、钢液在 1600℃同 H_2-H_2O 混合气体反应平衡时的［%O］=0.0112，［%P］=0.69，气相 $p_{H_2O}/p_{H_2}=0.05$，求该温度下的 e_O^P。已知：$\lg f_O^0=-0.2[\%O]$，$H_2+[O]=H_2O(g)$，$K=3.85$。（20 分）

五、在 1800K 时某反应 A+B ═ C 的反应物初始浓度为 0.2mol/L，半衰期为 2.5min；初始浓度为 0.5mol/L，半衰期为 1min。该反应的活化能 E_{av} = 60000cal/mol，试求：（1）反应级数；（2）反应速度常数；（3）1873K 时的反应速度常数。（15 分）

六、钢包精炼脱氧时钢水为渣所覆盖，渣内 $a_{Al_2O_3}=0.05$。钢液初始成分［O］$_0$=0.07%，［Al］$_0$=0.12%，假定熔池内成分因电磁搅拌而始终均匀；渣内传质过程和界面上化学反应速度都不是限制环节，且钢中无均相形核，渣内无边界层。反应 3［O］+2［Al］═（Al_2O_3），$\Delta G=287218.5-93.9705T$，$T=1873$K，［Al］向反应界面的扩散传质与［O］保持一致，即［Al］$_{界}$ 为常数。$D_{[O]}=2.2\times10^{-4}$cm^2/s，$\delta=0.02$cm，计算的时间步长可取 1min，比表面积为 1cm^2/cm^3 界面。试求：（1）界面上与炉渣平衡的［O］$_{界}$ 和［Al］$_{界}$ 含量；（2）5min 后的熔池［O］含量。（20 分）

45. 1987 年钢铁研究总院炼钢学试题

一、分析炼钢过程脱磷反应的热力学条件。（15 分）

二、叙述钢水脱氧的任务及单独脱氧剂和复合脱氧剂的比较。（15 分）

三、求氧气转炉吹炼含 C 3.7%、Si 0.65%、Mn 0.35%、P 0.20%的金属到预定终点成分时所需实际耗氧量。设终点成分钢水含 C 0.20%、Mn 0.14%、P 0.02%，Fe 烧损 1.4%，碳氧化后 85%生成 CO，15%生成 CO_2，氧气纯度 99.6%，氧气利用率 75%。（20 分）

四、有关偏析的几个基本概念。（每小题 5 分，共 15 分）

宏观偏析；Λ 型偏析；V 型偏析。

五、试述钢锭凝固组织的控制因素。（15 分）

六、（1）电炉冶炼低碳钢时，氧化末期钢液含氧量为 0.05%，含氢量为 5×10^{-4}%，扒渣后钢液与 $p_{H_2O}=0.01$atm（1.01kPa）的炉气接触。求此情况下钢液中的氢含量的变化。已知，在炼钢的温度下（1600℃）$H_2O(g)=2[H]+[O]$ 的平衡常数 $K=1.63\times10^{-6}$。（10 分）

（2）在出钢时，钢液中的氧含量为 0.003%，氢含量为 7×10^{-4}%，钢液与 $p_{H_2O}=0.01$atm(1.01kPa) 大气接触，求出钢后钢液中氢含量的变化。（10 分）

46. 1988 年北京钢铁学院炼钢学试题

一、名词解释。（每小题 2 分，共 20 分）

活性石灰；平炉蓄热室；钢水二次氧化；宏观偏析；连铸坯鼓肚；第二类硫化物夹杂；非自发形核；传质系数；相；正激波。

二、问答题。（每题 16 分，共 64 分）

（1）氧气转炉炼钢为什么现在发展为顶底复合吹炼，复合吹炼有哪些主要类型？

（2）试分析镇静钢钢锭和沸腾钢钢锭的低倍结构及形成原因。

（3）钢包二次精炼过程中，搅拌器起什么作用，常用的搅拌方法有几种？比较其优缺点。

（4）分析钢锭模浇铸和连铸结晶所用保护渣的作用。

三、计算题。（16 分）

氮溶于钢液，其溶解反应自由能为：

$$1/2N_2(g) = [N]_{1\%} \qquad \Delta G^{\ominus} = 3600 + 23.89T(\text{J/mol}) = 860 + 5.71T(\text{cal/mol})$$

钢液温度：1880K(1607℃)，钢液成分：20%Cr、10%Ni、2%Mn、0.2%C，其余可忽略不计。

活度相互作用系数为：

e_N^{Cr}	e_N^{N}	e_N^{Mn}	e_N^{C}
−0.05	0.01	−0.02	0.13

氮分压：$p_{N_2}=1$atm(101.3kPa)，试计算氮在钢中的溶解度。

47. 1988 年北京钢铁学院电冶金学试题

一、试比较 AOD 和 VOD 的异同点。(10 分)

二、试比较 ASEA-SKF、VAD(VHD) 和 LF 炉的异同点。(10 分)

三、什么是氧化脱磷，什么是还原脱磷？(20 分)

四、什么是喷射冶金？试略述其作用。(10 分)

五、什么是电渣重熔，什么是电渣浇注？(10 分)

六、什么是 UHP 电炉？试比较超高功率电炉和普通功率电炉的异同点。(20 分)

七、(1) 大型镇静钢锭的凝固前沿存在哪几种流动？(2 分)

(2) 流动的结果导致钢锭中的什么偏析？(1 分)

(3) 大型钢锭中的这几种偏析分几种类型？(2 分)

(4) 它们分布在钢锭纵断面的什么部位（并以图标出）？(3 分)

(5) 我国目前的连铸比是多少？(1 分)

(6) 试比较连铸和模铸的异同。(5 分)

八、简述镇静钢锭组织结构的形成机理。(6 分)

48. 1988 年北京钢铁学院钢铁冶金试题

一、填空题。(必做，28 分)

(1) 普通烧结矿主要靠________固结，高碱度烧结矿主要靠________固结，磁铁精矿粉生产的氧化球团矿主要靠________固结。

(2) 热力学上 H_2 在________℃以上还原能力比 CO ________，其原因是________，

动力学上 H_2 比 CO 还原速度________，其原因是________。

（3）铁水炉外脱硫预处理使用的脱硫剂有________、________、________、________等，它们相应可将铁水中的硫脱到________、________、________、________。

（4）高炉内热交换从上往下可分为________、________、________三个区，这是由于炉料和煤气水当量比值从上到下的变化________，________，________决定的。

（5）钢的热脆原因是________，一般含量在________%以上时容易产生，钢的冷脆原因是________，一般含量在________%以上时易产生。

（6）复合吹炼法炼钢的底吹气体有________、________、________、________；底吹方式有________、________、________、________。

（7）炉外精炼的种类有________，________，________，________，________，________，________，________。

（8）45 钢的成分是［%C］________，［%Si］________，［%Mn］________，［%P］________，［%S］________；08F 钢的成分是［%C］________，［%Si］________，［%Mn］________，［%P］________，［%S］________。

（9）直接还原的产品是________，熔融还原的产品是________。

（10）炉产钢水是炉产合格钢锭量和________、________、________的总和。

二、问答题。（1~4，5~8 各选三题，每题 12 分）

（1）已知 $\lg(p_{CO})_{CaCO_3}=-\dfrac{8920}{T}+7.54$，分析石灰石在烧结过程中的行为对烧结矿强度的影响。

（2）在竖炉还原法中，用 45%CO、5%CO_2、5%N_2 组成的气体，还原纯 Fe_2O_3 矿石，计算在 1000℃时，所能获得的金属铁量，已知浮氏体用 CO 还原反应的 $\lg K_P=\dfrac{949}{T}-1.14$。

（3）比较高炉炼铁和转炉炼钢过程中的脱硫，说明脱硫应在哪个过程中进行为好。

（4）用 Rist 操作线说明提高风温对焦比的影响。

（5）试述 LD 转炉内氧气射流对熔池的作用。

（6）试述电炉还原期的特点，并进行分析。

（7）试分析注温、注速对钢的内部和外部缺陷的影响。

（8）试分析脱碳反应 $[O]+[C]=CO(g)$　$\Delta G^{\ominus}=-17166-42.54T(J/mol)$，在 1600℃的平衡常数 K 为多少，1t 钢液脱碳量为 0.1%需多少氧，多少氧化亚铁（FeO），放热量为多少，钢液脱碳有何作用，为何脱碳？

49. 1988 年北京钢铁学院冶金物理化学试题

一、回答下列问题。(15 分)

(1) 用混合焓 (ΔH^{M}) 和混合熵 (ΔS^{M}) 说明理想溶液与实际溶液的区别。

(2) 求出以溶液中组分 i 的摩尔分数 x_i 表示的理想溶液的混合焓 (ΔH^{M}),混合自由焓 (ΔG^{M}),混合熵 (ΔS^{M}) 的值。

(3) 求出以溶液中组分 i 的活度系数 γ_i,表示的实际溶液的组分的 i 的过剩偏摩尔焓 ($\Delta \overline{H}_i^{mol}$),过剩偏摩尔自由焓 ($\Delta \overline{G}_i^{mol}$),过剩偏摩尔熵 ($\Delta \overline{S}_i^{mol}$)。

二、回答下列问题。(15 分)

(1) 在 873K,气相总压为 0. 1MPa(1atm),$p_{CO_2}+p_{CO}=0.05$MPa(0.5atm) 时,同固体碳平衡的气相中的 $p_{CO}/(p_{CO_2}+p_{CO})$ 比。

(2) 在上述同样条件下,同固体铁和固体 FeO 平衡的 $p_{CO}/(p_{CO_2}+p_{CO})$ 比。

(3) 在上述条件下,FeO 能否被 CO 气体还原成 Fe?

已知:

$$C(s) + CO_2(g) = 2CO(g) \qquad \Delta G^{\ominus} = 170544 - 174.3T(J)$$

$$Fe(s) + 1/2O_2(g) = FeO(s) \qquad \Delta G^{\ominus} = -259369 + 62.49T(J)$$

$$CO_2(g) = CO(g) + 1/2O_2(g) \qquad \Delta G^{\ominus} = 282150 - 86.74T(J)$$

三、回答下列问题。(20 分)

对下列反应

$$(MnO) + C_{石墨} = [Mn] + CO(g)$$

(1) 写出各物质的化学势 μ_i。

(2) 导出上述反应的自由焓变化及平衡常数与温度的关系式。

(3) 求上述反应中所有凝聚相均以纯物质为标准态时 1873K 的平衡常数值。

(4) 求上述反应中 (MnO) 以纯物质为标准态,[Mn] 以质量分数 1%溶液为标准态时,1873K 的平衡常数值。

(5) 说明上述计算中 [Mn] 取不同标准态时,平衡常数不同的原因。

已知:

$$MnO(l) + C_{石墨} = Mn(l) + CO(g) \qquad \Delta G^{\ominus} = 250382 - 154.2T(J)$$

$$Mn(l) = [Mn]_{1\%} \qquad \Delta G^{\ominus} = -38.08T(J)$$

四、已知 30t 电炉的渣钢界面积为 $18m^2$,硫在渣侧的传质系数为 5.0×10^{-6}m/s,钢中原始硫为 0.06%，渣钢向硫的分配常数 $L_S=10$，设渣侧传质为限制性环节，试计算当硫可以脱去硫的 50%时，需要多长时间？（15 分）

五、试分析对往钢液吹入氩气进行脱气过程采用哪种动力学模型较为合理，并绘出此过程限制环节不同时的浓度分布图。（15 分）

六、试导出采用石灰颗粒脱硫过程总的速度方程，并根据实验结果图（见图 1）分析其限制环节。（20 分）

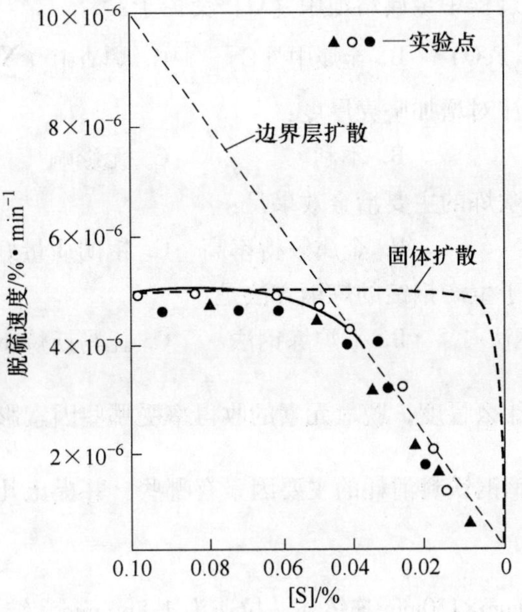

图 1　喷吹石灰脱硫

50. 1988 年东北工学院钢铁冶金专业综合试题

（考生从 A、B、C、D、E、F 六科中任选三科答题）

A　炼铁学

一、简要回答以下问题。

（1）冷却强度过大为什么会降低烧结矿的强度？（3 分）

（2）球团矿固结机理和烧结矿的固结机理有何不同？（3 分）

（3）低 SiO_2 精矿生产什么样烧结矿为适宜？（3 分）

（4）灰分含量对焦炭质量有什么影响？（3 分）

二、根据硅还原理论分析抑制 Si 还原、冶炼低硅生铁的方向。（11 分）

三、已知鼓风湿度为 $12g/m^3$，计算炉缸煤气成分（计算可以 $100m^3$ 鼓风为例）。（10 分）

B 炼钢学

一、选择正确的答案，在答卷上写出正确答案的序号。（8 分）

（1）氧气转炉吹炼过程中金属熔池中［O］受控于：

A. 炉渣中（$\sum FeO$）　B. 金属中［C］　C. 炉渣中（$\sum FeO$）和金属中［C］

（2）沸腾钢快速浇注对增加坚壳厚度：

A. 有利　B. 不利　C. 无影响

（3）转炉顶底复合吹炼的主要冶金效果是：

A. 热效率高　B. 金属收得率高　C. 钢的质量好

（4）世界上最早用于生产钢锭的炼钢方法是：

A. 贝氏麦炼钢法　B. 平炉炼钢法　C. 托马斯炼钢法

二、元素的脱氧能力用什么量度，脱氧元素的收得率受哪些因素影响？（5 分）

三、试分析影响转炉炼钢钢铁料消耗的主要因素有哪些？并提出几项降低钢铁料消耗的技术措施。（10 分）

四、某厂连铸机浇注 150mm×150mm 连铸坯，拉速为 1.8m/min，结晶器有效长度为 600mm，假定坯壳与结晶器壁间有热阻，其综合传热系统 $h = 0.02cal/(cm^2 \cdot s \cdot ℃)$；且坯壳内温度近似线性分布（见图 1）。坯壳的导热系统 $\lambda = 0.07cal/(cm \cdot s \cdot ℃)$，求坯壳出结晶器时的厚度。（10 分）

已知：浇铸钢液的密度 $\rho = 7g/cm^3$，结晶潜热 $L = 65cal/g$。

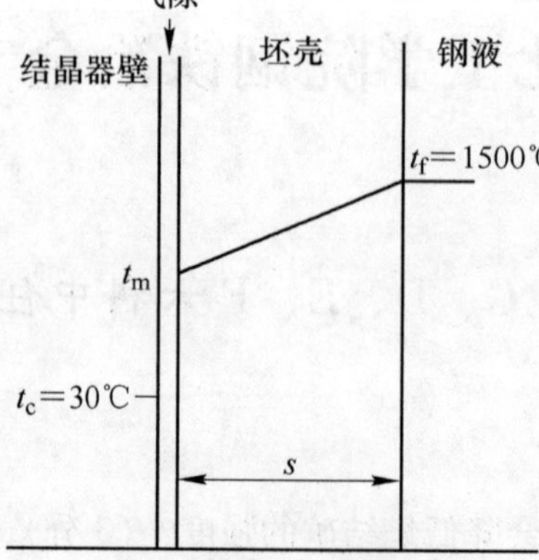

图 1　钢水凝固传热示意图

C　电冶金学

一、电弧炉冶炼 GCr15 钢时，如氧化末期钢液含碳量为 0.91%，含氢量为 0.0005%，扒除氧化渣后立即加入薄渣料及干燥良好的还原渣料（炉气中 p_{H_2O} = 0.003atm (303.98Pa)），试计算说明还原钢液能否增氢？(15 分)

已知条件：(1) 计算时取钢液温度为 1600℃，在该温度下水蒸气与钢液的平衡常数 $K=163$；(2) 钢液实际含氧量按 $[\%O]_{实}=0.006+\dfrac{0.003}{[\%C]}$式计算；(3) 炉气中水蒸气与钢液中氢的平衡关系按 $\{H_2O\}=2[H]_{ppm}+[O]\%$ 考虑。

二、试分析电炉炼钢还原期脱硫的有利因素。(8 分)

三、简述今后我国电炉炼钢发展的方向。(10 分)

D　冶金热力学及动力学

一、判断正误并改正、填空（把错误的地方找出，改正在答题纸上，填空按顺序把结论写在答题纸上）。(13 分)

(1) 在标准状态下，某反应的标准自由焓变化为 $\Delta G^{\ominus}$，而 $\Delta G^{\ominus}=-RT\ln K$，所以，$\Delta G^{\ominus}$ 的负值越大，反应进行的可能性越大，且反应进行的程度也越大。

(2) 对于反应 $Me(s)+O_2 = MeO_2(s)$，当 p_{O_2} = 1atm (101.3kPa) 时，$\Delta G=\Delta G^{\ominus}+RT\ln p_{O_2}$，而 $\Delta G^{\ominus}=A+BT$，所以，无论温度如何变化，$p_{O_2(平)}$ 均为 1atm (101.3kPa)。

(3) 活度就是将真实溶液按拉乌尔定律或亨利定律进行校正后的有效浓度。在标准状态下活度等于 1。

(4) 某真实溶液，如取纯物质做标准态，当组元 i 的浓度为 x_i，且 $x_i \to 0$ 时，$a_i=x_i$；如取假想纯物质做标准态，当 $x_i \to 1$ 时，$a_i=x_i$；如取 [1%i] 为标准态，当 [i%]→0 时，$a_i=x_i$。

(5) 熔渣脱硫，硫在渣、铁中的分配比 $\dfrac{(\%S)}{[\%S]}$ 是表示熔渣脱硫（　　）的量，其值因熔渣的（　　）不同而不同，因铁液中（　　）的含量不同而不同。熔渣的硫容 $C_S=(\%S)\sqrt{\dfrac{p_{O_2}}{p_{S_2}}}$ 是表示熔渣脱硫（　　）的量。

二、解释、阐述。(10 分)

(1) 氧化物的氧位（势），气相的氧位（势）两者之间的关系。

(2) 当钢液中含有较高浓度的 [N]、[H]、[C]、[O] 时，采用真空处理（真空度为 10^{-4}mmHg(0.013Pa)）方法，可去除 [N]、[H]、[O]，为什么，去除的本质有何不同?

(3) 采用去碳保铬工艺冶炼低碳不锈钢，可发生下列反应：

$$4/3[Cr]+2[O] = 2/3(Cr_2O_3) \qquad (1)$$

$$[C]+[O] = CO(g) \qquad (2)$$

当钢成分一定时

$$\lg a_O(1) = -\frac{14375}{T} + 3.725$$

$$\lg a_O(2) = -\frac{843.7}{T} - 4.11$$

$\lg a_O - \frac{1}{T}$关系如图 2 所示。

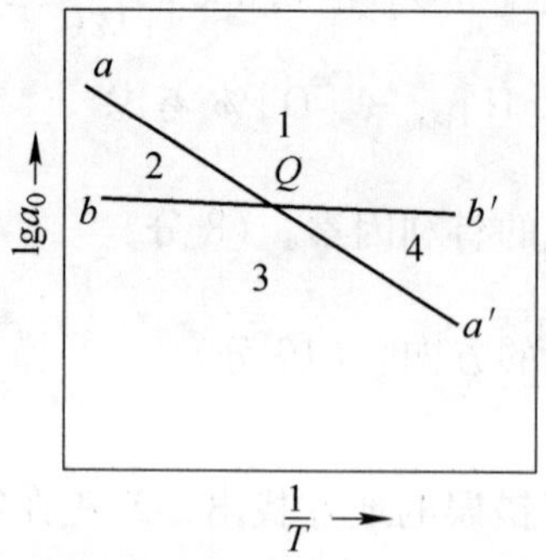

图 2 $\lg a_O - \frac{1}{T}$关系示意图

试说明：

1）aa'、bb'两条线表示的意义，两条线表示的状态下，体系的自由度 f 为多少?

2）1、2、3、4 区表示的意义，各区表示的状态下，体系的自由度 f 为多少?

3）Q 点表示的意义，在 Q 点体系的自由度 f 为多少?

4）去碳保铬的工艺条件如何确定?

三、钢水成分（%）为：C 0.22、Mn 0.2、S 0.08，当钢水温度为 1600℃时，问：（1）能否用反应 [Mn] + [S] ══ (MnS) 而沉淀脱硫?（2）通过热力学分析，解释当 [%S]>0.08 时，向钢水中加入 Fe-Mn，使 [%S] 降低的原因?（10 分）

已知： $[Mn] + [S] \rightleftharpoons MnS(l)$ $\Delta G^\ominus = -31800 + 19.29T(cal)$

1600℃时 $e_{Mn}^{Mn}=0$，$e_{Mn}^{C}=-0.002$，$e_{Mn}^{S}=-0.048$，$e_{S}^{S}=-0.018$，$e_{S}^{C}=0.29$，$e_{S}^{Mn}=-0.03$

$Mn(l) + 1/2O_2(g) \rightleftharpoons MnO(s)$ $\Delta G^\ominus = -97360 + 21.12T(cal)$

$Mn(l) \rightleftharpoons [Mn]$ $\Delta G^\ominus = -9.11T(cal)$

$1/2O_2(g) \rightleftharpoons [O]$ $\Delta G^\ominus = -28000 - 0.69T(cal)$

$$a_{(MnS)} = 1$$

E 冶金传输原理

一、试述动量传输、热量传输、质量传输三种现象的类似性。（12 分）

二、阐述相同传质的双膜理论要点（图示），如何根据传质总阻力式判断总过程速率控制环节?（12 分）

三、高为 H 的锥台形物体，导热系数为 λ，顶面半径为 R_1，温度保持为 t_1(℃)，底面半径为 R_2，温度保持为 t_2(℃)，侧面绝热，如图 3 所示，假设热流是一维的，应用上述条件导出热流计算式。(提示：R 沿 x 轴为线性变化，$R=ax+b$。)(9 分)

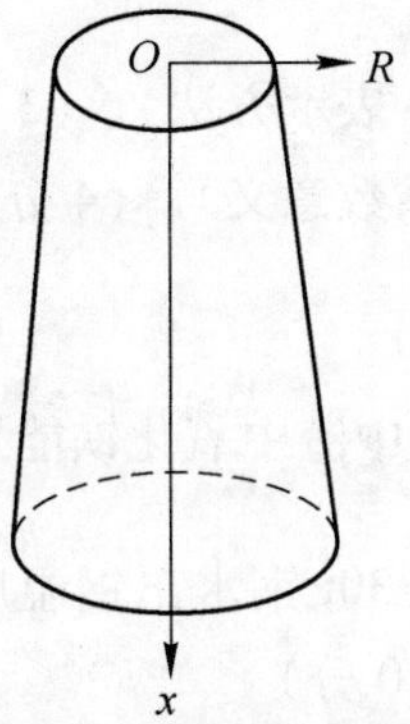

图 3　物体传热示意图

F　金属学及热处理

一、详述 0.8%C 钢液的凝固过程及其室温组织。(10 分)

二、某工厂要求对 40Cr 钢零件进行调质处理，请简要写出处理方案。(10 分)

三、解释什么是亚共析钢、共析钢和过共析钢？并分别画出它们的 C 曲线图（以碳素钢为例)。(13 分)

51. 1988 年唐山工程技术学院炼钢原理及炼钢工艺试题

（一～三题为必答题，四～十题任选五题）

一、计算题。(20 分)

已知渣成分（质量分数）为：61.0% CaO，22.5% SiO_2，82% P_2O_5，8.19% $\sum FeO$，0.68% MnO，2.52% MgO。求在该熔渣下 1600℃的（%S)/[%S]。

计算所用数据为：$\lg(\gamma_{Fe^{2+}}\cdot\gamma_{S^{2-}})=1.53\sum x_{SiO_4^{4-}}-0.17$，$\lg L_S=-\dfrac{920}{T}-0.5784$。硫在金属中的溶液为无限稀溶液。

二、试述电弧炉炼钢用矿石氧化和吹氧氧化的脱碳反应，并对两者进行比较。（15 分）

三、试述镇静钢钢锭的结构，并简述连铸坯结构特点。（15 分）

四、解释下列名词。（共 10 分）

（1）氧气转炉供氧强度（定义、表示方法）。（3 分）

（2）氧的脱碳效率（表达式、系数意义）。（4 分）

（3）金属的氧化性。（3 分）

五、简要解释氧气顶吹转炉炼钢过程中渣中氧化铁能加速石灰熔解的原因。（10 分）

六、氧化转炉用废钢做冷却剂，如果 30t 钢水出钢温度达 1700℃，已超过规定温度 50℃。问应加入多少废钢调整温度？（10 分）

计算所用数据：渣量为钢水量的 15%，受热炉衬为钢水量的 10%。液态渣及炉衬$\overline{c_p}$ = 0.294kcal/(kg · ℃)，废钢熔点 1500℃，$\overline{c_p}$ = 0.167kcal/(kg · ℃)，废钢熔化潜热 ΔH_f = 65kcal/kg，钢水$\overline{c_p}$ = 0.20kcal/(kg · ℃)。

七、回答下列问题。（共 10 分）

（1）简述电渣重熔的效果。（5 分）

（2）电抗器有什么作用？（5 分）

八、钢液沉淀脱氧过程中，影响脱氧产物上浮的因素主要有哪些？简述用 Mn、Si、Al 进行沉淀脱氧时，加速脱氧产物排除的机理。（10 分）

九、试述确定浇注温度的原则。（10 分）

十、试述真空下高铬不锈钢液的脱碳反应。（10 分）

52. 1988 年钢铁研究总院钢铁冶金试题

一、试述炼钢熔渣的性质。（15 分）

（1）写出炼钢熔渣的通常表示方式。

（2）通常用什么氧化物的含量代表熔渣的氧化能力？

（3）熔渣的还原能力（即还原性），通常取决于什么因素？

二、试比较下列元素在炼钢过程中脱氧、脱硫能力和它们与钙、锰的结合能力的大小。(20分)

(1) 比较各元素的脱氧能力：Al、Si、Mn、Ca。

(2) 比较各元素的脱硫能力：Al、Ca、Mn。

(3) 比较各元素与钙的结合能力：O、S。

(4) 比较各元素与锰的结合能力：O、S。

三、在高炉铁水兑入转炉前，进行铁水脱硫处理，有哪些有利因素？(20分)

四、炼钢过程中影响脱磷反应热力学条件的工艺参数有哪些？(30分)

五、用户要求管线钢中含S小于0.005%，生产厂家考虑采用目前的炼钢生产工艺，达到上述指标成本太高，拟采用炼钢炉+炉外精炼工艺（或称炉外处理）生产，请协助选择一种合适的炉外精炼方法，并说明理由。(15分)

53. 1988年钢铁研究总院冶金物理化学试题

一、试述热力学第一、第二、第三定律，并写出其基本公式。(15分)

二、试解释熵、偏摩尔量、化学位、亨利定律和拉乌尔定律；说明理想溶液和正规溶液，并写出其方程式。(20分)

三、动力学的研究对象是什么；什么是一级反应、二级反应和基元反应，说明其特征，列出其方程式；反应级数如何决定？(20分)

四、试求1600℃时，MgO坩埚在真空炉内分解时所需的压力（即真空度）。(20分)

已知：$MgO(s) = Mg(g) + 1/2O_2(g) \qquad \Delta G^{\ominus} = 759800 + 13.39T\ln T - 316.7T(J)$

五、用定氧测头 $MoO_2+Mo \mid ZrO_2(CaO) \mid [O]_{Fe}$ 测得1600℃钢液中的电动势为0.375V，求钢液中的氧活度。

已知：

$$\lg p_{O_2(MoO_2)} = -\frac{25655}{T} + 6.18$$

$$1/2O_2 = [O]_{Fe} \qquad \Delta G^{\ominus} = -137026 + 7.53T(J)$$

$$F = 96487J/(V \cdot g)$$

54. 1988 年鞍山钢铁学院冶金原理试题

一、已知

$$C+\frac{1}{2}O_2 \longrightarrow CO \qquad \Delta G^{\ominus}=-28200-20.16T$$

$$C+O_2 \longrightarrow CO_2 \qquad \Delta G^{\ominus}=-94755+0.02T$$

$$Fe+\frac{1}{2}O_2 \longrightarrow FeO \qquad \Delta G^{\ominus}=-62600+15.18T$$

问在 1500K 时还原 1kg FeO 需使多少 CO 气体通过反应器？（25 分）

二、已知$\frac{1}{2}N_2 = [\%N]$，$\Delta G^{\ominus}=860+5.71T$(cal/mol)，1600℃下钢液含 N 0.02%，问与钢液平衡的气相中 N_2 分压为多大？（15 分）

三、已知 Si(l)＝[%Si]，在1600℃下的溶解热为−28500cal/mol，溶解熵为1.92cal/(mol·℃)，求无限稀溶解中 Si 的活度系数 $\gamma_{Si}^{\ominus}$。（20 分）

四、试推导并分析多相反应（液-液）动力学速度方程及速度范围。（25 分）

五、解释基本概念。（15 分）

有效浓度边界层；传质系数β；雷诺数；未反应核模型；钢液中生成 CO 气泡核的条件。

55. 1988 年鞍山钢铁学院钢铁冶金学试题

炼钢部分（50 分）

一、简答题。（每题 1.5 分，共 15 分）

（1）为什么钢液脱氧脱硫良好容易吸氮？

（2）为什么在 LD 炉中难以炼出含碳很低的工业纯铁，而在顶底复合吹炼转炉中可以熔炼?

(3) 为什么用铝（Al）镇静的钢液喷吹含钙（Ca）合金可以改变夹杂物形态?

(4) 为什么铁水炉外脱硫比钢液在炼钢炉内脱硫有利?

(5) 什么是“白点”，产生的原因是什么?

(6) 冶炼不锈钢“脱碳保铬”的关键措施是什么，为什么?

(7) 何谓小方坯连铸机?

(8) 凝固系数（K）的单位是什么，范围是多少?

(9) 试述镇静钢钢锭的切头、切尾、烧损的范围。

(10) 何谓良锭率?

二、问答题。(20 分)

(1) 比较 LD 炉，Q-BOF 炉，顶底复合吹转炉内钢液脱磷的特点，并解释其原因。(10 分)

(2) 什么是双流（道）氧枪，它起什么作用，主要参数有哪些，应如何要求较为合适?(10 分)

三、论述题。(15 分)

(1) 试述提高沸腾钢锭成坯率的主要技术措施?(10 分)

(2) 试述镇静钢锭保温帽的作用及其补缩的一般规律。(5 分)

炼铁部分（50 分）

四、名词解释。(每题 1.5 分，共 15 分)

铁的直接还原度（r_d）；风口燃烧带，高炉有效容积利用系数，高炉煤气的一氧化碳利用率 η_{CO}，高炉软熔带，高炉富氧鼓风，M_{40} 和 M_{10} 的意义，自熔性烧结矿，烧结矿利用系数，球团矿生球落下强度。

五、根据高炉铁氧化物还原理论分析降低铁的直接还原度 r_d 的措施。(20 分)

六、生产烧结矿和球团矿对含铁炉料的粒度要求如何，两种造块方法成品矿的固结机理和含铁矿物的物相是什么?(15 分)

56. 1999 年北京科技大学冶金物理化学试题

一、简要回答下列问题。(每题 5 分，共 50 分)

（1）ΔG 和 $\Delta G^{\ominus}$ 的区别。

（2）e_i^j 的定义式。

（3）对三元系 SiO_2-CaO-P_2O_5，写出其碱度与超额碱表达式。

（4）写出炼钢过程中铁液中的元素［M］的直接氧化与间接氧化的反应式。

（5）在什么情况下，组元 i 的活度系数 $\gamma_i=1$，在什么情况下 $\gamma_i=\gamma_i^0$？

（6）对液-液相反应，若组分 i 在第Ⅰ相中的传质阻力远大于其在界面上的化学反应阻力和生成物在第Ⅱ相中的传质阻力，试画出界面两侧的浓度分布图。

（7）简述准稳态原理及其应用。

（8）举例说明高价氧化物逐级分解原则。

（9）以石灰为例，简述碳酸盐的开始分解温度与沸腾温度。

（10）对基元反应 A+B ═ C+D，写出两种以上的速率表达式。

二、利用平衡图分析讨论铁矿石在高炉内直接还原与间接还原之间的关系。（10 分）

三、什么是分子扩散，什么是对流扩散？试以冶金过程为例分别加以说明。如何简化处理对流传质方程，解决有流体流动的冶金反应速率问题。（10 分）

以下四、五题适合于统考考生（每题各 15 分，共 30 分）

四、炉渣质量百分组成为：

组元	CaO	SiO_2	FeO	P_2O_5
质量分数/%	55	20	20	5

试应用完全离子溶液模型计算 a_{FeO}（已知：$M_{Ca}=40$，$M_{Si}=28$，$M_P=31$）。

五、高炉内冶炼硅铁时，硅铁的成分为 Si 10%，Mn 3%，P 0.2%，S 0.04%，C 1.2%，熔渣成分为 CaO 35%，SiO_2 35%，Al_2O_3 25%，MnO 5%。试计算熔渣的 SiO_2 为碳还原的开始温度。设炉内 $p_{CO}=1.5195\times10^5$Pa，$e_{Si}^{Si}=0.11$，$e_{Si}^{C}=0.18$，$e_{Si}^{P}=0.11$，$e_{Si}^{Mn}=0.002$，$e_{Si}^{S}=0.056$，$(SiO_2)+2C═[Si]+2CO$，$\Delta G^{\ominus}=579513-383.12T$(J/mol)（设熔渣为理想溶液 $a_{[Si]}$ 选质量分数为 1% 为标准态），已知：$M_{CaO}=56$，$M_{SiO_2}=60$，$M_{Al_2O_3}=102$，$M_{MnO}=71$。

以下六、七题适合于单考生（每题各 15 分，共 30 分）

六、简述用完全离子溶液模型计算炉渣组元活度的要点，在什么条件下该模型需要加以修正，为什么？

七、为使 1600℃ 与碳量 0.08% 平衡的钢液中氧下降到 0.0005%，并使之稳定不再上升，最少应向每吨钢水中加入多少千克的铝？

已知：　$2[Al]+3[O] = Al_2O_3(s)$　　　$\Delta G^{\ominus}=-1218800+394.13T$

（注：$M_{Al}=27$）。

57. 2000年北京科技大学冶金物理化学试题

一、简要回答下列问题。（每题5分，共50分）

（1）已知 $Mn = [Mn]_{\%}$，写出Mn的标准溶解自由焓。

（2）对 SiO_2-CaO系，写出其光学碱度的表达式。

（3）应用 $\sum\%FeO$ 表示炉渣的氧化能力，为此常将 Fe_2O_3 量折合为FeO量，试写出两种折算法的表达式。

（4）简述加铝使钢液镇静的热力学原理。

（5）炉渣完全离子溶液模型在什么情况下需要引入萨马林（Самарин）修正式，为什么？

（6）简述铁液中元素选择性氧化的热力学原理。

（7）未反应核模型处理气固相反应的三个主要环节是什么？

（8）简述表面更新理论模型中各项的物理意义。

（9）简述准稳态原理及其意义。

（10）应用热力学原理说明为什么碳氧反应在高温下生成CO，而在低温下生成 CO_2？

二、为使温度为1600℃，含碳量为0.0625%的钢液的溶解氧量下降到0.0008%，需加入多少铝，如改用真空脱氧，需用多大的真空度？（10分）

已知：

$$[C]+[O] = CO \qquad \Delta G^{\ominus}=-22363-39.63T$$

$$2[Al]+3[O] = Al_2O_3 \qquad \Delta G^{\ominus}=-1218799+394.13T$$

$f_{[C]}\cdot f_{[O]}=1$，$f^2_{[Al]}\cdot f^3_{[O]}=1$，$M_C=12$，$M_{Al}=27$。

三、试说明扩散脱氧的冶金热力学及动力学特征。（10分）

以下四、五题适合于统考生

四、把组成为20%FeO，10%MnO，10%MgO，40%CaO，20% SiO_2 的熔渣与含氧0.1%的钢液接触，试问此渣能否使钢液中的氧量再增高？（15分）

已知：温度1600℃，$M_{FeO}=72$，$M_{MnO}=71$，$M_{MgO}=40$，$M_{CaO}=56$，$M_{SiO_2}=60$。

五、设铁水脱硫反应为：

$$4CaO(s) + [Si] + 2[S] = 2CaS(s) + 2CaO \cdot SiO_2(s)$$

$$\Delta G^{\ominus} = -450980 + 149.23T(J)$$

已知在1500℃下，脱硫反应达平衡时，铁水含碳为3%，含硅为0.6%，$e_S^C = 0.11$，$e_S^{Si} = 0.06$，$e_{Si}^{Si} = 0.11$，$e_{Si}^C = 0.17$。

（1）计算反应达平衡时，铁水中的硫含量。

（2）写出铁水脱硫速率式，并讨论其动力学过程。（共15分）

以下六、七题适合于单考生

六、在1540℃下，与含有2.10%C的铁液平衡的气相的 $(p_{CO}^2/p_{CO_2})_{平} = 1510$。如在此铁液中加入2%的硅，而碳的浓度仍为前值，$(p_{CO}^2/p_{CO_2})_{平} = 2260$，试求 e_C^{Si}。（15分）

七、试用冶金物理化学的原理或方法讨论冶金生产过程中的一个环节。（15分）

58. 2001年北京科技大学冶金物理化学试题

（适用于钢铁冶金专业工程硕士招生）

一、简要回答下列问题。（每题6分，共48分）

（1）简述活度的三种标准态。

（2）证明 $a_{R,i} = \dfrac{M_j}{100M_i} \cdot \gamma_i^{\ominus} \cdot a_{\%,i}$

（3）简述表面更新理论的基本要点。

（4）简述未反应核模型处理气固相反应的三个主要环节。

（5）应用热力学原理说明，为什么碳氧反应在高温下生成CO，而在低温下生成CO_2？

（6）写出CaO-SiO_2光学碱度的表达式。

（7）写出e_i^j的定义式。

（8）简述加铝使钢液镇静的热力学原理。

二、把组成为20%FeO，10%MnO，10%MgO，40%CaO，20%SiO_2的熔渣与含氧0.1%的钢液接触，试问此渣能否使钢液中的氧量再增高？（22分）

已知：温度 1600℃，$M_{FeO}=72$，$M_{MnO}=71$，$M_{MgO}=40$，$M_{CaO}=56$，$M_{SiO_2}=60$。

三、小论文（不少于 500 字）。(30 分)

试结合本单位实际，用冶金物理化学原理解决一个问题。

59. 2002 年北京科技大学冶金物理化学试题

一、简要回答下列问题。(每题 5 分，共 50 分)

(1) 简述活度的三种标准态。

(2) 证明$\%i \to 0$，$\gamma \to \gamma^0$。

(3) 写出 $CaO-SiO_2-P_2O_5$ 体系的光学碱度的表达式。

(4) 如何将 Fe_2O_3 折算成 FeO？

(5) 何谓硫容量？

(6) 简述氧化物的直接还原反应。

(7) 用热力学原理解释为什么加铝可以使钢液镇静？

(8) 简述未反应核模型的要点。

(9) 对双膜理论，如何表示其中一相的传质为限制环节时的传质速率？

(10) 简述准稳态原理。

二、炉渣组分（质量分数）为：16% FeO，10% MnO，40% CaO，9% MgO，20% SiO_2，5% P_2O_5，试求 1600℃下熔渣中 FeO 的活度。(15 分)

已知：$M_{FeO}=72$，$M_{MnO}=71$，$M_{CaO}=56$，$M_{MgO}=40$，$M_{SiO_2}=60$，$M_{P_2O_5}=142$。

以下适合于统考生

三、在 1600℃ 测得与 Fe-S 系内 2.11%（质量分数）的硫平衡的 $(p_{H_2S}/p_{H_2})_平=4.80\times10^{-3}$。当加入 0.9% Mn 时，硫的质量分数变为 2.09%，而与此硫量平衡的 $(p_{H_2S}/p_{H_2})_平=4.60\times10^{-3}$。又在 Fe-S 系中测得与 $(p_{H_2S}/p_{H_2})_平=4.60\times10^{-3}$平衡的硫的质量分数为 1.93%，试求 e_S^{Mn}（按稀溶液规则处理）。(15 分)

四、试用热力学原理描述钢液脱硫过程中所需的工艺条件。(20 分)

以下适用于单考生

五、在 1540℃，Fe-C 系内碳的溶解度为 5.2%，加入硅 2%（质量分数）后，碳的溶解度

下降到 4.6%，试求 e_C^{Si}（按稀溶液规则处理）。(15 分)

六、试用热力学原理描述钢液中脱磷过程所需的工艺条件。(20 分)

60. 2003 年北京科技大学冶金物理化学试题

一、简要回答下列问题。(每题 7 分，共 70 分)

(1) 什么是化合物的标准生成吉布斯自由能？试举例说明。

(2) 举例说明什么是氧化转化温度（或最低还原温度）？

(3) 对于纯金属 M 在铁液中的溶解反应 M = [M]，当 [M] 以 1%溶液为标准态时，其标准溶解吉布斯自由能等于什么？

(4) 二元正规溶液中组元的活度系数 γ_i 与温度 T 有何关系？

(5) 写出二元系中 G–D 方程的一种表达形式。

(6) 何谓活化能，其物理意义如何？

(7) 简述未反应核模型。

(8) 简述双膜理论在冶金中应用的一个实例。

(9) 什么是准稳态原理？

(10) 简述真空脱氧的热力学原理。

二、某钢厂冶炼硅钢，出钢时钢中氧含量为 0.04%（质量分数），出钢温度为 1640℃，在钢包中加入硅铁，使钢中硅含量为 2.4%（质量分数），问此时钢中硅能否被钢中氧所氧化？(30 分)

已知：

$$\frac{1}{2}O_2(g) = [O] \qquad \Delta_{sol}G^{\ominus} = -117150 - 2.89T\ (J/mol)$$

$$Si(l) = [Si] \qquad \Delta_{sol}G^{\ominus} = -119240 - 25.48T\ (J/mol)$$

$$Si(l) + O_2(g) = SiO_2(s) \qquad \Delta_f G^{\ominus} = -947680 + 198.74T\ (J/mol)$$

$$e_O^O = -0.20,\ e_O^{Si} = -0.16,\ e_{Si}^{Si} = 0.08,\ e_{Si}^O = -0.28$$

以下适合于统考生

三、利用铝在真空下还原 CaO，其反应为：

$$6CaO(s) + 2Al(l) = 3Ca(g) + 3CaO \cdot Al_2O_3(s)$$

试计算：(30 分)

（1）如使反应在1473K进行，需要多大的真空度？

（2）如果采用1.333Pa的真空度时，求还原开始温度？

已知：$Ca(g) + \frac{1}{2}O_2(g) = CaO(s)$　　$\Delta G_1^{\ominus} = -786510 + 193.30T(J/mol)$

$2Al(l) + \frac{3}{2}O_2(g) = Al_2O_3(s)$　　$\Delta G_2^{\ominus} = -1683000 + 325.60T(J/mol)$

$3CaO(s) + Al_2O_3(s) = 3CaO \cdot Al_2O_3(s)$　　$\Delta G_3^{\ominus} = -16320 - 26.36T(J/mol)$

四、论述题。（20分）

试用热力学原理分析冶金过程脱硫，并指出如何将硫脱到最低限度？

以下适合于单考生

五、熔渣组成为16% FeO，10% MnO，40% CaO，9% MgO，20% SiO_2，5% P_2O_5，试求1600℃下此熔渣FeO的活度。（30分）

已知：$M_{FeO}=72$，$M_{MnO}=71$，$M_{CaO}=56$，$M_{MgO}=40$，$M_{SiO_2}=60$，$M_{P_2O_5}=142$。

六、论述题。（20分）

试用热力学原理分析冶金过程脱氧，并指出如何将氧脱到最低限度？

61. 2004年北京科技大学冶金物理化学试题

一、简要回答下列问题。（每题10分，共70分）

（1）对于有溶液参加的化学反应，当组元［i］的活度以不同标准态计算时，对下列各热力学参数的数值是否有影响？

化学反应的标准吉布斯自由能变化$\Delta_r G^{\ominus}$；化学反应的标准平衡常数；化学反应的吉布斯自由能变化$\Delta_r G$；［i］组元的化学势μ_i；［i］组元的标准化学势$\mu_i^{\ominus}$；［i］组元的标准溶解吉布斯自由能$\Delta_{sol} G_1^{\ominus}$；［i］组元的平衡浓度。

（2）简述$\gamma_i^{\ominus}$的几个物理意义。

（3）溶液中［i］组元的偏摩尔混合吉布斯自由能变化$\Delta_{mix} G_{i,m}$及过剩偏摩尔混合吉布斯自由能变化$\Delta_{mix} G_{i,m}^{E}$在［i］组元的活度计算中有何作用？

（4）指出正规溶液的最重要的特点及性质。

（5）对于钢液中氧活度的测量常使用下面两种电池：

电池 1：　（负极）Pt | $[O]_{Fe}$ | $ZrO_2 \cdot CaO$ | Mo，MoO_2 | Pt（正极）　(a)

电池 2：　（负极）Pt | Cr，Cr_2O_3 | $ZrO_2 \cdot CaO$ | $[O]_{Fe}$ | Pt（正极）　(b)

分别写出两个电池的正、负极反应及电池反应。

（6）试写出二元 *G-D* 方程的一种表达式。

（7）试写出未反应核模型的一种形式。

二、电炉炼钢还原期，加入渣面上的炭粉能与渣中 CaO 作用生成 CaC_2。

$$(CaO) + 3C(s) \Longrightarrow (CaC_2) + CO(g)$$

试计算在高炉中能否发生上述反应生成 CaC_2？(30 分)

已知高炉炉缸温度为 1523℃，高炉渣中（CaO）活度（以纯 CaO 为标准态）为 0.01，炉缸中 CO 分压为 1.5×10^5 Pa。假设高炉渣中（CaC_2）服从拉乌尔定律，渣中 CaC_2 的摩尔分数达到 1.0×10^{-4} 时即可认为有 CaC_2 生成。已知下列热力学数据：

$$Ca(l) + 2C(s) \Longrightarrow CaC_2(s) \qquad \Delta G_1^{\ominus} = -60250 - 26.28T(\text{J/mol})$$

$$Ca(l) \Longrightarrow Ca(g) \qquad \Delta G_2^{\ominus} = 157820 - 87.11T(\text{J/mol})$$

$$C(s) + 1/2O_2 \Longrightarrow CO(g) \qquad \Delta G_3^{\ominus} = -114390 - 85.77T(\text{J/mol})$$

$$Ca(g) + 1/2O_2 \Longrightarrow CaO(s) \qquad \Delta G_4^{\ominus} = -640200 + 108.57T(\text{J/mol})$$

三、钢液中 $w_{[C]} = 0.8\%$，$w_{[Mn]} = 0.1\%$，$w_{[Si]} = 0.2\%$，$w_{[O]} = 0.015\%$，炉渣中 $w_{(MnO)} = 15\%$，（注：$w_{[C]} = 0.8\%$ 相当于 $[\%C] = 0.8$，其他类同），已知下列数据：$e_{Mn}^{Mn} = 0$，$e_{Mn}^{C} = -0.07$，$e_{Mn}^{Si} = -0.0002$，$e_{Mn}^{O} = -0.083$；渣中（MnO）及（FeO）的活度系数分别为：$\gamma_{MnO} = 1.5$，$\gamma_{FeO} = 4$；MnO 及 FeO 的摩尔质量分别为：$M_{MnO} = 71$，$M_{FeO} = 72$，$[Mn]+[FeO] = (MnO)+[Fe]$；Mn 和 Fe 的摩尔质量分别为：$M_{Mn} = 55$，$M_{Fe} = 56$，反应 $Mn(l)+FeO(l) = MnO(s)+Fe(l)$ 的标准吉布斯自由能变化为：

$$\Delta_r G_1^{\ominus} = -170132 + 39.33T(\text{J/mol})$$

钢液中 [Mn] 的活度以 1%溶液为标准态：

$$\ln\gamma_{Mn(l)}^{\ominus} = \frac{486.9}{T}$$

试问：

（1）1600℃时，炉渣中（FeO）降到多少时，钢水中的锰含量开始回升？

（2）如果炉渣中（FeO）已经降到 8%，设熔池成分及渣中（MnO）含量如上不变，求开始回锰的温度。(共 30 分)

四、对渣-钢反应 $[A] + (B^{2+}) \Longrightarrow (A^{2+}) + [B]$

（1）分析该反应由几个步骤组成。

（2）如改变上述反应体系的搅拌条件能引起反应速度的变化，试问界面反应和传质步骤哪个是控制环节？(共 20 分)

62. 2005 年北京科技大学冶金物理化学试题

一、简要回答下列问题。(每小题 7 分，共 70 分)

(1) 对稀溶液的溶质 i，试推导以纯物质为标准态的活度系数 γ_i 与 1%标准态的活度系数 f_i 之间的关系。

(2) 简述规则溶液的定义。

(3) 对铁溶液中的组元 i，溶解反应 $i=[i]_{\%}$，试证明 $\Delta_{sol}G_i^{\ominus}=RT\ln\dfrac{55.85}{100A_{\gamma_i}}\gamma_i^{\ominus}$。

(4) 简述扩散脱氧的热力学原理。

(5) 在氧势图 (Ellingham 图) 上，为什么 $2C+O_2=CO$ 的 $\Delta G^{\ominus}$ 与 T 的关系曲线的斜率为负值，其意义为何?

(6) 写出边界层理论的传质通量的表达式，并解释每项的物理意义。

(7) 简述未反应核模型。

(8) 对串联反应 A→B→C，写出反应达到准稳态的条件。

(9) 对基元反应 A→P，写出其动力学微分式、积分式及半衰期的表达式。

(10) 试用双膜理论简要描述钢液中元素氧化反应 $[M]+[FeO]=[MO]+[Fe]$ 的动力学机理。

二、炼钢炉渣组成如下：

组元	CaO	MgO	SiO_2	MnO	FeO	Al_2O_3	P_2O_5
质量分数/%	46.89	6.88	10.22	3.34	29.00	2.47	1.20
M_r	56	40	60.0	70.9	71.9	102	142

试用完全离子理论计算 1600℃时，炉渣中 CaO 的活度。(25 分)

以下三、四题适合于统考生（注：单考生不做）

三、已知 Au-Cu 固体合金为正规溶液，在 500℃，$x_{Cu}=0.3$ 时，Cu 与 Au 的偏摩尔混合焓分别为 $\Delta_{mix}H_{m,Cu}=-10880$J/mol 及 $\Delta_{mix}H_{m,Au}=-837$J/mol

试求：

(1) 当 500℃，$x_{Cu}=0.3$ 时，合金的摩尔混合熵 $\Delta_{mix}S_m$ 及摩尔混合吉布斯自由能 $\Delta_{mix}G_m$；

(2) 当 500℃，$x_{Cu}=0.3$ 时，合金中 Cu 和 Au 的拉乌尔活度及活度系数 a_{Cu}，a_{Au}，γ_{Cu}，γ_{Au}。(共 30 分)

四、结合 $CaO-SiO_2$ 二元渣系，简述炉渣的分子理论模型基本要点，并说明计算该渣系 CaO 活度的过程。(25 分)

以下五、六题适合于单考生（注：统考生不做）

五、将含 $[\%C]=3.8$，$[\%Si]=1.0$ 的铁水兑入转炉中，在 1250℃下吹氧炼钢，假定气体压力为 1.01325×10^5Pa，生成的 SiO_2 为纯物质。试问：铁水中的碳和硅哪个先氧化？(25 分)

已知：　$e_C^C=0.14$，$e_C^{Si}=0.08$，$e_{Si}^{Si}=0.11$，$e_{Si}^C=0.18$

$$C(s)+1/2O_2 = CO \qquad \Delta G^\ominus=-117990-84.35T(J/mol)$$

$$Si(l)+O_2 = SiO_2(s) \qquad \Delta G^\ominus=-947680+196.86T(J/mol)$$

$$C(s) = [C]_\% \qquad \Delta G^\ominus=22591-42.26T(J/mol)$$

$$Si(l) = [Si]_\% \qquad \Delta G^\ominus=-131550-17.24T(J/mol)$$

六、用物理化学原理描述转炉炼钢过程的脱碳反应。(30 分)

63. 2006 年北京科技大学冶金物理化学试题

一、简要回答下列问题。(每题 7 分，共 70 分)

(1) 何为化合物的标准生成吉布斯自由能？举例说明其应用。

(2) 对于纯金属 M 在铁液中的溶解反应 M ═[M]，当 [M] 以 1%溶液为标准态时，推导其标准溶解吉布斯自由能的表达式。

(3) 对于有溶液参加的化学反应，当组元 [i] 的活度以不同标准态计算时，对下列各热力学参数的数值是否有影响：化学反应的标准吉布斯自由能变化 $\Delta_r G^\ominus$，化学反应的标准平衡常数，化学反应的吉布斯自由能变化 $\Delta_r G$，[i] 组元的化学势 μ_i？

(4) 简述溶液组分活度以 1%溶液的浓度为标准态的定义，并说明其在冶金物理化学中的作用。

(5) 在氧势图（Ellingham 图）上，为什么 $2C+O_2 = 2CO$ 的 $\Delta G^\ominus$ 与 T 的关系曲线的斜率为负值，其意义如何？

(6) 简述相律，并说明其在冶金中的应用。

(7) 试写出未反应核模型的一种形式。

(8) 写出多相反应传质通量的一般表达式，并解释每项的物理意义。

(9) 对串联反应 A→B→C，分别描述反应达到稳态和准稳态的条件。

（10）试举例说明气液相反应动力学在冶金中应用的一个实例。

二、炉渣组成如下：

组元	CaO	MgO	SiO_2	MnO	FeO	Fe_2O_3	Cr_2O_3
质量分数/%	31.52	4.36	8.14	1.71	40.25	8.78	5.24
M_r	56.1	40.3	60.0	70.9	71.9	159.8	151.0

试计算1600℃时，炉渣中FeO的活度。假定炉渣存在的复合氧化物为：$2CaO \cdot SiO_2$、$CaO \cdot Fe_2O_3$、$FeO \cdot Cr_2O_3$。（25分）

以下第三、第四题适合统考生，单考生不做

三、27t电炉炼钢过程中，求正常沸腾的条件下Mn的氧化速率。设炉温为1600℃，渣的成分为：$w(FeO)=20\%$；$w(MnO)=5\%$，而钢中Mn含量为0.2%，钢液的密度$\rho=7.0\times10^3kg/m^3$，渣的密度$\rho_s=3.5\times10^3kg/m^3$。渣钢界面积为$15m^2$，Mn、$Mn^{2+}$、$Fe^{2+}$、Fe的扩散系数$D$以及它们在钢渣界面扩散时边界层厚度$\delta$已由实验求得，如表1所示（注：表1中的顺序1、2、4、5分别为Mn、Mn^{2+}、Fe^{2+}、Fe传质的有关参数）。若Mn在钢液中的扩散是限制环节，试求Mn被氧化90%所需的时间。（25分）

表1　各环节扩散系数D及边界层厚度δ

步骤	渣钢界面积A/m^2	扩散系数$D/m^2 \cdot s^{-1}$	边界层厚度δ/m
1	15	10^{-8}	3×10^{-5}
2	15	10^{-10}	1.2×10^{-4}
4	15	10^{-10}	1.2×10^{-4}
5	15	10^{-8}	3×10^{-5}

四、论述题。（30分）

对如图1所示相图，试回答以下问题。

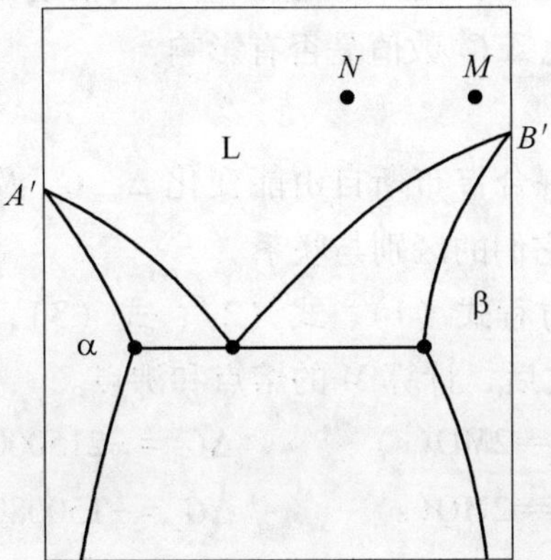

图1　相图

（1）标明各相区的组织。

（2）划出 M，N 点的冷却曲线，并用有关相图的理论解释。

以下第五、第六题适合单考生，统考生不做

五、高炉渣中（SiO_2）与生铁中的［Si］可发生下述反应

$$(SiO_2) + [Si] = 2SiO(s)$$

试问：1800K 上述反应达到平衡时，SiO 的分压可达多少帕？（25 分）

已知：渣中（SiO_2）活度为 0.09。生铁中［%C］= 4.1，［%Si］= 0.9，$e_{Si}^{Si} = 0.109$，$e_{Si}^{C} = 0.18$。

$$Si(l) + SiO_2(s) = 2SiO(g) \qquad \Delta_r G^{\ominus} = 633000 - 299.8T (J/mol)$$

$$Si(l) = [Si] \qquad \Delta_{sol} G^{\ominus} = -131500 - 17.24T (J/mol)$$

六、论述题。（30 分）

对渣-钢反应 $[A] + (B^{2+}) = (A^{2+}) + [B]$

（1）分析该反应机理。

（2）如改变上述反应体系的搅拌条件能引起反应速率的变化，试问界面反应和传质步骤哪个是控速环节？

64. 2007 年北京科技大学冶金物理化学试题

一、简要回答下列问题。（每题 7 分，共 70 分）

（1）对于有溶液参加的化学反应，当组元［i］的活度以不同标准态计算时，对化学反应的标准吉布斯自由能变化 $\Delta_r G^{\ominus}$ 数值是否有影响？

（2）简述 $\gamma_i^{\ominus}$ 的定义式。

（3）简述溶液中的摩尔混合吉布斯自由能变化 $\Delta_{mix} G_m$ 及过剩摩尔混合吉布斯自由能变化 $\Delta_{mix} G_m^E$ 的定义，并说明它们的区别与联系。

（4）已知金属氧化反应方程式（1）、式（2）、式（3），判断三个方程式中，哪个 M 是固相、液相和气相？确定之后，计算 M 的熔点和沸点。

已知：

$$2M + O_2 = 2MO(s) \qquad \Delta G_1^{\ominus} = -215000 + 192.88T \qquad (1)$$

$$2M + O_2 = 2MO(s) \qquad \Delta G_2^{\ominus} = -1500800 + 429.28T \qquad (2)$$

$$2M + O_2 = 2MO(s) \qquad \Delta G_3^{\ominus} = -1248500 + 231.8T \qquad (3)$$

（5）举例说明“相界线构筑规则”。

（6）用热力学原理简要描述熔渣的氧化还原能力。

（7）试从边界层的概念出发简要讨论多相反应过程的传质理论。

（8）简述传质系数 k_d 与雷诺数 Re 及施密特数 Sc 的关系。

（9）试推导气固相反应的未反应核模型在界面化学反应为限制环节时的速率方程。

（10）简述双膜传质理论。

二、若组成为 $w_{(Al_2O_3)}=30\%$、$w_{(SiO_2)}=55\%$、$w_{(MnO)}=15\%$ 的炉渣与成分为 $w_{[C]}=0.30\%$、$w_{[Si]}=0.35\%$、$w_{[Mn]}=1.5\%$、$w_{[P]}=0.05\%$、$w_{[S]}=0.045\%$ 的钢液接触，问钢液中的［Mn］能否将炉渣中的（SiO_2）还原？（30 分）

（1）以下四个反应的热力学数据为：

$$Si(l)+O_2 = SiO_2(s) \qquad \Delta_f G^{\ominus}=-947676+196.86T(J/mol) \tag{4}$$

$$2Mn(l)+O_2 = 2MnO(s) \qquad \Delta_r G^{\ominus}=-816300+177.57T(J/mol) \tag{5}$$

$$Si(l) = [Si]_{1\%} \qquad \Delta_{sol} G^{\ominus}=-131500-17.24T(J/mol) \tag{6}$$

$$Mn(l) = [Mn]_{1\%} \qquad \Delta_{sol} G^{\ominus}=4080-38.16T(J/mol) \tag{7}$$

（2）$e_{Si}^{Si}=0.11$，$e_{Si}^{C}=0.18$，$e_{Si}^{Mn}=0.002$，$e_{Si}^{P}=0.11$，$e_{Si}^{S}=0.056$，$e_{Mn}^{Mn}=0$，$e_{Mn}^{C}=-0.07$，$e_{Mn}^{Si}=-0.0002$，$e_{Mn}^{P}=-0.0035$，$e_{Mn}^{S}=-0.048$；

（3）$\gamma_{MnO}=1.2$，$\gamma_{SiO_2}=1.4$；

（4）$M_{Al_2O_3}=102kg/mol$，$M_{SiO_2}=60kg/mol$，$M_{MnO}=71kg/mol$。

以下三、四题适合于统考生，单考生不做

三、设 Fe-Al 液态合金为正规溶液，合金中铝的过剩偏摩尔混合吉布斯自由能在 1600℃时可用式（8）表示：

$$\Delta_{mix} G_{Al,m}^{E}=-53974+93094x_{Al}(J/mol) \tag{8}$$

纯液态铁的蒸气压与温度的关系如式（9）表示：

$$\lg(p^*/p^{\ominus})=-\frac{20150}{T}-1.27\lg T+13.98-\lg 760 \tag{9}$$

试求 1600℃时铁的摩尔分数 $x_{Fe}=0.6$ 的合金中铁的蒸气压。（30 分）

四、已知炼钢炉渣组成如下：

组元	CaO	SiO_2	MnO	MgO	FeO	P_2O_5
$w_{(i)}$	42.68%	19.34%	8.84%	14.97%	12.03%	2.15%

在 1600℃时将此渣与含氧 $w_{[O]}=0.058\%$的钢液接触，判断此渣的氧化还原性。（20 分）

以下五、六题适合于单考生，统考生不做

五、高炉渣中（SiO_2）与生铁中的［Si］可发生下述反应

$$(SiO_2)+[Si] = 2SiO(g)$$

问：1800K 上述反应达到平衡时，SiO 的分压可达多少帕？（30 分）

已知：渣中（SiO_2）的活度为 0.09，生铁中 $w_{[C]}=4.1\%$，$w_{[Si]}=0.9\%$，$e_{Si}^{Si}=0.109$，$e_{Si}^{C}=0.18$

$$SiO_2(s)+Si(l) = 2SiO(g) \qquad \Delta_f G^{\ominus}=633000-299.8T(J/mol)$$

$$Si(l) = [Si]_{1\%} \qquad \Delta_{sol} G^{\ominus}=-131500-17.24T(J/mol)$$

六、对渣-钢反应

$$[A]+(B^{2+}) = (A^{2+})+[B]$$

（1）分析该反应由几个反应步骤组成。

（2）画出组元 A 在熔渣和金属中的浓度分布示意图。（共 20 分）

65. 2008 年北京科技大学冶金物理化学试题

一、简要回答下列问题。（每题 10 分，共 70 分）

（1）简述标准生成自由能的定义，并举例说明。

（2）在氧势图中，为什么生成 CO 的直线的斜率小于零，其意义如何？

（3）简述规则溶液的定义。

（4）指出 1000K 时，在标准状态下，下述几种氧化物哪一个最容易生成。已知各氧化物的标准生成吉布斯自由能如下：

MnO	$\Delta_f G^{\ominus}=-384930+76.36T(J/mol)$
Mn_2O_3	$\Delta_f G^{\ominus}=-969640+254.18T(J/mol)$
MnO_2	$\Delta_f G^{\ominus}=-52300+201.67T(J/mol)$
Mn_3O_4	$\Delta_f G^{\ominus}=-1384900+350.62T(J/mol)$

（5）简述三元系相图的重心规则。

（6）简述熔渣 CaO-SiO_2 的光学碱度的表达式。

（7）简述边界层理论，说明它对建立多相反应动力学方程的意义。

（8）简述炼钢过程碳-氧反应动力学的机理。

（9）试推导未反应核模型在“内扩散为限制环节”时的速率方程（假设界面化学反应为不可逆的）。

（10）简述溶质渗透理论的要点。

二、高炉冶炼含钒矿石时，渣中（VO）被碳还原的反应为：

$$(VO) + 2C(s) = [V] + 2CO$$

设 $p_{CO}=100kPa$，生铁中含有 $w_{[V]}=0.45\%$，$w_{[C]}=4.0\%$，$w_{[Si]}=0.8\%$，渣中（VO）的摩尔分数为 $x_{VO}=0.001528$。计算1500℃时，与此生铁平衡的渣中（VO）的活度及活度系数。(30分)

已知：$C(s) + 1/2O_2 = CO \quad \Delta_f G^{\ominus} = -114390 + 85.77T(J/mol)$

$V(s) + 1/2O_2 = VO(s) \quad \Delta_f G^{\ominus} = -114390 + 85.77T(J/mol)$

$V(s) = [V]_{1\%} \quad \Delta_{sol} G^{\ominus} = -114390 + 85.77T(J/mol)$

$$e_V^C = -0.34,\ e_V^{Si} = 0.042,\ e_V^V = 0.015$$

以下三、四题适合于统考生，单考生不做

三、实验测得Fe-C溶体中碳的活度 a_C（以纯石墨为标准态）与温度 T 及浓度 x_C 的关系如下：

$$\lg a_C = \lg\left(\frac{x_C}{1-2x_C}\right) + \frac{1180}{T} - 0.87 + \left(0.72 + \frac{3400}{T}\right)\left(\frac{x_C}{1-x_C}\right)$$

（1）求 $\lg\gamma_C$ 与温度 T 及浓度 x_C 的关系式。

（2）求 $\lg\gamma_C^{\ominus}$ 与温度 T 的关系式及1600℃时的 $\gamma_C^{\ominus}$。

（3）求反应 $C_{(石墨)} = [C]_{1\%}$ 的 $\Delta_{sol} G^{\ominus}$ 与温度 T 的二项式关系表达式。

（4）当1600℃铁溶液含碳量为 $w_{[C]}=0.24\%$ 时，碳的活度（以 $w_{[C]}=1\%$ 溶液为标准态）是多少？（共30分）

四、对渣-钢反应

$$[A] + (B^{2+}) = (A^{2+}) + [B]$$

（1）分析该反应的动力学机理。

（2）若反应达稳态，推导反应的动力学方程。（共20分）

以下五、六题适合于单考生，统考生不做

五、将含 $w_{[C]}=3.8\%$、$w_{[Si]}=1.0\%$ 的铁水兑入转炉中，在1250℃下吹氧炼钢，假定气体压力为100kPa，生成的 SiO_2 为纯物质，试问铁水中哪个元素先氧化？（30分）

已知：$e_C^C = 0.14,\ e_C^{Si} = 0.08,\ e_{Si}^{Si} = 0.11,\ e_{Si}^C = 0.18$

$C(s) + 1/2O_2 = CO \quad \Delta_f G^{\ominus} = -117990 - 84.35T(J/mol)$　（1）

$Si(l) + O_2 = SiO_2(s) \quad \Delta_f G^{\ominus} = -947676 + 196.86T(J/mol)$　（2）

$C(s) = [C]_{1\%} \quad \Delta_{sol} G^{\ominus} = 22594 - 42.26T(J/mol)$　（3）

$Si(l) = [Si]_{1\%} \quad \Delta_{sol} G^{\ominus} = -131500 - 17.24T(J/mol)$　（4）

六、对渣-钢反应

$$[A] + (B^{2+}) = (A^{2+}) + [B]$$

（1）分析该反应过程的机理。

（2）写出各基元过程的动力学方程，并画出组元 A 在熔渣和金属中的浓度分布示意图。（共 20 分）

66. 2009 年北京科技大学冶金物理化学试题

一、简要回答下列问题。（每题 7 分，共 70 分）

（1）举例说明化合物的标准生成和标准溶解吉布斯自由能。

（2）试推导 1%标准态的活度和纯物质标准态活度的关系。

（3）试写出硫容量的一种表达式。

（4）写出规则溶液的过剩热力学函数 $\Delta_{mix}G_m^E$ 的表达式。

（5）简述熔渣的分子理论模型。

（6）简述有效边界层的定义。

（7）试用双模理论描述反应 $2[Mn] + (SiO_2) = 2(MnO) + [Si]$ 的动力学机理。

（8）试写出多相反应动力学的基本表达式，并解释每项的物理意义。

（9）为什么在单一的铁溶液相中碳-氧反应很难形成 CO 气泡？

（10）对于有溶液参加的化学反应，当组元［i］的活度以不同标准态计算时，对化学反应的吉布斯自由能变化 $\Delta_r G$ 是否有影响，为什么？

二、对如图 1 所示相图

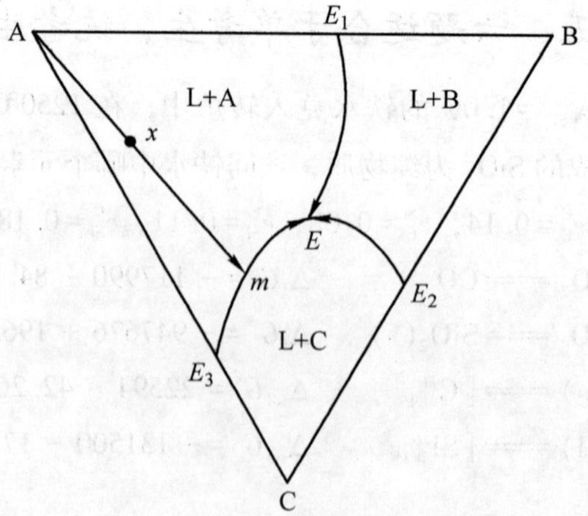

图 1　相图

（1）标明各相区的组织。

（2）分析 X 点的冷却过程，画出冷却曲线，并用有关相图的理论解释。（共 25 分）

三、用 Si 热法还原 MgO，反应 $Si(s) + 2MgO(s) = 2Mg(g) + SiO_2(s)$ 的标准吉布斯自由能与温度的关系为：$\Delta_r G^{\ominus} = 523000 - 211.71T(J)$，试计算：

（1）在标准状态下的还原温度。

（2）欲使还原温度降到 1473K，需创造什么条件？（共 25 分）

四、对于气固反应

$$A(g) + bB(s) = gG(g) + sS(s)$$

（1）写出未反应核模型的反应机理。

（2）推导在“外扩散为限制环节”时的速率方程（假设界面化学反应为不可逆的）。（共 30 分）

67. 2010 年北京科技大学冶金物理化学试题

一、简要回答下列问题。（每题 7 分，共 70 分）

（1）对铁溶液中的组元 i，溶解反应 $i = [i]_{\%}$，试证明标准溶解自由能 $\Delta_{sol} G^{\ominus}_{(i)} = RT\ln \dfrac{55.85}{100Ar_i} r_i^{\ominus}$。

（2）试写出组元 i 以纯物质为标准态的活度的定义，推导并讨论为什么其活度系数在组元 i 的浓度趋于零时为常数。

（3）在氧势图（Ellingham 图）上，解释形成 $\Delta G^{\ominus}$ 与 T 的关系曲线的斜率为什么多数为正，而极少数为负，其意义如何？

（4）写出规则溶液的定义式。

（5）用分子理论模型简要描述 $CaO-SiO_2$ 二元系溶液。

（6）写出并画图描述有效边界层的定义。

（7）简述溶质渗透理论的假设条件。

（8）试解释为什么在气液反应时，在均相溶液中很难形成气泡？

（9）推导在铁液深度为 H 的耐火材料的器壁上活性气隙的最大半径的表达式。

（10）对于有溶液参加的化学反应，当组元［i］的活度以不同标准态计算时，对化学反应的吉布斯自由能变化 $\Delta_r G^{\ominus}$ 是否有影响，为什么？

二、对如图 1 所示相图

（1）分析成分为 P 的液相冷却时所经历的路径，到每一个相区的组织如何？

（2）分析冷却完成后的最终产物有几个相，分析其成分如何？（共 25 分）

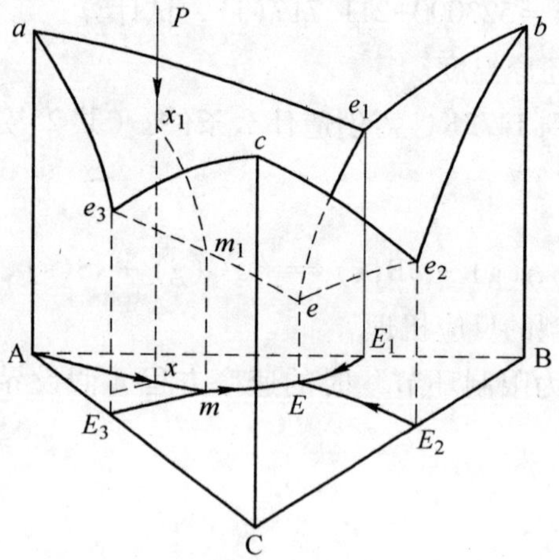

图 1　相图

三、在转炉吹氧炼钢某个时刻，铁液温度达到 1400℃，假定此时气体压力为 100kPa，生成的 SiO_2 与加入的石灰形成初期渣中的活度为 0.5，此时铁液中含 $w_{[C]}=3.8\%$、$w_{[Si]}=0.6\%$，试问再继续冶炼，铁水中［C］与［Si］哪个元素氧化？（25 分）

已知：$e_C^C=0.14$，$e_C^{Si}=0.08$，$e_{Si}^{Si}=0.11$，$e_{Si}^{C}=0.18$。

$$C(s) + 1/2O_2 = CO \qquad \Delta_f G^\ominus = -117990 - 84.35T \qquad (1)$$

$$Si(l) + O_2 = SiO_2(s) \qquad \Delta_f G^\ominus = -947676 + 196.86T \qquad (2)$$

$$C(s) = [C]_{1\%} \qquad \Delta_{sol} G^\ominus = 22594 - 42.26T \qquad (3)$$

$$Si(l) = [Si]_{1\%} \qquad \Delta_{sol} G^\ominus = -131500 - 17.24T \qquad (4)$$

四、对于气固反应

$$A(g) + bB(s) = gG(g) + sS(s)$$

（1）画出未反应核模型的示意图，并描述反应步骤。

（2）推导“气体反应物在固体产物层中的内扩散为限制环节”时的速率方程（假设界面化学反应为不可逆反应）。（共 30 分）

68. 2011 年北京科技大学冶金物理化学试题

一、简答题。（每小题 7 分，共 70 分）

（1）试用热力学原理简述氧势图中各直线位置的意义。

（2）简述熔渣分子结构理论的假设条件。

（3）某溶液中组元 B 的标准态改变时（其他条件不变），下列热力学参数哪些会随之改变，哪些不变：组元 B 的活度 a_B，组元 B 的化学势 μ_B，有组元 B 参与的化学反应的平衡常数 K，有组元 B 参与的化学反应的标准吉布斯自由能变化 $\Delta_r G^\ominus$，有组元 B 参与的化学反应的吉布斯自由能变化 $\Delta_r G$?

（4）试推导当 O_2 在气相中的分压小于 0.1Pa 时硫容量的一种表达式。

（5）试写出多元系铁溶液中组元 i 的相互作用系数的表达式。

（6）简述正规溶液的定义。

（7）试讨论如何由有效边界层得到多相反应动力学基本方程。

（8）简述表面更新理论是如何在溶质渗透理论的基础上建立起来的。

（9）试描述多相反应动力学基本方程中的传质系数 K_d 的可能的形式。

（10）推导在铁液深度为 H 的耐火材料的器壁上活性气隙的最大半径的表达式。

二、若铁钒溶液与固态 VO 平衡，其平衡氧分压为 6.7×10^{-6}Pa，在 1873K 下，试分别以纯固态钒和钒在铁液中为 1%质量分数为标准态计算铁液中钒的活度。（25 分）

已知：

$$V(s) = [V] \qquad \Delta_{sol} G^\ominus_{V(s)} = -15480 - 45.6T\ (J/mol)$$

$$2V(s) + O_2(g) = 2VO(s) \qquad \Delta_r G^\ominus = -861490 + 150.2T\ (J/mol)$$

三、对于如图 1 所示三元系相图，成分为 M_1 点的液相，用相图的相关原理分析其冷却过程，并画出冷却曲线。（25 分）

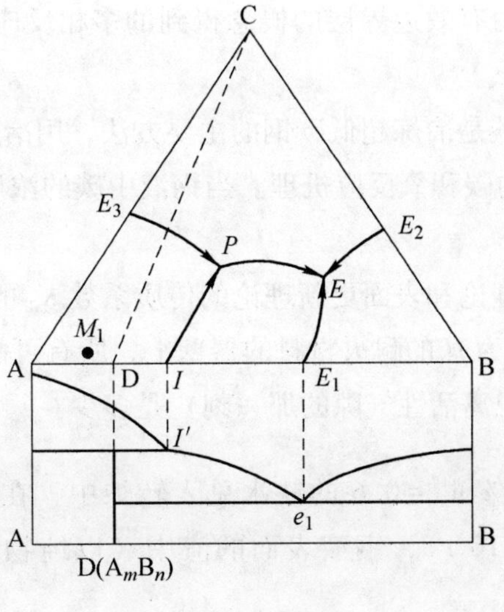

图 1　三元系相图

四、直径为1.2cm的FeO球团，在800℃、0.1MPa的CO气流内进行还原，还原产物是多孔结构铁。已知还原反应属于CO气体在产物层内扩散控速，球团密度4.8×10^3kg/m^3，$M_{FeO}=72\times10^{-3}$kg/mol，产物层内CO有效扩散系数为2×10^{-4}m^2/s，还原反应：

$$FeO(s) + CO(g) = Fe(s) + CO_2(g) \qquad K^{\ominus} = 0.696$$

假设还原前后球团直径不变，试推导并计算完全还原所需要的时间。(30分)

69. 2012年北京科技大学冶金物理化学试题

一、简答题。(每题7分，共70分)

(1) 试用热力学原理简述碳氧反应可能的产物及得到这些产物的条件。

(2) 简述熔渣完全离子结构理论模型的假设条件。

(3) 描述溶液中活度的三种标准态的热力学特征。

(4) 试简单推导当O_2的气相分压大于10^{-5}MPa时硫容量的表达式。

(5) 试推导：在铁液中（等温、等压下），除铁元素之外的其他组元的浓度都趋于零时，组元以1%为标准态的活度系数的表达式（即Wagner模型）。

(6) 试推导正规溶液的过剩摩尔自由能$\Delta_{mix}G_m^E$、过剩摩尔熵$\Delta_{mix}S_m^E$和过剩摩尔焓$\Delta_{mix}H_m^E$。

(7) 试讨论：为什么由有效边界层的概念得到的多相反应动力学基本方程总是$J=k_d(c_s-c_b)$，而不是$J=k_d(c_b-c_s)$？

(8) 在真空下吹氩脱碳是冶炼超低碳钢的主要方法，用冶金动力学原理简述真空中钢包底吹氩过程钢液中溶解的碳和氧反应机理。当钢液中碳的浓度很低时，讨论可能的限制环节是哪一步？

(9) 试讨论溶质渗透理论和表面更新理论的传质系数K_d的形式，哪一个更准确？

(10) 推导在铁液深度为H的耐火材料的器壁上，所有可能的活性气隙的孔径上能产生的最大气泡体积（刚要脱离活性气隙的那一刻）是多少？

二、将含[%C]=3.5，[%Si]=0.6的铁水兑入转炉中，在1300℃下吹氧炼钢，假定气体压力为1.01325×10^5Pa，钢液表面的渣中（以纯物质为标准态）SiO_2的活度为0.2。

试问：

（1）此时铁水中的碳和硅哪个先氧化？

（2）如果是碳和硅其中的一个先氧化，氧化到什么程度另一个开始氧化？（注：只写出条件，不需计算碳和硅的具体浓度；假设钢液表面的渣中以纯物质为标准态的 SiO_2 的活度始终为 0.2）。（共 25 分）

已知：　$e_C^C=0.14$，$e_C^{Si}=0.08$，$e_{Si}^{Si}=0.11$，$e_{Si}^C=0.18$

$$C(s)+1/2O_2 = CO \quad \Delta G^{\ominus}=-117990-84.35T(J/mol) \quad (1)$$

$$Si(l)+O_2 = SiO_2(s) \quad \Delta G^{\ominus}=-947680+196.86T(J/mol) \quad (2)$$

$$C(s) = [C]_{1\%} \quad \Delta G^{\ominus}=22590-42.26T(J/mol) \quad (3)$$

$$Si(l) = [Si]_{1\%} \quad \Delta G^{\ominus}=-131550-17.24T(J/mol) \quad (4)$$

三、对于如图 1 所示三元系相图，成分为 M_2 点的液相，用相图的相关原理分析其冷却过程，并画出冷却曲线。（25 分）

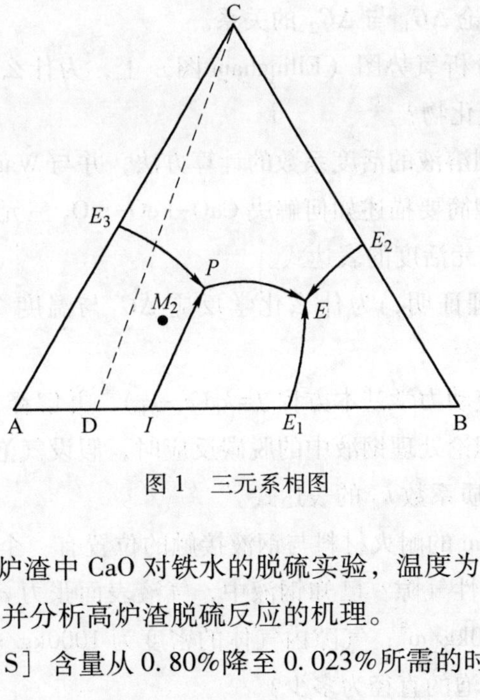

图 1　三元系相图

四、在石墨坩埚内进行高炉渣中 CaO 对铁水的脱硫实验，温度为 1500℃。

（1）写出脱硫反应，并分析高炉渣脱硫反应的机理。

（2）试求铁水中的［S］含量从 0.80%降至 0.023%所需的时间。（共 30 分）

已知：

（1）渣-铁界面上 S 的平衡浓度为 0.013%。

（2）S 在铁水中的扩散是脱 S 反应的限制环节。

（3）$\frac{A_{m-s}}{V_m}=0.43cm^2/cm^3$，$D_{[S]}=4\times10^{-5}cm^2/s$，$\delta_m=0.03cm$。

式中　V_m，A_{m-s}——铁水体积和铁-渣界面积；

δ_m，$D_{[S]}$——铁渣界面铁水一侧有效边界层厚度和硫在铁水中的扩散系数。

70. 2013 年北京科技大学冶金物理化学试题

一、简要回答下列问题。(第 1~8 题每题 7 分，第 9 题 14 分，共 70 分)

（1）当铁液中组元 i 的浓度趋于零时，试推导以纯物质标准态的活度及活度系数与以 1%标准态的活度及活度系数的关系。

（2）对如下反应

$$(SiO_2) + 2[C] = [Si] + 2CO \qquad \Delta G_1^{\ominus} = a_1 - b_1 T \qquad (1)$$

$$SiO_2(s) + 2[C] = [Si] + 2CO \qquad \Delta G_2^{\ominus} = a_2 - b_2 T \qquad (2)$$

在 $T \leqslant 1873K$ 时，讨论 $\Delta G_1^{\ominus}$ 与 $\Delta G_2^{\ominus}$ 的关系。

（3）用热力学原理分析氧势图（Ellingham 图）上，为什么标准状态下低位置的金属元素可以还原高位置的氧化物?

（4）描述二元系规则溶液的活度系数的计算方法，并与 Wagner 模型计算进行对比。

（5）用分子理论模型简要描述如何解决 $CaO-FeO-SiO_2$ 三元系高碱性炉渣熔体各组元活度的计算，并写出各组元活度的表达式。

（6）试用热力学原理证明，为什么化学反应 $\Delta G^{\ominus}$ 与温度 T 的关系为线性，其意义如何?

（7）试推导多相反应动力学基本方程 $J=k_d(c_s-c_b)$，并解释每项的物理意义。

（8）当用溶质渗透理论处理钢液中的脱碳反应时，假设气泡的半径为 r，气泡在钢液中上浮速率为 u，写出传质系数 k_d 的表达式。

（9）在钢液深度为 1m 的耐火材料与钢液接触的位置有一个半径为 0.001mm 的气隙，试问这个气隙能否成为活性气隙? 已知钢液中，气液表面张力 σ 值约为 1.5N/m，θ 角约为 150°，钢液密度为 $7200kg/m^3$，气隙内气体的密度为 $1000kg/m^3$。如果上述气隙是活性气隙的话，初始形成的气泡的直径为多少?

二、对如图 1 所示相图，F 点表示 A-B-C 三元系的熔体成分，其质量为 m_F，试分别回答以下的三个问题。

（1）能获得多少一次结晶的 A，在获得该一次结晶的 A 过程中体系的自由度是多少?

（2）在二次结晶过程中，液相组成由 $H \rightarrow L$ 变化时，达到 L 时，体系的组成如何，自由度是多少，获得多少固相，分别是什么?

（3）在三元共晶开始前，尚余多少液相?（共 25 分）

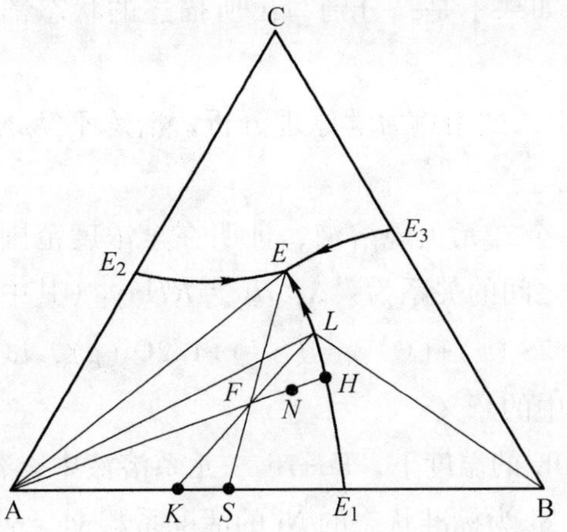

图1　相图

三、已知炼钢炉渣组成及理论光学碱度如下：

组元	CaO	SiO_2	MnO	MgO	FeO	P_2O_5
$w_{(i)}$	42.68%	19.34%	8.84%	14.97%	12.03%	2.15%
Λ_i	1	0.48	0.59	0.78	0.51	0.4

（1）试计算该炉渣的光学碱度。

（2）试用完全离子溶液模型计算1600℃时炉渣中（CaO）、（MnO）、（FeO）的活度及其活度系数。

（3）在1600℃下，若此时钢液中 $w_{[O]}=0.058\%$，试确定此渣的氧化还原性。（共25分）

四、装有30t钢液的电炉，钢水深度50cm，1600℃在电炉的氧化期用含有高浓度的FeO的氧化性炉渣脱除钢液中的Mn，假设炉渣的厚度远小于钢液的深度。已知Mn在钢水中的扩散系数为 $1.1\times10^{-8}m^2/s$，钢渣界面上金属锰含量为0.03%（质量分数），钢液原始［Mn］为0.3%（质量分数），经过30min后，钢液中锰含量降至0.06%（质量分数）。

（1）分析此过程脱除Mn反应的机理及对可能的限制环节的确定。

（2）求Mn在钢液边界层中的传质系数及钢液边界层的厚度。（共30分）

71. 2014年北京科技大学冶金物理化学试题

一、简要回答下列问题。（每题10分，共70分）

（1）对于等温方程式 $\Delta G^{\ominus}=-RT\ln K^{\ominus}$，方程式的左边和右边是描述同一个状态吗？如果是写出所描述的状态，如果不是，分别写出所描述的状态都是什么，它们之间的关系如何？

（2）在 Ellingham 图中，试用热力学原理分析，冶炼不锈钢去碳保铬在标态和非标态的最低温度（假设 $p_{CO}=1$）。

（3）已知 Fe-Co 是一个二元正规溶液，证明在全浓度范围内，其摩尔混合焓与以纯物质为标准态的活度系数之间的关系为：$\Delta_{mix}H_{i,m}=RT\ln\gamma_i$（其中，i 为 Fe，Co）。

（4）对于熔渣反应 $1/2S_2(g)+(O^{2-})=(S^{2-})+1/2O_2(g)$，试推导熔渣硫化物容量 C_s 的表达式，并讨论其在冶金中的意义。

（5）试证明：在 1900K 的温度下，Fe-Ni 二元系溶液中，若 Ni 的浓度在满足亨利定律的范围，则铁液中以纯 Ni 为标准状态的 Ni 的活度系数 $\gamma_{Ni}=\gamma^{\ominus}_{Ni}$。

（6）试解释 $J=k_d(C_s-C_b)$ 和菲克第一定律 $J=-D\dfrac{dC}{dx}$ 所表达的传质通量的物理意义的区别和联系。

（7）图 1 所示是描述气-固反应式为 $A(g)+bB(s)=gG(g)+sS(s)$ 的未反应核模型在某一步为控速环节的几何表达。试回答下述问题：

1）图 1 所表达的控速环节是哪一步？

2）试推导图 1 所表达的控速环节的速率方程。

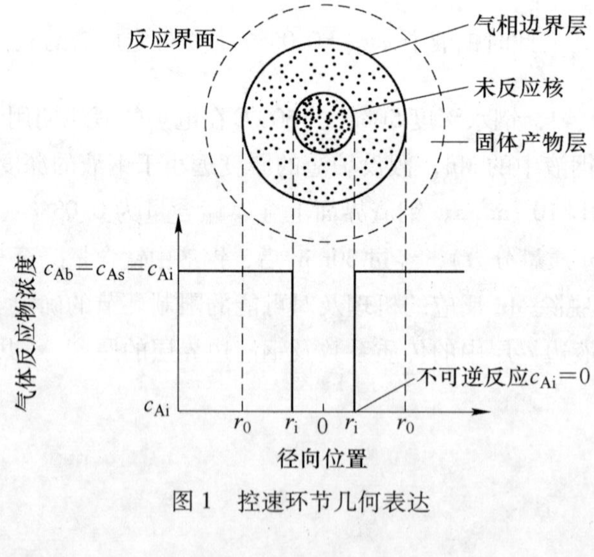

图 1 控速环节几何表达

二、已知炼钢炉渣组成如下：

组元	CaO	SiO_2	MnO	MgO	FeO	Fe_2O_3	P_2O_5
$w_{(i)}$	27.60%	17.50%	7.90%	9.80%	29.30%	5.20%	2.70%

其中，$M_{FeO}=72$，$M_{MnO}=71$，$M_{CaO}=56$，$M_{MgO}=40$，$M_{SiO_2}=60$，$M_{P_2O_5}=142$，$M_{Fe_2O_3}=160$。

已知：钢液中其他成分为 $w_{[Si]}=0.1\%$，$w_{[O]}=0.06\%$。

$$e_C^C=0.14,\ e_C^{Si}=0.08,\ e_C^O=-0.34$$

$$(FeO) \Longleftarrow\!\!=\!\!= [O]+[Fe] \qquad \Delta G^{\ominus}=121010-52.35T$$

$$[O]+[C] \Longleftarrow\!\!=\!\!= CO \qquad \Delta G^{\ominus}=-22200-38.34T$$

假设：渣中存在的复杂氧化物为 $2CaO \cdot SiO_2$、$CaO \cdot Fe_2O_3$、$4CaO \cdot P_2O_5$。

计算在1600℃时，用此炉渣能否脱除 $w_{[C]}=0.5\%$ 钢液中的碳？（25 分）

三、在如图 2 相图中的 m 点，其质量为 W_m。往其中添加质量为 $1/2W_m$ 的纯物质 A 后，形成新的溶液。试回答下列问题：

（1）分析所形成新溶液体系的冷却过程。

（2）在冷却中能获得多少一次结晶的 A 和二次结晶 A？（共 25 分）

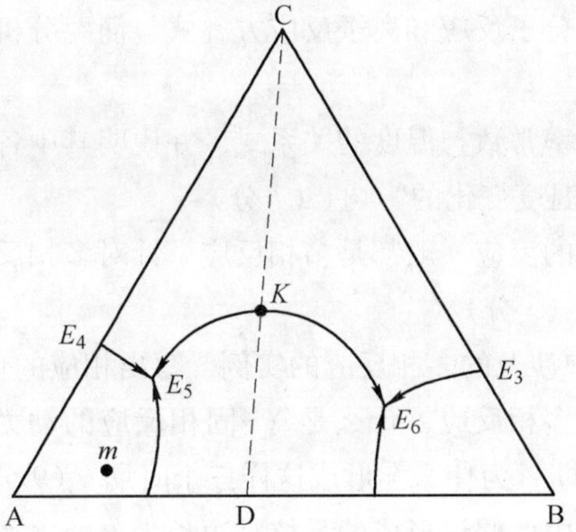

图 2　相图

四、搅拌法是使用 CaO 对铁水脱 S 的一种常用方法，若铁水温度为 1400℃。已知：

（1）渣-铁界面上 S 的平衡浓度为 0.01%。

（2）S 在铁水中的扩散是脱 S 反应的限制环节。

（3）$\dfrac{A_{m-s}}{V_m}=0.43cm^2/cm^3$，$D_{(s)}=4\times10^{-5}cm^2/s$，$\delta_m=0.03cm$。

式中　V_m，A_{m-s}——铁水体积和铁-渣界面积；

δ_m，$D_{(s)}$——铁渣界面靠近铁水一侧有效边界层厚度和硫在铁水中的扩散系数。

则：

（1）写出脱硫反应，并分析脱硫反应的机理。

（2）求铁水中的［S］含量从 0.10%降至 0.02%所需的时间。

（3）由反应动力学的原理讨论对脱硫反应速率的主要影响因素。（共 30 分）

72. 2008 年重庆大学冶金原理试题

一、解释下列名词。(每题 5 分，共 30 分)

硫容量；直接还原；理想溶液；碳势；质量作用定律；基元反应。

二、简答题。(共 45 分)

(1) 简述熔渣黏度的定义、单位及一般采用的测定方法。写出黏度与温度的关系式。(6 分)

(2) 写出脱磷反应的分子反应和离子反应方程式，简要分析有利于脱磷反应进行的热力学条件。(7 分)

(3) 写出化学反应速率常数与温度的关系式，并说明其中各符号的意义，讨论活化能的大小对反应速率常数随温度变化的影响。(7 分)

(4) 冶金过程中涉及的反应一般都是多相反应。针对多相反应，回答下列问题：

1) 什么是多相反应? (3 分)

2) 举三个冶金过程中涉及的多相反应的实例，写出相应的化学反应方程式。(3 分)

3) 气-固相反应属于多相反应，什么是气-固相反应的动力学曲线，气-固相反应的动力学曲线分为哪三个时期，为什么会形成这样三个时期? (9 分)

(5) 在均相形核过程中，假设形成的晶核是边长为 a 的立方体，形成单位体积晶核的吉布斯自由能为 ΔG_V，单位表面吉布斯自由能为 σ。计算：临界边长 a^*；形成临界晶核所需能量 ΔG_v^*。(10 分)

三、计算题。(共 75 分)

(1) 1600℃时物质 B 溶于 A 中形成溶液，$M_B=60$，$M_A=50$，已知 A-B 二元系中 B 在不同浓度的溶液中的蒸气压如表 1 所示。

表 1　B 在不同浓度的溶液中的蒸气压

B/%	0.1	0.2	0.5	1.0	3.0	100
蒸气压/Pa	1	2	5	11	40	200

回答下列问题：

1) 在 B 中的浓度为 3% 的 A-B 溶液中，用三种标准态（纯 B，假象纯 B，1%浓度 B)，计算 B 的活度及活度系数。

2）计算 A-B 二元系的 $\gamma_B^{\ominus}$。

3）计算 1600℃时 B 以 1%浓度溶液为标准态的标准溶解吉布斯自由能 $\Delta \overline{G}_B^{\ominus}$（共 20 分）

（2）利用铝在真空下还原氧化钙，其反应式为：

$$6CaO(s) + 2Al(l) = 3Ca(g) + 3CaO \cdot Al_2O_3(s) \qquad \Delta G^{\ominus} = 659984 - 288.75T$$

1）如果使上述反应在 1200℃进行，计算需要多大的真空度。（10 分）

2）如果采用的真空度为 $p_{Ca} = 1.33Pa$，计算开始还原温度。（5 分）

（3）回答下列问题。

1）对于 $n(n \neq 1)$ 级反应，推导其速率积分式。（5 分）

2）在电炉冶炼的还原期内，测得钢液的硫含量从 0.035%下降到 0.030%，在 1580℃时需要 60min，在 1600℃时需要 50min，脱硫化学反应是过程的限制性环节，计算脱硫反应的活化能。（20 分）

（4）已知条件：温度 $T = 1873K$ 熔渣成分（%FeO）= 12.02，（%MnO）= 8.84，（%CaO）= 42.68，（%MgO）= 14.97，（%MnO）= 14.97，（$\%SiO_2$）= 19.34，（$\%P_2O_5$）= 2.15。相对原子质量 Fe：56，O：16，Mn：55，Ca：40，Mg：24，Si：28，P：31。利用完全离子溶液模型计算 FeO 的活度及活度系数，引入离子活度系数，$\lg(\gamma_{Fe^{2+}}\gamma_{O^{2-}}) = 1.53\sum x_{SiO_4^{4-}} - 0.17$。（15 分）

73. 2009 年重庆大学冶金原理试题

一、问答题。（共 80 分）

（1）什么是熔渣的氧化性及还原性，为什么要用熔渣中 FeO 的活度，而不用 O^{2-} 的活度表征熔渣的氧化能力？（15 分）

（2）分析钢液中主要元素之一碳对钢液主要性质（熔点、黏度、密度、表面张力）变化的影响。（20 分）

（3）利用熔渣离子理论书写下列化学反应的离子反应式（10 分）

$$2[P] + 5(FeO) + 4(CaO) = (4CaO \cdot P_2O_5) + 5Fe \qquad (1)$$

$$2(Fe_2O_3) + [Fe] = 5(FeO) + [O] \qquad (2)$$

（4）液-液相反应动力学的共同特点是什么，如何设计实验确定它们的限制环节？冶金过程中很多反应都属于液-液相反应，请写出一个冶金过程中的液-液相化学反应。（20 分）

（5）推导：圆柱体金属块（长为 lm、半径为 rm）在另一金属液中溶解速率的积分式。已知条件：溶解限制环节是金属块溶解的界面反应。溶解过程中圆柱长度保持不改变，两个端面也不参加溶解作用。（15 分）

二、计算题。(共 70 分)

(1) 在 1873K，铁液中 [Si] 为 O_2 氧化。铁液中硅的 $x_{[Si]}=0.2$，$\gamma_{Si}=0.03$。$p_{O_2}=100kPa$，$\gamma_{Si}^{\ominus}=0.0013$。计算硅氧化反应的 ΔG，硅的标准态分别为：纯液态硅；假想纯液态硅；服从亨利定律质量 1%硅溶液。并分析计算结果说明什么问题。(30 分)

已知：

$$Si(s)+O_2 = SiO_2(s) \qquad \Delta G^{\ominus}=-946350+197.64T(J/mol)$$

(2) 含钒生铁的成分为：$w_{[C]}=4.0\%$，$w_{[V]}=0.4\%$，$w_{[Si]}=0.25\%$，$w_{[P]}=0.03\%$，$w_{[S]}=0.08\%$。钒渣中：$\gamma_{V_2O_3}=10^{-7}$，$x_{V_2O_3}=0.112$。利用雾化提钒技术处理，提取钒渣及半钢，计算"去钒保碳"的温度条件。(20 分)

已知：$e_V^C=-0.34$，$e_V^{Si}=0.042$，$e_V^P=-0.041$，$e_V^S=-0.028$，$e_V^V=0.015$，$e_C^C=0.14$，$e_C^V=-0.077$，$e_c^{Si}=0.08$，$e_C^P=0.051$，$e_C^S=0.046$。

$$2V(s)+3/2O_2 = V_2O_3(s) \qquad \Delta G_1^{\ominus}=-1202900+237.53T(J/mol)$$

$$C+1/2O_2 = CO \qquad \Delta G_2^{\ominus}=-20710-45.6T(J/mol)$$

$$V(s) = [V] \qquad \Delta G_3^{\ominus}=-20710-45.6T(J/mol)$$

$$C(s) = [C] \qquad \Delta G_4^{\ominus}=22590-42.26T(J/mol)$$

(3) 一个二级反应的反应物初始浓度为 $0.4\times10^3 mol/m^3$，此反应在 80min 内完成了 30%。计算：1) 反应的速率常数；2) 反应完成 80%所需要的时间。(20 分)

74. 2010 年重庆大学冶金原理试题

一、简答题。(76 分)

(1) 针对铁、钢的基本概念，简单回答下列问题：(共 28 分)

1) 什么是生铁、熟铁、工业纯铁、铁基高温合金、钢？(5 分)

2) 碳素钢按照碳的含量是如何分类的？(3 分)

3) 合金钢按照合金元素的含量是如何分类的？(3 分)

4) 根据钢的用途，一般如何分类？(4 分)

5) 钢的性能包括哪些？(8 分)

6) 简述钢的性能与化学成分及组织的关系。(5 分)

(2) 什么是理想溶液，如果 A 溶液和 B 溶液形成理想溶液，微观作用力应该满足什么条件？(5 分)

(3) 简述冶金动力学与冶金热力学、冶金动力学与化学动力学的区别。(8 分)

(4) 什么是化学反应进度，为什么要引入这个量，它和化学反应速率有什么区别？

（10 分）

（5）从热力学原理的角度说明真空对钢液炉外精炼所起的作用。（25 分）

二、计算题。（74 分）

（1）已知体系温度 $T=1873\text{K}$，氧分压 $p'_{O_2}=100\text{kPa}$ 铁液中 $w_{[V]}=0.08\%$，$\gamma_V^{\ominus}=0.1$ 铁液中 V 形成稀溶液，对于反应

$$2[V]+3/2O_2 = V_2O_3(s),\ \Delta G_1^{\ominus} \quad (1)$$

1）[V] 以纯物质为标准态，计算反应（1）的平衡常数 k，ΔG 及平衡氧分压 p_{O_2}。

2）[V] 以质量 1%溶液为标准态计算反应（1）的平衡常数 k，ΔG 及平衡氧分压 p_{O_2}。

3）分析上述计算结果，说明什么问题。（共 12 分）

已知：$2V(s)+3/2O_2 = V_2O_3(s)$　　$\Delta G_2^{\ominus}=-1202900+237.53T(\text{J/mol})$　（2）

$V(s) = [V]$　　$\Delta G_V^{\ominus}=-20710-45.61T(\text{J/mol})$　（3）

相对原子质量 $M_{Fe}=56$，$M_V=51$。

（2）在 1100K 温度条件下，向混有石灰的铁氧化物中通 CO，使铁氧化物还原为铁，求能还原出金属铁所需的最低 CO 分压。（15 分）

已知条件如下：$CaCO_3$ 在 1100K 分解压为 $p_{CO_2}=30000\text{Pa}$。

一些化合物在 1100K 标准生成 Gibbs 自由能为：

化合物	Fe_2O_3	Fe_3O_4	FeO	CO	CO_2
$\Delta_f G_i/\text{kJ}\cdot\text{mol}^{-1}$	−529.69	−746.84	−190.79	−208.36	−395.39

（3）用金属 B 的粉剂，加入含有 M^{2+} 的溶液，发生置换沉淀反应：$[M^{2+}]+B(s) = [B^{2+}]+M$，界面化学反应速率为 $r_C=AkC_M^*$，M^{2+} 由相内向界面处的传质速率为 $r_C=Ak_d(C_M-C_M^*)$（式中，A 为相界面积；k 为界面化学反应速率常数；k_d 为 M 的传质速率常数；C_M，C_M^* 分别为相内和界面处 M^{2+} 的浓度）。

1）求达到稳态时的速率公式。（10 分）

2）讨论当 $k\ll k_d$ 时，过程的控制步骤是什么，相对应的速率公式是什么？（10 分）

3）如果 $\dfrac{k}{k_d}=9$，$\dfrac{C_M^*}{C_M}$ 是多少？（10 分）

（4）对于气体反应：

$$A(g) \underset{k_2}{\overset{k_1}{\rightleftharpoons}} B(g)+C(g)$$

在 15℃条件下，其速率常数分别为 $k_1=4.9\times10^{-6}\text{s}^{-1}\cdot\text{Pa}^{-1}$，$k_2=3.9\times10^{-9}\text{s}^{-1}\cdot\text{Pa}^{-1}$，当温度升到 100℃时，速率常数分别为上述值的 5 倍，计算：

1）反应在 15℃时的平衡常数 K。

2）在 15℃、101.325kPa 条件下，反应开始时只有 A 存在，如果使总压变为 121.590kPa，计算所需要时间。（共 17 分）

75. 2011 年重庆大学冶金原理试题

(常用相对原子质量：氧：16，氢：2，碳：12，铝：27，钙：40，硅：28，磷：31，铁：56，铬：52，镍：59，钼：96，锰：55，镁：24)

一、简答题。(共 86 分)

(1) 什么是稀溶剂，什么是理想溶液，如果 A 溶液形成理想溶液，微观作用力应该满足什么条件?(10 分)

(2) 什么是化学反应进度，为什么要引入这个量，它和化学反应速率有什么区别?(10 分)

(3) 关于炉渣结构理论，简述下列问题(24 分)：

1) 完全离子溶液模型的基本观点及熔渣中 FeO 活度计算式(包括引入活度系数)。(6 分)

2) 正规离子溶液模型的基本观点及熔渣中 FeO 活度计算式。(4 分)

3) 分别写出熔渣脱硫和脱磷的分子和离子反应方程式，并分析其热力学条件。(14 分)

(4) 关于 $CaCO_3$ 分解的动力学，简述下列问题。(24 分)

1) 写出碳酸钙分解反应的化学反应方程式。(2 分)

2) 碳酸钙分解服从什么动力学模型?(2 分)

3) 当内扩散及界面反应是限制环节的时候，分解速率的积分式为：

$$\frac{k_+ D_e\left(1-\dfrac{p_{CO_2}^{\ominus}}{K}\right)}{r_0^2\rho RT}t=\frac{k_+}{6K}[3-2R-3(1-R)^{2/3}]+\frac{D_0}{r_0}[1-(1-R)^{1/3}]$$

①说明其中符号 k_+、K、D_0、R、r_0、$p_{CO_2}^{\ominus}$ 的含义。(6 分)

②当过程处于动力学范围时，写出速率积分式。导出完全分解所需要的时间。分析影响分解时间的因素。(7 分)

③当过程处于内扩散限制范围时，写出速率积分式。导出完全分解所需要的时间。分析影响分解时间的因素。(7 分)

(5) 脱氧是炼钢的重要任务，针对此工艺过程，回答下列问题：(18 分)

1) 常用的三种脱氧方法是什么?(6 分)

2) 分别阐述三种脱氧方法的原理及其优缺点。(12 分)

二、作图题。(16 分)(将图重画在答题纸上作答)

图 1 是具有一个不稳定二元化合物的三元相图，回答下列问题：

(1) 分析成分为 m 点的体系在温度降低过程中液相及固相变化，并在图中标出结晶

路线。(8 分)

(2) 在三元包晶反应开始进行的时刻，体系中固相、液相所占比例分别为多少，固相包括哪几个组元，每个组元占体系总量的比例为多少（可以用线段表示，也可以量出长度后用数值表示）？(8 分)

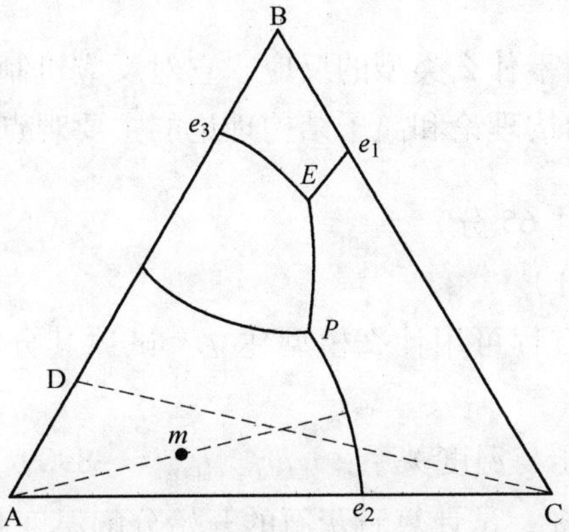

图 1　有一个不稳定二元化合物的三元相图

三、计算题。(48 分)

(1) 在 1873K 温度条件下，铁液中［Si］被 O_2 氧化生成固相 SiO_2 颗粒，计算此氧化反应的 ΔG，铁液中［Si］的标准态分别为：纯液态硅，假想纯液态硅，服从亨利定律质量 1%硅溶液。并分析以上计算结果说明什么问题。(28 分)

铁液中硅的活度及活度系数为 $x_{[Si]}=0.2$，$\gamma_{Si}=0.03$，$p_{O_2}=100kPa$，$\gamma_{Si}^{\ominus}=0.0013$。

$$Si(l) + O_2 \xlongequal{\quad} SiO_2(s) \qquad \Delta G^{\ominus} = -946350 + 197.64T(J/mol)$$

(2) 已知熔渣成分为：$w_{(CaO)}=45\%$，$w_{(SiO_2)}=15\%$，$w_{(FeO)}=18\%$，$w_{(MgO)}=16.8\%$，$w_{(P_2O_5)}=1.2\%$，$w_{(MnO)}=4.0\%$。用完全离子溶液计算熔渣在 1873K 时 FeO 的活度，考虑离子活度系数。(20 分)

已知 $\lg(\gamma_{Fe^{2+}} \cdot \gamma_{O^{2-}}) = 1.53\sum x_{SiO_4^{4-}} - 0.17$。

76. 2012 年重庆大学冶金原理试题

一、名词解释。(每个 5 分，共 35 分)

碱度；浮氏体；反应活化能；氧势；磷容量；沉淀脱氧；化学扩散。

二、简答题。(50 分)

(1) 何谓提取冶金，按工艺划分，冶金有哪几种方法，冶金热力学和动力学主要研究

什么问题？（6 分）

（2）活度是如何定义的，活度的物理意义是什么，活度标准态有哪几种，钢铁冶金中如何选用标准态？（12 分）

（3）多相反应过程的化学反应通常发生在什么地方，反应过程一般包括哪三个环节？（8 分）

（4）说明双膜理论适用于什么类型的反应，它对反应机制是如何假设的？（10 分）

（5）叙述熔渣的分子结构理论和离子结构理论的主要观点。（14 分）

三、分析证明与计算题。（共 65 分）

（1）分析计算题（10 分）

1）石灰石分解的速率方程可用什么模型建立？试述其分解过程的组成环节，并分析可能的限制环节。

2）已知石灰石的分解压与温度关系：$\lg p_{CO_2(CaCO_3)} = -8909/T + 7.53$，体系总压为 1.25×10^5Pa，其中 CO_2 的量占 16%，试计算石灰石的开始分解温度和沸腾温度。

（2）请用吉布斯-杜亥母（Gibbs-Duhem）方程证明，二元稀溶液内若溶质服从亨利定律（$a_{B(R)} = \gamma_B^{\ominus} x_B$）时，溶剂服从拉乌尔定律（$a_{A(R)} = x_A$）。（10 分）

（3）在 1073K，下列电池：Mo，MoO_2 | ZrO_2+(CaO) | Fe，FeO；Mo，MoO_2 | ZrO_2+(CaO) | Ni，NiO 测得电势分别为 173mV 和 284mV，法拉第常数 $F = 96500$C/mol，试计算反应 FeO(s)+Ni(s)═NiO(s)+Fe(s)，在 1073K 时的 $\Delta G^{\ominus}$。（15 分）

（4）用氧气吹炼成分为 $w_{[Si]} = 1\%$，$w_{[C]} = 4.5\%$ 的铁水，生成的熔渣成分为 $w_{(CaO)} = 55\%$、$w_{(SiO_2)} = 30\%$、$w_{(FeO)} = 15\%$、$\gamma_{SiO_2} = 7.5 \times 10^{-2}$，与熔池接触的 CO 压力为 100kPa。

已知：$(SiO_2) + 2[C] \xlongequal{\quad} [Si] + 2CO \qquad \Delta G^{\ominus} = 540870 - 302.27T$(J/mol)

$e_{Si}^{Si} = 0.11$、$e_{Si}^{C} = 0.18$、$e_{C}^{Si} = 0.08$、$e_{C}^{C} = 0.14$；Ca、O、Si、Fe 的相对原子质量分别为 40、16、28、56。

不考虑铁水中其他元素，试求碳开始大量氧化的温度。（15 分）

（5）图 1 所示为一具有二元不稳定化合物 D 的相图：

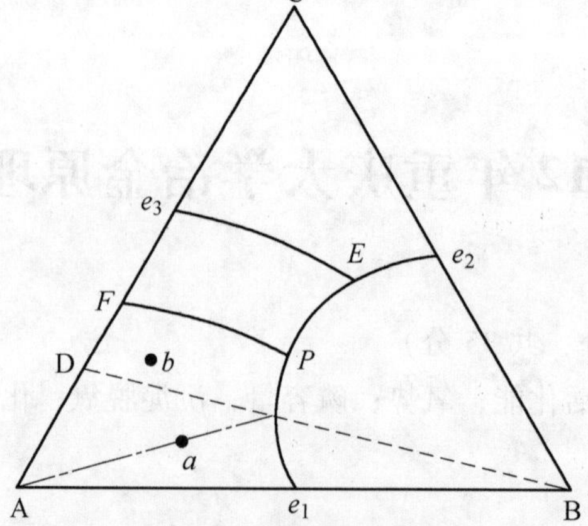

图 1　具有二元不稳定化合物 D 的相图

1）说明图中相界线和无量变点的名称。

2）分别绘出图中 a、b 两物系点结晶过程的冷却曲线。

3）分别指出在 P 点，E 点最后凝固的物系点区域以及 A、B、C、D 的初晶区。（共 15 分）

77. 2013 年重庆大学冶金原理试题

（常用相对原子质量：氧：16，氢：2，碳：12，铝：27，钙：40，硅：28，磷：31，铁：56，铬：52，镍：59，钼：96，锰：55，镁：24）

一、简答题。（共 75 分）

（1）什么是稀溶液，什么是理想溶液，什么是硫容量？写出硫容量的表达式。（12 分）

（2）铁水中的锰和硅在炼钢过程均被氧化，对于此过程，回答下列问题：

1）锰和硅的氧化方式有哪几种？写出氧化反应方程式。（6 分）

2）锰和硅的氧化有何特点？（9 分）

（3）关于炉渣结构理论，简述下列问题：

1）完全离子溶液模型的基本观点及熔渣中 FeO 活度计算式（包括引入活度系数）。（6 分）

2）正规离子溶液模型的基本观点及熔渣中 FeO 活度计算式。（4 分）

3）分别写出熔渣脱硫和脱磷的分子和离子反应方程式，并分析其热力学条件。（14 分）

（4）关于 $CaCO_3$ 分解的动力学，简述下列问题：

1）写出碳酸钙分解反应的化学反应方程式。（2 分）

2）碳酸钙分解服从什么动力学模型？（2 分）

3）当内扩散及界面反应是限制环节的时候，分解速率的积分式为：

$$\frac{k_+ D_e\left(1-\frac{p^{\ominus}_{CO_2}}{K}\right)}{r_0^2\rho RT}t=\frac{k_+}{6K}[3-2R-3(1-R)^{2/3}]+\frac{D_0}{r_0}[1-(1-R)^{1/3}]$$

①说明其中符号 k_+、K、D_0、R、r_0、$p^{\ominus}_{CO_2}$的含义。（6 分）

②当过程处于动力学范围时，写出速率积分式。导出完全分解所需要的时间。分析影响分解时间的因素。（7 分）

③当过程处于内扩散限制范围时，写出速率积分式。导出完全分解所需要的时间。分

析影响分解时间的因素。(7 分)

二、作图题。(32 分)

(1) 图 1 所示为具有一个不稳定二元化合物的三元相图，回答下列问题：

1) 分析成分为 m 点的体系在温度降低过程中液相及固相变化，并在图中标出结晶路线。(8 分)

2) m 体系点在三元包晶反应开始进行的时刻，体系中固相、液相所占比例分别为多少，固相包括哪几个组元，每个组元占体系总量的比例为多少（可以用线段表示，也可以量出长度后用数值表示）？(8 分)

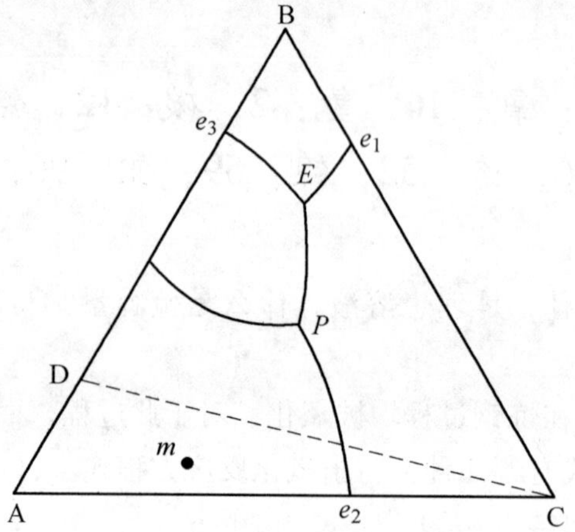

图 1 具有一个不稳定二元化合物的三元相图

(2) 图 2 所示为 $p=1$ 时，固体碳存在时，对间接还原铁的各级氧化物影响的平衡图。

1) 写出平衡曲线 1~5 的化学反应方程式。(10 分)

2) 分析 Fe、FeO 和 Fe_3O_4 的稳定区并在图中标出。(6 分)

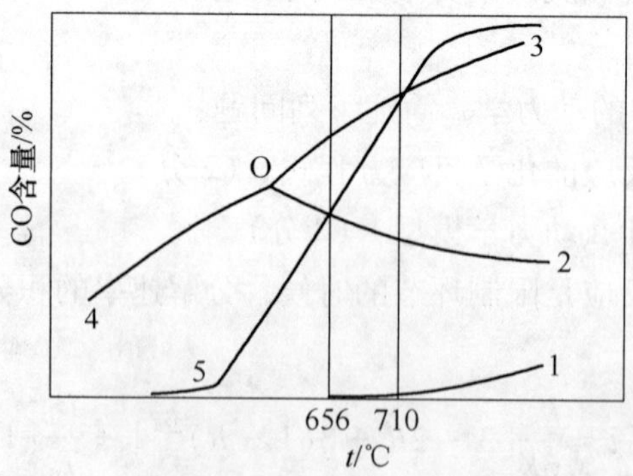

图 2 间接还原铁的各级氧化物影响的平衡图

三、计算题。(共 43 分)

(1) 在 1873K 温度条件下，铁液中 [Si] 被 O_2 氧化生成固相 SiO_2 颗粒，计算此氧化反应的 ΔG，铁液中 [Si] 的标准态分别为：纯液态硅，假想纯液态硅，服从亨利定律质

量 1%硅溶液。并分析以上计算结果说明什么问题。(28 分)

已知条件为：铁液中硅的量及活度系数分别为 $x_{[Si]}=0.2$，$\gamma_{Si}=0.03$；气相中氧分压为 $p_{O_2}=100kPa$；温度为 1873K 时 $\gamma_{Si}^0=0.0013$。

$$Si(l) + O_2 = SiO_2(s) \qquad \Delta G^{\ominus} = -946350 + 197.64T(J/mol)$$

(2) 在 1600℃用参比电极为（$Cr+Cr_2O_3$）的定氧探头测定钢液中的氧浓度时，测得电池的电动势为 310mV。电池的结构为 (−)Cr，Cr_2O_3 | ZrO_2+(CaO) | $[O]_{Fe}$(+)。

已知：$2/3Cr(s) + [O] = 1/3Cr_2O_3(s) \qquad \Delta G^{\ominus} = -252897 + 85.33T(J/mol)$

法拉第常数 $F=96500C/mol$。

1）写出该电池的正、负极反应及电池反应。(6 分)

2）求钢液中的氧浓度。(9 分)

78. 2014 年重庆大学冶金原理试题

(常用相对原子质量：氧：16，氢：2，碳：12，铝：27，钙：40，硅：28，磷：31，铁：56，铬：52，镍：59，钼：96，锰：55，镁：24，钒：51)

一、名词解释。(每题 5 分，共 30 分)

稀溶液；正规溶液；硫容量；直接还原；熔渣碱度；基元反应。

二、简答题。(共 56 分)

(1) 活度标准态有哪几种，写出溶液内三种标准态的活度的表达式，钢铁冶金中如何选用标准态？(14 分)

(2) 关于炉渣结构理论，简述下列问题：

1）完全离子溶液模型的基本观点及熔渣中 FeO 活度计算式（包括引入活度系数）。(6 分)

2）正规离子溶液模型的基本观点及熔渣中 FeO 活度计算式。(4 分)

3）分别写出熔渣脱硫和脱磷的分子和离子反应方程式，并分析其热力学条件。(14 分)

(3) 脱氧是炼钢的重要任务，针对此工艺过程，回答下列问题：

1）常用的三种脱氧方法是什么（6 分）？

2）分别阐述三种脱氧方法的原理及其优缺点（12 分）。

三、作图题。(共 20 分)

图 1 是具有一个不稳定二元化合物的三元相图，回答下列问题：

（1）指出 P、E 点的性质，并写出该点的相平衡关系。(4 分)

（2）分析成分为 g 点（位于 DP 线以上区域）的体系在温度降低过程中液相及固相变化，并在图中标出结晶路线。(8 分)

（3）g 体系点在三元共晶反应刚开始进行的时刻，体系中固相、液相所占比例为多少，固相包括哪几个组元，每个组元占固相量的比例为多少（可以用线段表示）？(8 分)

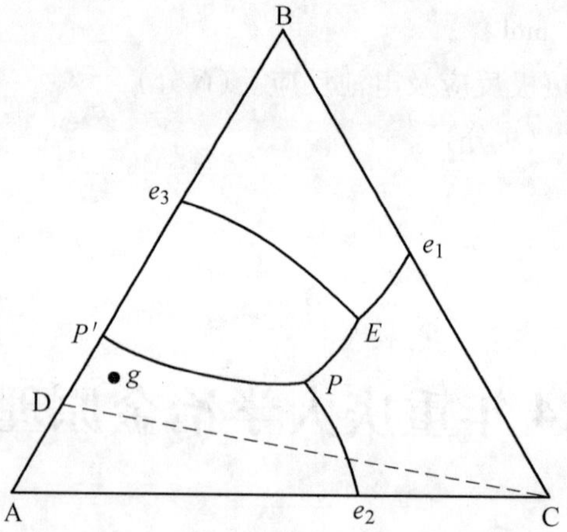

图 1　具有一个不稳定二元化合物的三元系相图

四、计算题。(共 44 分)

（1）已知体系温度 $T = 1873\text{K}$，氧分压 $p'_{O_2} = 100\text{kPa}$，铁液中 $w_{[V]} = 0.08\%$，$\gamma_V^{\ominus} = 0.1$，铁液中 V 形成稀溶液。对于反应：

$$2[V] + 3/2O_2 = V_2O_3\ (s) \qquad \Delta G_1^{\ominus} \qquad (1)$$

1）[V] 以纯物质为标准态，计算反应（1）的平衡常数 K、ΔG 及平衡氧分压 p_{O_2}（10 分）。

2）[V] 以质量 1%溶液为标准态，计算反应（1）的平衡常数 K、ΔG 及平衡氧分压 p_{O_2}（10 分）。

已知：
$$2V(s) + 3/2O_2 = V_2O_3(s) \qquad \Delta G_2^{\ominus} = -1202900 + 237.53T(\text{J/mol}) \qquad (2)$$
$$V(s) = [V] \qquad \Delta G_V^{\ominus} = -20710 - 45.61T(\text{J/mol}) \qquad (3)$$

（2）用金属 B 的粉剂，加入含有 M^{2+} 的溶液，发生置换沉淀反应：

$$[M^{2+}] + B(s) = [B^{2+}] + M\downarrow$$

界面化学应速度为：

$$r_c = AkC_M^*$$

M^{2+} 由相内向界面处的传质速率为：

$$r_c = Ak_d(C_M - C_M^*)$$

式中　A——相界面积；

k——界面化学反应速率常数；

k_d——M 的传质速率常数；

C_M，C_M^*——分别为相内和界面处 M^{2+} 的浓度。

求：

1）达到稳态时的速率公式（4 分）。

2）讨论当 $k \ll k_d$ 时，过程的控制步骤是什么，相对应的速率公式是什么？（3 分）

3）如果 $\frac{k}{k_d}=9$，$\frac{C_M^*}{C_M}$ 是多少？（3 分）

（3）在 1600℃用参比电极为（$Cr+Cr_2O_3$）的定氧探头测定钢液中的氧浓度时，测得电池的电动势为 310mV。电池的结构为（−）Cr，Cr_2O_3 | ZrO_2+(CaO) | $[O]_{Fe}$(+)。

已知：

$$2/3Cr(s) + [O] = 1/3Cr_2O_3(s) \qquad \Delta G^\ominus = -252897 + 85.33T(J/mol)$$

法拉第常数 F=96500C/mol。

1）写出该电池的正、负极反应及电池反应。（9 分）

2）求钢液中的氧浓度。（5 分）

第二部分

冶金专业硕士研究生入学考试题选解

1. 1980 年北京钢铁学院炼钢学试题选解

一、答：

（1）瓶口式钢锭模是钢锭模的一种，主要用于浇注沸腾钢。

（2）所谓鼓肚，是指铸坯的凝固壳由于受到钢水静压力的作用而鼓胀凸面的现象。对板坯来说，宽面为凸面，宽面中央的厚度与边缘厚度差称为鼓肚量，以此来衡量鼓肚强度。板坯容易产鼓肚，鼓肚后会增加拉坯阻力，严重时从铸机内拉不出坯子，使生产被迫中断。鼓肚的铸坯，中心偏析加重，并形成中心一字形裂纹。

（3）AOD 法又称为氩氧精炼法，1968 年由美国碳化物联合公司研制成功，主要用于冶炼不锈钢。其基本原理是：从炉底侧面喷嘴向熔池钢水吹入 O_2 和 Ar 的混合气体，以 Ar 稀释气相中的 CO 气体，从而降低 CO 的分压，使钢中的碳降低到很低的水平而铬不致过多氧化，在精炼过程中 Ar 和 O_2 的比例不断调整。

AOD 法的优越性是：

1）能使用廉价原料（包括高碳铬铁），而对铁水成分 C 及 Si 没有任何限制，因此大大降低了不锈钢成本；

2）没有真空设备，基建费用低；

3）操作简单，生产率高；

4）合金元素回收率高，在冶炼不锈钢时，Cr 的回收率可达 97%；

5）AOD 法既可以与电炉双联，也可以与转炉双联。

（4）保护渣浇铸：出钢浇铸过程中钢水与大气的接触，对钢的质量有很大影响，这种影响通常表现在两个方面：

1）钢锭模内上升的钢液表面被空气中的氧氧化后形成各种氧化物结膜，浇铸中容易粘在钢锭表面或翻入内部造成钢锭表面和内部缺陷；

2）出钢浇铸过程中，由于接触空气，使钢液中气体含量明显增加，严重影响钢的内在质量。

为了保护钢水，使其在出钢浇铸过程中免受污染，通常采用有渣保护浇铸。有渣保护浇铸是用加入模内的各种固体或液体渣料，通过产生还原气氛、隔绝空气接触等方法来保护钢液面，它还兼有捕集钢液中浮起的非金属夹杂物的作用，保护渣浇铸分为固体渣保护浇铸（石墨渣保护浇铸）和液体渣保护浇铸。

（5）平炉炼钢过程中熔毕碳含量低于规定范围这种现象称为平炉炼钢的“软熔”。

（6）高炉冶炼出来的铁水，在未装入下一步精炼炉（如转炉或电炉）之前，用适当的方法对铁水进行预脱硫、预脱磷等，达到减轻下步工序的去硫、去磷任务的一种操作。目前，铁水预处理有广泛应用铁水预脱硫（铁水炉外脱硫技术）。

（7）镇静钢钢锭的线收缩，是沿镇静钢钢锭长度方向的收缩，线收缩是在凝固后的冷却过程中产生的，通常认为线收缩对产生冷裂纹起作用。

（8）立弯式连铸机是连铸机的一种，它的上部与立式连铸机相同，不同点是铸坯通过拉辊后，用顶弯装置使铸坯弯曲，然后在水平切线位置矫直，并沿水平方向出坯。立弯式连铸机其高度较立式连铸机降低约30%。

（9）DH法又称为提升脱气法，是20世纪50年代联邦德国研制的真空处理钢液的一种方法，基本原理是采用一根上吸管插入钢液中，然后将真空室抽成真空，钢液就上升到真空室中（其高度相当于1atm差值）进行脱气，然后再提升真空室或下降盛钢桶，依靠真空室和盛钢桶间的相对运动，使钢液从上升的高度降下来，返回盛钢桶。这样反复多次，促使钢液脱气。

（10）第二类硫化物夹杂可以画出初生晶粒的晶界，在晶相磨片下为排成链状的极细球状夹杂，或是在三个晶粒交界处形成的共晶式薄膜。第二类硫化物夹杂的分布特征为沿晶界分布或呈扇状分布，该夹杂存在于用少量铝脱氧的钢中。

二、解：本题计算碳开始激烈氧化的温度，即C和Si氧化的转化温度。在一炉钢冶炼的初期，Si、Mn首先迅速氧化，尤其是Si的氧化抑制了脱碳反应的进行，随熔池温度的升高，碳才开始激烈地氧化。

$$[Si] + 2[O] = (SiO_2) \qquad \Delta G_1 = -139300 + 53.55T \qquad (1)$$

$$[C] + [O] = \{CO\} \qquad \Delta G_2 = -4100 - 10.16T \qquad (2)$$

$$2\times(2) - (1)\ 2[C] + (SiO_2) = [Si] + 2\{CO\} \qquad \Delta G_3 = 131100 - 73.87T \qquad (3)$$

反应（3）

$$J_P = p_{CO}^2 a_{[Si]}/(a_{(SiO_2)} a_{[C]}^2) = p_{CO}^2[\%Si]f_{[Si]}/(a_{(SiO_2)}[\%C]^2 f_{[C]^2})$$

而：$\lg f_{[Si]} = e_{Si}^{Si}[\%Si] + e_{Si}^{C}[\%C] + e_{Si}^{P}[\%P] + e_{Si}^{S}[\%S]$

$= 0.03\times111 + 0.205\times4.2 + 0.085\times0.2 + 0.057\times0.01 = 0.9167$，$f_{[Si]} = 8.254$

$\lg f_{[C]} = e_{C}^{Si}[\%Si] + e_{C}^{C}[\%C] + e_{C}^{P}[\%P] + e_{C}^{S}[\%S]$

$= 0.088\times1.1 + 0.22\times2 + 0.0477\times0.2 + 0.09\times0.01 = 1.0311$，$f_{[C]} = 10.74$

因为 $a_{(SiO_2)} = \gamma_{SiO_2} x_{SiO_2}$，而

$x_{SiO_2} = n_{SiO_2}/(n_{SiO_2} + n_{CaO} + n_{FeO} + n_{MgO} + n_{P_2O_5})$

$= (30/60)/(30/60 + 43.8/56 + 23.63/72 + 2.13/40 + 0.44/142) = 0.300$

所以 $a_{(SiO_2)} = 10^{-1.5}\times0.300 = 0.009$

因为 $p_{CO} = 1atm$，所以

$$J_P = (1^2\times8.254\times1.1)/(4.2^2\times10.74^2\times0.009) = 0.4958$$

反应（3）的自由能由等温方程式为：$\Delta G = \Delta G^{\ominus} + RT\ln J_P = 131100 - 83.87T + RT\ln0.4958$，反应（3）达到平衡时的温度，即为C与Si氧化的转变温度。

令 $\Delta G = 0$，$T = 131100/(83.87 + 4.575\lg 0.4958) = 1537.8(\text{K})$

四、答：图 2(a) 是正确的，图 2(b) 是错误的。

喷孔进口处的形状应保证氧气平滑地输入，以减少产生流股脱壁现象的可能性，喷孔进口处亚声速段的合理形状应该是圆角的，尖锐的边缘会造成流股脱壁的现象，况且流股脱离喷孔内壁的情况要比流股在喷孔内膨胀不够的现象具有更大的危险性。

氧气顶吹转炉设计多孔喷头时，主要考虑：出口马赫数 M、喉口直径 d、氧枪轴线与喷孔轴线夹角 α(小孔夹角)、小孔中心同喷头轴心距离（小孔间距 L)。

五、答：镇静钢钢锭和沸腾钢钢锭的结构见图 1 和图 2，镇静钢钢锭的偏析见图 3。

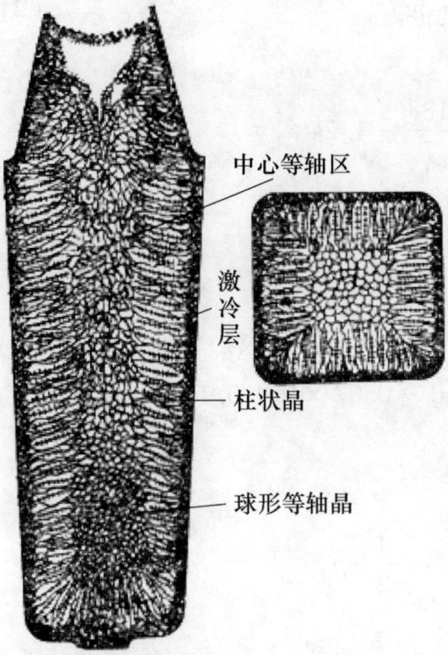

图 1　镇静钢钢锭结构

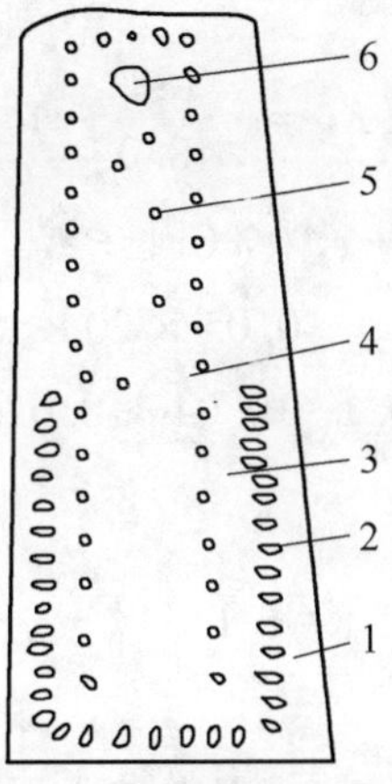

图 2　典型的沸腾钢钢锭结构示意图

1—坚壳带；2—蜂窝气泡带；3—中间坚固带；4—二次气泡带；5—中心气泡带；6—头部大气泡

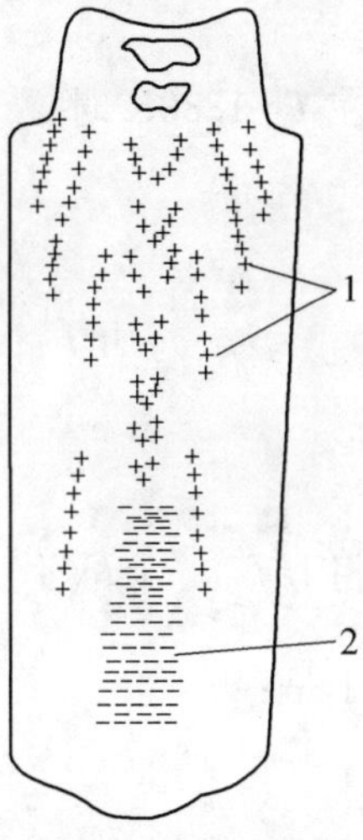

图 3　镇静钢钢锭中的宏观偏析

1—正偏析；2—负偏析

2. 1981 年北京钢铁学院炼钢学试题选解

一、解：通常有 N_2、H_2、O_2 溶解于钢液中，这些气体在钢中的溶解服从平方根定律（氧的溶解服从平方根定律仅适用于氧分压在 10^{-8}atm 大气压以下的情况)，下面以氮在钢液中的溶解为例，写出其在钢液中的溶解度公式：

$$\frac{1}{2}N_2(g) = [N]_{1\%} \qquad \Delta G^{\ominus} = 860 + 5.71T$$

$$K_N = \frac{[\%N]f_{[N]}}{p_{N_2}^{1/2}}$$

$$[\%N] = K_N\frac{p_{N_2}^{1/2}}{f_{[N]}} \tag{1}$$

现计算 p_{N_2} 为 0.1atm 和 1atm 下钢液中氮的溶解度，由式（1）：

$$\lg[\%N] = \lg K_N + 1/2\lg p_{N_2} - \lg f_{[N]} \tag{2}$$

又因为：$\Delta G^{\ominus} = -RT\ln K_N = 860+5.71T$，所以

$$\lg K_N = -\frac{860}{2.303RT} - \frac{5.71}{2.303R} = -\frac{188}{T} - 1.248$$

在 $T=1880$K 时：

$$\lg K_N = -\frac{188}{1880} - 1.248 = -1.348$$

$$\begin{aligned}\lg f_{[N]} &= e_N^N[\%N] + e_N^{Cr}[\%Cr] + e_N^{Ni}[\%Ni] + e_N^{Mn}[\%Mn] + e_N^C[\%C]\\ &= 0\times[\%N] - 0.05\times 20 + 0.01\times 10 - 0.02\times 2 + 0.13\times 0.2\\ &= 0 - 1 + 0.1 - 0.04 + 0.026 = -0.914\end{aligned}$$

将 $\lg f_{[N]}$、$\lg K_N$ 代入式（2）：

于是：
$$\lg[\%N] = -1.348 - (-0.914) + \frac{1}{2}\lg p_{N_2}$$

$$= -0.434 + \frac{1}{2}\lg p_{N_2}$$

当 $p_{N_2} = 0.1$atm 时，$\lg[\%N]_1 = -0.434 + \frac{1}{2}\lg 0.1 = -0.934$，因此，$[\%N]_1 = 0.116$。

当 $p_{N_2} = 1$atm 时，$\lg[\%N]_2 = -0.434 + \frac{1}{2}\lg 1 = -0.434$，因此，$[\%N]_2 = 0.368$。

六、**解**：取 100kg 金属料做磷的衡算，由 100kg 炉料带来的磷量为：100×0.31%＝0.31kg。炉料带来的磷，一部分进入金属中，$W_{金}[\%P]$；另一部分进入炉渣中，其量为 $L_P W_{渣}[\%P]$，$L_P = \frac{(\%P)}{[\%P]}$，而渣量 $W_{渣} = 15\% W_{金}$，列平衡方程：

$$0.31 = (W_{金} + 15\% W_{金} L_P)[\%P]$$

$$0.31 = (100 + 0.15\times 100\times 80)[\%P]$$

$$[\%P] = 0.0238$$

3. 1981 年东北工学院炼钢学试题选解

一、解:

（1）由　$[C]+[O]=CO$　　$K_C=\frac{p_{CO}}{a_{[C]}a_{[O]}}=\frac{p_{CO}}{[\%C]f_{[C]}[\%O]f_{[O]}}$

得　　$\Delta G^{\ominus}=-3800-10.26T$

在 $T=1923K(1650℃)$ 时，由 $\Delta G^{\ominus}=-RT\ln K_C=-3800-10.26T$ 得

$$\lg K_C=\frac{3800}{2.303RT}+\frac{10.26}{2.303R}=\frac{3800}{4.575\times1923}+\frac{10.26}{4.575}=2.6745$$

所以　　$K_C=472.6$

（2）由（1）中的平衡常数表达式得到

$$[\%O]=\frac{p_{CO}}{K_c f_{[C]}f_{[O]}[\%C]}$$

由题设条件 $f_{[C]}=1.0$，$f_{[O]}=1.0$，$p_{CO}=1atm$，将 $[\%C]=0.1$，代入上式

得　　$[\%O]=\frac{1}{472.6\times0.1}=0.021$

（3）LD 转炉终点钢水中碳氧反应接近平衡，因在一定温度和 CO 分压下，实际转炉内 [%O] 与 [%C] 的关系并不正好满足于理论的碳氧曲线上 [%O] 与 [%C] 的对应关系，文献给出实际碳氧量与平衡曲线上碳氧含量的偏离，可见终点钢水中碳氧反应只是接近平衡，而尚未达到平衡。

三、解:

（1）取 1000kg 来计算所需加入的石灰量，渣量 = 15%×1000 = 150kg，渣中 CaO 含量 = 150×40% = 60kg，渣中 SiO_2 含量 = 150×20% = 30kg，原碱度 $R=CaO\%/SiO_2\%=40\%/20\%=2$。石灰加入量由下式子给出:

$$石灰加入量=\frac{K(R\cdot M_{SiO_2}-M_{CaO})}{(\%CaO)_{石灰}-R(\%SiO_2)_{石灰}}$$

式中　K——考虑随炉气带走的石灰粉和石灰在炉渣中不完全溶解的损失系数，通常取值 1.1~1.5；

M_{SiO_2}——除石灰外由铁水、废钢、铁矿石及助熔剂等带入炉渣中的 SiO_2 的量，kg/t；

M_{CaO}——由炉衬带入的 CaO 量；

$(\%CaO)_{石灰}-R(\%SiO_2)_{石灰}$——石灰中有效的 CaO 含量，%。

选取 $K=1.1$，将题中数据代入:

$$加入量=1.1(3.0\times30-0)=1.1\times90=99(kg)$$

（2）将（1）中加入 CaO，改为加石灰，则：

$$石灰加入量=\frac{1.1\times3.0\times30-0}{80\%-3.0\times3\%}=\frac{1.1\times90}{0.8-0.09}=139.43(kg)$$

4. 1981 年重庆大学炼钢学试题选解

三、答：

（1）钢液凝固冷却过程中发生体积变化，产生体积收缩，又称为凝固收缩，体积收缩对产生热裂纹的影响较大，即认为体积收缩对内裂纹影响较大。

钢液在凝固后的冷却过程中的线收缩，又称为固态收缩，线收缩对产生冷裂纹起作用，即认为线收缩对产生表面裂纹影响较大，参见文献［5］44~48 面的内容。

四、答：轴心晶间裂纹在钢坯横向酸蚀面的轴心部位出现，特点是沿轴心处各粗大树枝状晶的晶界上分布，在个别情况下，也可见到如蜘蛛网一样分布的轴心晶间裂纹。

轴心晶间裂纹的产生原因是低碳钢在凝固时两相区狭窄，结晶速度快，锭心最后凝固前钢液补充不足，晶间形成显微裂纹，继续冷却时，在钢锭内应力作用下，裂纹扩大，形成放射状或蜘蛛网状，因此冷却时产生内应力大。马氏体钢种 $18Cr_2Ni_4WA$、18CrNiWA、$20Cr_2Ni_4A$、$2Cr_{13}$、$Cr_{17}Ni_2$ 易出现轴心晶间裂纹。钢锭的高宽比越大、锥度越小，钢材的锻压比越小，就越容易出现轴心晶间裂纹。

防止轴心晶间裂纹的办法：

（1）高温脱模缓冷或红送退火，这样可以延缓锭心冷却速度和锭心结晶时两相共存时间，以减少显微裂纹，以及减少钢锭随后冷却时的内应力，提高红送温度更为明显。

（2）加大锻压比。典型的晶间裂纹中没有夹杂物，因此加大锻压比之后可能焊合。

（3）提高钢的质量。减少钢中气体和夹杂物，加强脱氧，细化钢的晶粒，在冶炼对气体较为敏感的高铬钢和铬镍钢种时，尤应注意。

（4）浇注时注意填充，对易产生轴心晶间裂纹的钢种最好不要采用帽口加热的办法。

本题可参考文献［3］中 255~263 面，文献［5］中 296~297 面；文献［4］中 189 面的内容。

五、解：令 $dC/dx=y$，则

$$\frac{d^2C}{dx^2}=\frac{dy}{dx}$$

由溶质流连续性方程：　$$\frac{d^2C}{dx^2}+\frac{f}{D}\frac{dC}{dx}=0$$

则：$dy/dx=-fy/D$，分离变量 $dy/y=-f/Ddx$。

积分：　$$\ln y=-\frac{f}{D}x+k'$$

$$y=k_1e^{-fx/D}$$

式中　k_1，k'——常数。

即：　$$dC/dx=k_1e^{-fx/D} \tag{1}$$

再积分：　$$C=-\frac{k_1d}{f}e^{-fx/D}+k_2 \tag{2}$$

式中　k_2——常数。

由边界条件（1）$x=0$，$[(C_L)_i-C_s]f+DdC/dx=0$ 得

$$dC/dx=-f/D[(C_L)_i-C_s] \tag{3}$$

比较（1）与（3），且将 $x=0$ 代入，则有：

$$k_1=-f[(C_L)_i-C_s]/D \tag{4}$$

对式（2）用边界条件（2）：$x=0$ 时，$C_L=(C_L)_i$ 得

$$(C_L)_i=-k_1D/f+k_2$$

将式（4）k_1 代入上式，得：　$k_2=C_s$

则式（2）变为：　$$C=[(C_L)_i-C_s]e^{-fx/D}+C_s \tag{5}$$

再用边界条件（2）：$x\geqslant\delta$ 时，$C_L=(C_L)_B$，由式（5）得

$$(C_L)_B=[(C_L)_i-C_s]e^{-f\delta/D}+C_s$$

对上式两边除以 $(C_L)_B$，并做调整：

$$1=C_s/(C_L)_B+[(C_L)_i-C_s]e^{-f\delta/D}/(C_L)_B$$

由 $C_s/(C_L)_B=K_E$ 得

$$K_E=1-[(C_L)_i-C_s]e^{-f\delta/D}/(C_L)_B=1-\{[1-(C_L)_i/C_s](C_L)_ie^{-fx/D}\}/(C_L)_B$$

因为 $C_s/(C_L)_i=K_0$，则

$$(C_L)_B/(C_L)_i=K_0/K_E$$

$$K_E=1-(1-K_0)K_Ee^{-f\delta/D}/K_0$$

整理得：　$$K_0=K_0/K_E-(1-K_0)e^{-f\delta/D}$$

$$K_0/K_E=K_0+(1-K_0)e^{-f\delta/D}$$

$$K_E=K_0/[K_0+(1-K_0)e^{-f\delta/D}]$$

证毕。

六、答：首先，在操作上，说明炼钢电弧炉的节能措施：

（1）尽量缩短熔化期。熔化期约占整个电弧炉冶炼时间的一半，占整个冶炼电耗的60%~70%，缩短电弧炉熔化期，节电意义重大。

1）从提高变压器输入功率，合理配电入手，改变变压器绝缘级别，实行强制冷却。此外，缩短电抗器的投入时间，合理地降低电抗值（电抗值不能太大也不能太小）。

2）炉外预热废钢，用废气的余热或用燃料对电炉炉料进行预热，可以缩短熔化时间，降低电耗，此外还可以起到消除炉料中的水分，油污，减少钢中气体的作用。

3）熔化期向炉内吹氧，充分利用炉内氧化反应热，可以加速炉料熔化，缩短熔化时间，降低电耗。

4）采用燃料——氧气助熔，即在熔化期内向炉内引入燃料和氧气进行燃烧，作为第二热源，以节约电能，加速炉料熔化，从生产实践已经证明这一措施可行。

5）在电弧炉熔化期也可采用在炉壁上加辅助烧嘴助熔，国内外的实践证明该法已有较显著的节电效率。

（2）在氧化期采用吹氧氧化法代替矿石氧化法，不但不使熔池温度降低，反而使熔池温度升高，同时可缩短冶炼时间。

（3）还原期采用综合脱氧代替通常的扩散脱氧，充分利用出钢过程的钢渣混冲来脱硫，降低电耗。

从设备上，可采取如下节电措施：

（1）对于设有多台小电炉炼钢的车间，从节电角度改造成一台或几台大电炉是理想的节电措施。

（2）减少石墨电极的接触电阻损耗。

（3）将“增强相”移到1号电极上，力求功率平衡，提高炉衬寿命，减少炉衬修理费，降低电能损失。

（4）确定合理的用电规范，在保证电炉现行工艺及不降低钢质量和炉衬寿命的条件下，获得最低的电能消耗和最短的熔炼时间。

（5）减少短网附近钢质构件中的能量损失。

5. 1982年北京钢铁学院炼钢学试题选解

二、答：

（1）元素脱氧能力的定义：在一定温度下，与一定浓度的脱氧元素M相平衡的金属中的氧含量高低，称为元素脱氧能力。平衡含氧量高，则称该元素M脱氧能力弱，反之，平衡含氧量低，则称该元素M脱氧能力强。

用脱氧常数$K=[M\%]^x[\%O]^y$来表示该元素的脱氧能力（对应的脱氧反应$x[M]+y[O]=(M_xO_y)$）。元素的脱氧常数K越小，该元素的脱氧能力越大，脱氧后钢液的含氧量越低。

（2）由于脱氧反应都为放热反应，脱氧反应的平衡常数（与脱氧常数互为倒数）随温度的降低而增大，即温度降低，元素脱氧能力增强，因此从脱氧剂加入到钢水中起，脱氧反应一直在进行着，使［O］不断地降低，可见，从出钢到凝固过程元素的脱氧能力是增大的。在出钢或浇注过程中，随着温度降低，脱氧反应平衡发生移动，使脱氧反应得以进行，生成脱氧产物。

（3）镇静钢需要完全脱氧或称强脱氧，它需用脱氧能力较强的脱氧剂，如 Fe-Si 和 Al 进行脱氧、Si-Mn 复合脱氧或在出钢过程中插铝脱氧。

沸腾钢，它是不完全脱氧钢，主要使用脱氧能力弱的 Mn 作脱氧剂，原因在于脱氧后的钢液进入模子后，须有强烈的模内沸腾，脱氧不完全，则让在模内发生［C］与［O］生成 CO 气泡的反应。

五、解：

$$Mn(l) + 1/2O_2(g) \Longrightarrow MnO(s) \qquad \Delta G_1^\ominus = -95400 + 19.21T \qquad (1)$$

$$1/2O_2(g) \Longrightarrow [O]_{1\%} \qquad \Delta G_2^\ominus = -28000 - 0.69T \qquad (2)$$

$$MnO(l) \Longrightarrow MnO(s) \qquad \Delta G_3^\ominus = -10700 + 5.21T \qquad (3)$$

式（1）-式（2）-式（3）有：

$$Mn(l) + [O]_{1\%} \Longrightarrow MnO(s) \qquad \Delta G_4^\ominus = -56700 + 14.69/T \qquad (4)$$

又已知 $\lg[O]_{max} = -6320/T + 2.734$，当 $T = 1600 + 273 = 1873(K)$ 时：

$$\lg[O]_{max} = -6320/1873 + 2.734 = -0.6403$$

$$[O]_{max} = 0.23$$

$$[\%O] = [O]_{max} a_{FeO} = 0.23 \times 0.4 = 0.092$$

当反应（4）在 1600℃ 下达到平衡时，该反应的自由能变化 $\Delta G^\ominus = 0$，即：

$$\Delta G = \Delta G^\ominus + RT\ln J_P = -56700 + 14.69T + RT\ln J_P = 0$$

而反应（4）的

$$J_P = \frac{a_{MnO(s)}}{a_{[Mn]}\, a_{[O]}} = \frac{(\%MnO)\,\gamma_{MnO}}{[\%Mn]\,\gamma_{Mn}[\%O]\,f_{[O]}}$$

又已知：$\gamma_{MnO} = 1.6$，$\gamma_{Mn} = 1$，$(\%MnO) = 5$；气体氧溶于铁液中，形成稀溶液，取 $f_{[O]} \approx 1$，则：

$$\lg J_P = -\Delta G/(2.303RT) = 56700/(4.575 \times 1873) - 14.69/4.575 = 3.4059$$

$$J_P = 2546.234$$

即：

$$5 \times 1.6/([\%Mn] \times 1 \times 1 \times 0.092) = 2546.234$$

$$[\%Mn] = 8.0/(0.092 \times 2546.234) = 0.03415$$

即钢中残存 M 量为 0.03415%。

六、解：先求分配系数：$L_P = (\%P)/[\%P]$。已知 $\lg L_P = \lg(\%P)/[\%P] = 22350/T - 16.0 + 0.08(\%CaO) + 2.5\lg(\%\sum Fe)$，将 $T = 1677 + 237 = 1950(K)$，$\%CaO = 41.5$，$\%(\sum Fe) = 56/72$，$\%(\sum FeO) = 56/72 \times 12.87 = 10.01$，代入，得：

$$\lg(\%P)/[\%P] = 22350/1950 - 16.0 + 0.0841.5 + 2.5lg10.01 = 1.2815$$

$$(\%P)/[\%P] = 19.1205$$

原来代入的磷量：　$32\times10^3\times0.075\% = 24(kg)$

设终点时渣量为 $W_{渣}(kg)$，由磷平衡：

$$\sum P = 24kg = (W_{出钢量} + L_P W_{渣})[\%P]_{出钢}$$

$$24 = (29\times10^3 + 19.1205\times W_{渣})\times 0.025\%$$

得：　$W_{渣} = (24\times100/0.025 - 29\times10^3)/19.1205 = 3504.09(kg)$

大约3.5t。

6. 1982年东北工学院炼钢学试题选解

一、解：由焦姆金完全离子溶液模型：$x_{i^+} = n_{i^+}/\sum n_{i^+}$，$x_{j^-} = n_{j^-}/\sum n_{j^-}$，$a_{ij} = a_{i^+}a_{j^-} = x_{i^+}x_{j^-}$，设熔渣完全离子化，生成 Ca^{2+}、Mg^{2+}、Fe^{2+}、SiO_4^{4-}、AlO_3^{3-}、$Fe_2O_5^{4-}$ 和 O^{2-}。先求氧化物的摩尔系数：$n_{CaO} = (\%CaO)/M_{CaO} = 48/56 = 0.857$。类似求出：$n_{SiO_2} = 24/60 = 0.4$，$n_{MgO} = 0.25$，$n_{Al_2O_3} = 0.0294$，$n_{FeO} = 0.166$，$n_{Fe_2O_3} = 0.018$。

$$x_{Fe^{2+}} = n_{Fe^{2+}}\Big/\sum n^+ = n_{Fe^{2+}}/(n_{Ca^{2+}} + n_{Mg^{2+}} + n_{Fe^{2+}})$$

$$x_{O^{2-}} = n_{O^{2-}}\Big/\sum n^- = n_{O^{2-}}/(n_{SiO_4^{4-}} + n_{AlO_3^{3-}} + n_{Fe_2O_5^{4-}} + n_{O^{2-}})$$

上式中：$n_{Ca^{2+}} = n_{CaO}$，$n_{Mg^{2+}} = n_{MgO}$，$n_{Fe^{2+}} = n_{FeO}$，$n_{SiO_4^{4-}} = n_{SiO_2}$，$n_{AlO_3^{3-}} = 2n_{Al_2O_3}$，$n_{Fe_2O_5^{4-}} = n_{Fe_2O_3}$，$n_{O^{2-}} = n_{Ca^{2+}} + n_{Mg^{2+}} + n_{Fe^{2+}} - 2n_{SiO_2} - 3n_{Al_2O_3} - 2n_{Fe_2O_3}$，得：

$$\sum n^+ = n_{CaO} + n_{MgO} + n_{FeO} = 0.857 + 0.25 + 0.166 = 1.273$$

$$n_{O^{2-}} = \sum n^+ - 2n_{SiO_2} - 3n_{Al_2O_3} - 2n_{Fe_2O_3}$$

$$= 1.273 - 2\times0.4 - 3\times0.0294 - 2\times0.018 = 0.3488$$

$$x_{Fe^{2+}} = n_{Fe^{2+}}/\sum n^+ = n_{FeO}/\sum n^+ = 0.166/1.273 = 0.1304$$

$$x_{O^{2-}} = n_{O^{2-}}/\sum n^- = n_{O^{2-}}/(n_{O^{2-}} + n_{SiO_4^{4-}} + n_{Fe_2O_5^{4-}} + n_{AlO_3^{3-}})$$

$$= n_{O^{2-}}/(n_{SiO_2} + 2n_{Al_2O_3} + n_{Fe_2O_3} + n_{O^{2-}}) = 0.3488/(0.4 + 0.018 + 2\times0.0294 + 0.3488)$$

$$= 0.4224$$

$$a_{FeO} = x_{Fe^{2+}}x_{O^{2-}} = 0.1304\times0.4224 = 0.0550$$

三、解：原来的含磷量 $= 50\times10^3\times0.07\% = 35(kg)$，又已知分配系数 $L_P = (\%P)/[\%P] = 20$。第一次造渣2t，造渣后钢中含磷量从0.07%降低到 $[P\%]_1$，由题设造渣后，钢

水量无变化仍为50t，由磷平衡方程：$35=(50\times10^3+L_P\times2\times10^3)[P\%]_1$ 得：

$$[P\%]_1 = 35/(50\times10^3+20\times2\times10^3) = 3.888\times10^{-4}$$

即：$[P\%]_1=0.03888\%$。此时，造渣后钢水总含磷量为：$50\times10^3\times0.03888\%=19.44(kg)$。

第二次造渣后，钢水量仍为50t，而钢水中磷含量从0.03888%降低到 $[P\%]_2$，由磷平衡方程：$19.44=(50\times10^3+L_P\times2\times10^3)[P\%]_2$ 得：

$$[P\%]_2 = 19.44/(50\times10^3+20\times2\times10^3) = 2.16\times10^{-4}$$

即：$[P\%]_2=0.0216\%$。第二次脱磷后，钢水中残存的含磷量为：$50\times10^3\times10^{-4}\times2.16=10.8(kg)$。

两次造渣的总脱磷量（用质量分数表示）：

去除磷量／原来钢水中含磷量 × 100% = (35.0 − 10.8)/35.0 × 100% = 69.14%

四、答：

（1）过冷：某种物质从液体状态冷却至正常凝固点不结晶析出，而在凝固点下某一温度析出晶体的现象称为过冷。过冷度：熔点温度 T_f 与实际凝固温度 T 之差，表示为：$\Delta T=T_f-T$。

（2）树枝晶和等轴晶：钢结晶时，晶核的长大有一定的方向性，其中传出结晶潜热最快的方向就是晶核长大的最快方向，生长过程中形成枝丫（一次轴、二次轴、三次轴、四次轴等），最后形成像树枝状的晶体称为树枝晶；而各方向的一次轴得到较均匀的发展的树枝状晶称为等轴晶。只有某一方向的一次轴得到突出发展的树枝晶相应称为柱状晶。

（3）倒V型偏析：大钢锭凝固后，在纵向低倍上，带有倒V型偏析，它从柱状晶区扩展到等轴晶区，在钢锭纵剖面上，呈“胡须”状，倒V型偏析的偏析元素主要是硫和磷。

7. 1982年重庆大学炼钢学试题选解

一、解：

$$4/3[V] + O_2 = 2/3V_2O_3(s) \qquad \Delta G_1^\ominus = -186400 + 50.53T \tag{1}$$

$$2[C] + O_2 = 2CO(g) \qquad \Delta G_2^\ominus = -64200 - 21.70T \tag{2}$$

式（2）-式（1）：

$$2[C] + 2/3V_2O_3(s) = 2CO(g) + 4/3[V] \qquad \Delta G_3^\ominus = 122200 - 72.73T \tag{3}$$

先求反应（3）达到平衡时的温度，由等温方程式：

$$\Delta G_3 = \Delta G_3^\ominus + RT\ln J_P$$

$$J_P = \frac{a_V^{4/3}\cdot p_{CO}^2}{a_{[C]}^2 a_{V_2O_3}^{2/3}} = \frac{[\%V]^{4/3} f[V]^{4/3} p_{CO}^2}{[\%C]^2 f_{[C]}^2 x_{V_2O_3}^{2/3}\gamma_{V_2O_3}^{2/3}}$$

代入数据得：
$$J_P = \frac{(0.4)^{4/3}(0.641)^{4/3} \times 1^2}{[4^2 \times (4.21)^2 \times 0.0041^{2/3} \times (10)]} = 10.408$$

$$\Delta G_3 = 122200 - 72.73T + 4.575T\lg 10.408$$
$$=122200 - 68.075T$$

令 $\Delta G_3 = 0$，得 $T = 1795.07\text{K}$。

为了提钒，须使反应（3）向右移动，因而温度控制必须在1795K以上。

二、答：对脱氧反应 $x[\text{M}] + y[\text{O}] = (\text{M}_x\text{O}_y)$，用脱氧常数 $K = [\%\text{M}]^x[\%\text{O}]^y$ 来判断该元素的脱氧能力。

元素的脱氧常数越小，则该元素的脱氧能力越大，脱氧后钢液的含氧量越低。

沉淀脱氧的优点：脱氧反应在钢液中进行，速度快，操作简单；其缺点是：脱氧产物可能残留在钢液中，成为非金属夹杂物而影响钢的质量，即有可能脱氧产物形成对钢液的污染。

扩散脱氧的优点：不在钢液内生成脱氧产物，故钢液较为清洁，即不构成对钢液的污染。其缺点是：扩散脱氧速度慢，时间长，延长冶炼时间，导致生产率下降。

真空脱氧：包括真空下的碳脱氧和真空下的金属元素脱氧，通常主要指真空下碳脱氧，其特点：（1）脱氧产物为CO气体，而不是 Al_2O_3 和 SiO_2 之类的非金属夹杂，不会造成对钢液的污染；（2）CO气泡本身有去除气体和黏附夹杂的作用；（3）CO气泡的上浮逸出，对钢液产生强烈的搅拌作用；（4）真空下碳的脱氧能力得到了显著提高，可以将钢中氧降低到很低的水平。

对真空下金属元素的脱氧，在真空下，由于元素和其氧化物的蒸发程度与常压下不同。因而真空下元素的脱氧能力与常压下的脱氧能力是有差别的，况且金属元素不同，规律不尽相同，可参阅文献［1］243~244面的内容。

本题计算部分：由题设，为使脱氧产物成液态，选取Mn/Si = 4.2 即：［%Mn］= 4.2［%Si］，用硅及锰复合脱氧剂脱去的氧浓度为：0.05%−0.012% = 0.038%。

由反应：

$$[\text{Mn}] + [\text{O}] = (\text{MnO})$$
$$[\text{Si}] + 2[\text{O}] = (\text{SiO}_2)$$

得脱氧方程：
$$\frac{32}{28}[\%\text{Si}] + \frac{16}{55}[\%\text{Mn}] = 0.038$$

$$1.14\%[\%\text{Si}] + 0.29[\%\text{Mn}] = 0.038$$

$$1.14\%[\%\text{Si}] + 0.29 \times 4.2[\%\text{Si}] = 0.038$$

解出：$[\%\text{Si}] = 0.016$，从而 $[\%\text{Mn}] = 4.2 \times 0.016 = 0.067$。

由题给数据，与0.012%氧成平衡的硅为0.12%，锰为0.60%，则复合脱氧时应加入：

$$[\%\text{Si}] = 0.016 + 0.12 = 0.136$$
$$[\%\text{Mn}] = 0.067 + 0.60 = 0.667$$

相应每吨钢应加入的硅铁：0.136%×1000×1/0.5 = 2.7(kg)；锰铁：0.667%×1000×1/0.75 =

9.0(kg)。

三、答：溶解在钢中的氢和氮是以原子状态存在的。

1600℃下钢中溶解氢和氮的质量分数为：

$$[\%N] = K_N\sqrt{p_{N_2}} = 4.5 \times 10^{-2}\sqrt{10^{-3}} = 1.42 \times 10^{-3}$$

$$[\%H] = K_H\sqrt{p_{H_2}} = 2.7 \times 10^{-3}\sqrt{10^{-3}} = 0.85 \times 10^{-4}$$

五、答：电渣重熔技术自从诞生以来，由于所生产的钢或合金具有纯洁度高、组织致密、成分均匀、表面质量优良等一系列优点，使其得到了较快的发展，与其他冶金方法相比，电渣重熔过程具有如下特点：

(1) 净化作用。电渣重熔技术是一种精炼与铸锭过程同在一个模子中进行的精炼技术，不与炉衬和耐火材料接触，同时始终有炉渣保护，避免了液态金属同大气接触，因而避免了普通炼钢方法所存在的钢水被耐火材料玷污和一般钢锭浇注产生的二次氧化问题(即从外部杜绝了外来夹杂物的来源)。

(2) 渣洗作用。电渣重熔过程中，渣池温度达1700~1800℃，钢或合金的熔点为1400~1500℃，在重熔过程中，熔渣过热400~500℃，液态金属过热300℃左右，钢液和炉渣的过热保证了冶金反应的动力学条件，使冶金反应能够强烈地进行。再则，电渣重熔过程，钢-渣接触面积大，估算达342~456m^2/t，而10~80t电弧炉钢渣接触面积仅0.3~0.7m^2/t，钢-渣这么充分的接触条件，使冶金反应充分进行，从而促使非金属夹杂物的去除和脱硫，即从内部创造了去除夹杂物的良好条件，这也是电渣重熔能够提高钢质量的重要原因之一。

(3) 强制冷却作用。在电渣重熔过程中，结晶器和底水箱通入循环的冷却水，冷却强度很大，致使重熔钢液在水冷结晶器受到强冷而快速结晶。由于铸锭结晶速度快，使液相和固相中元素的扩散受到限制，从而减少了铸锭中化学成分的偏析和夹杂物的偏析聚结，一般来说，钢经过重熔后化学成分比较均匀，电渣钢中的夹杂物呈细小且均匀分布，可消除呈链状分布的夹杂物，这是与电渣重熔快速冷却的冶金特点分不开的。

(4) 帽口加热及金属熔池的补缩作用。电渣重熔中的渣池具有保温帽类似的作用，铸锭上端具有液态金属熔池和发热的渣池存在既保温又使冷却过程中产生体积收缩。由于液态金属的补充，从而减少了铸锭中常见的缩孔，消除了钢锭的中心疏松，提高了钢锭的致密度。

(5) 渣皮的保护作用。在凝固过程中，在钢锭表面与结晶器内部形成一层厚薄均匀的渣皮，使钢锭表面成型良好，故电渣锭完全不存在翻皮、结疤、皮下气泡、夹渣等表面缺陷，电渣锭可不经扒皮，直接送去加工，同时渣皮的形成促使电渣锭的定向结晶。

此外，电渣重熔技术设备简单、操作方便、易于控制，因而应用十分广泛。

电渣重熔法与真空电弧重熔法的比较见表 1。[27]

表 1　电渣重熔法与真空电弧重熔法的指标比较

比较指标	真空电弧重熔	电渣重熔
去氧：普通钢 沸腾钢	降低 降低	降低少些 同样降低
去氮：溶解氮 氮化物	降低 实际不变	与真空电弧重熔同样降低 实际不变
去氢：普通钢 沸腾钢	降低 降低	可降低，但少些 同样降低
脱硫	不可能	取决于渣：用 CaO 渣可大量去除，对易切削钢可保持不变
其他	铝，钛收得率高	用含 BaO 渣可去磷
非金属夹杂物	能去氧化物，硫化物不变	氧化物，硫化物均可去除
化学成分均匀性	因元素真空挥发不均匀	比真空电弧重熔更均匀
异向性	降低	同样降低
热加工性	高	比真空电弧重熔更好
铸锭表面	需要扒皮加工	不需加工
合格率	55%~65%	95%~100%
压力加工成材率	70%~80%	80%~92%
设备特性	需要直流电，真空系统运转可靠性差	设备简单，运转可靠
生产率	低（只能生产圆锭）	高（可生产偏锭，空心锭）
生产费用	比电渣高 2~4 倍	低廉

8. 1982 年鞍山钢铁学院炼钢原理试题选解

一、答：

（1）表面更新传质理论是气-液相反应动力学理论（见图 1），其要点如下：

1）流体是微元体接触，然而各个微元体在相界面上的停留时间 t_e，即寿命不尽相同，并认为服从于一概率分布。

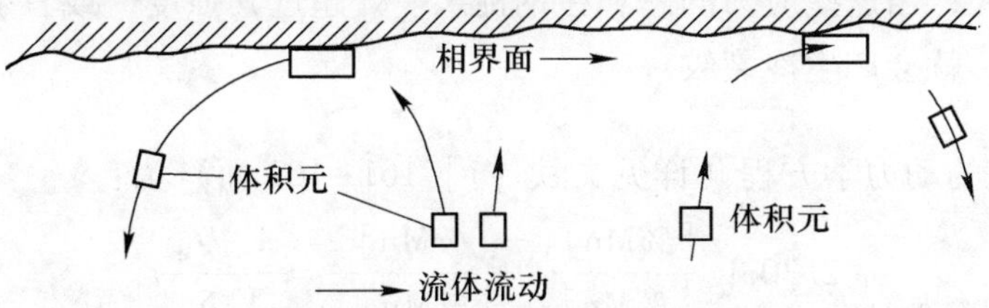

图 1　表面更新传质模型图

2）用概率分布的数学处理方法得到一个平均寿命$\bar{t}_e$代替了渗透理论中的不变微元体在相界面的停留时间t_e。

3）从相界面到微元体内部属于半无限大体不稳定态分子扩散，因此认为表面更新理论的瞬时质流式与渗透论相同，平均质流式与渗透论不同。

从表面更新理论导出的传质系数表达式为：

$$K_M = \sqrt{SD}$$

式中　S——表面更新率，为$1/t_e$，s^{-1}；

D——扩散系数，cm^2/s。

表面更新传质理论符合当代冶金的强化过程，比如，在顶吹转炉炼钢中，向转炉内吹O_2，氧气气流与熔池内金属液的气-液相反应即如此。

（2）选择氧化的理论根据是元素氧化反应的自由能变化与温度的关系ΔG-T，通过控制反应温度，实现对某些元素（或某个元素）氧化，而对另一些元素（或另一个元素）不氧化。比如，在顶吹转炉炼钢中，存在着碳与磷的选择性氧化问题，脱碳和脱磷同时进行，但碳与磷同时争夺氧，磷与碳的氧化反应为：

$$2[C] + O_2 = 2CO(g) \qquad 4/5[P] + O_2 = 2/5P_2O_5(l)$$

对于上面两个反应，可采用增加 CO 的分压p_{CO}，抑制脱碳反应，优先让磷氧化。

（3）TN 法是由德国蒂森公司开发的一种钢包冶金反应，即是向装有钢水的钢包里喷入含钙（如 Ca-Si、CaO 等）粉剂进行脱硫，达到改善夹杂物形态以及均匀成分和温度的目的。TN 法用于冶炼低硫钢，经 TN 法处理的钢，其综合力学性能有较大改善。

（4）铁水中 C、Si、P 等元素的含量高，有利于提高硫在铁水中的活度系数；铁水中有碳的存在而含氧量很少，有利于下列反应的进行：

$$FeS+MO+C \longrightarrow Fe+CO+M$$

式中 MO 代表起脱硫作用的金属氧化物如 CaO、MnO、MgO 等；没有强烈的氧化性气氛，有利于直接使用一些强的脱硫剂如CaC_2、金属镁等。

（5）冷裂纹（低温裂纹）一般是指钢锭在凝固后的激冷过程中，由于热应力和组织应力所造成的无定向裂纹。冷裂纹多发生在较低的温度下，因为低温进行的组织转变产物的体积变化较大，所引起的组织应力较小，我们知道，马氏体低温（200~400℃）转变的应力最大，因而马氏体钢（3Cr2W8V，3~4Cr13）有较大的冷裂倾向。

可见，组织应力和热应力是造成冷裂纹的主要原因，钢锭冷却速度越大，产生的组织应力和热应力越大，当这些应力的总和在钢锭某一处超过其强度，或者引起的变形超过其塑性变形限度时，就会产生冷裂纹。

二、解：Mn 氧化的动力学方程（详见文献［1］161~162 面）为：

$$2.303\lg\frac{[\%Mn]_0-[\%Mn]^*}{[\%Mn]_t-[\%Mn]^*}=\frac{A_m D_{Mn}}{V_m\delta_m}t$$

式中 D_{Mn}——Mn 的扩散系数，为 $10^{-4}cm^2/s$；

δ_m——有效边界层厚度，由题给为 0.003cm；

A_m——熔池面积，本题为 $1.2\times10^5cm^2$；

V_m——钢水体积，cm^3，本题中：

$$V_m=\frac{W_m}{\rho_m}=\frac{钢水质量}{钢水密度}=\frac{20\times10^3\times10^3}{7.0}=\frac{20\times10^6}{7}(cm^3);$$

$[\%Mn]_0-[\%Mn]^*$——氧化的锰的百分数，本题为 85%；

$[\%Mn]_t-[\%Mn]^*$——剩下的锰的百分数，本题为 15%。

将式子做整理，并将上面数据代入：

$$t=\frac{V_m\delta_m}{A_m D_{Mn}}2.303\lg\frac{[\%Mn]_0-[\%Mn]^*}{[\%Mn]_t-[\%Mn]^*}$$

$$=\frac{20\times10^6\times0.03}{7\times1.2\times10^5\times10^{-4}}\times2.303\lg\left(\frac{85}{15}\right)$$

$$=1239.22(s)=20.65(min)$$

五、解：由反应：

$$2(FeO)+[Si]=\!=\!=2Fe(l)+(SiO_2)\qquad \Delta G_1^\ominus=-80160+26.65T\qquad(1)$$

$$2(FeO)+2[C]=\!=\!=2Fe(l)+2CO\qquad \Delta G_2^\ominus=40140-39.40T\qquad(2)$$

式（2）-式（1）：

$$2[C]+(SiO_2)=\!=\!=2CO+[Si]\qquad \Delta G_3^\ominus=120300-66.05T\qquad(3)$$

求 C 和 Si 的活度系数：

$$\lg f_{[C]}=e_C^C[\%C]+e_C^{Si}[\%Si]+e_C^P[\%P]+e_C^S[\%S]$$

$$=0.220\times4.2+0.088\times1.1+0.047\times0.2+0.09\times0.01$$

$$=1.0311,\ f_{[C]}=10.74$$

$$\lg f_{[Si]}=e_{Si}^{Si}[\%Si]+e_{Si}^C[\%C]+e_{Si}^P[\%P]+e_{Si}^S[\%S]$$

$$=0.03\times1.1\times0.205\times4.2+0.085\times0.2+0.057\times0.01$$

$$=0.9167,\ f_{[Si]}=8.254$$

反应（3）平衡时的温度即为碳焰开始剧烈上升的温度，由等温方程式有，达到平衡时：

$$\Delta G_3=\Delta G_3^\ominus+RT\ln J_P=0$$

$$\Delta G_3=120300-66.05T+4.575T\lg\frac{p_{CO}^2 a_{[Si]}}{a_{(SiO_2)}a_{[C]}^2}=0$$

$$120300-66.05T+4.575T\lg\frac{1^2\times 8.254\times 1.1}{0.03\times 10.74^2\times 4.2^2}=0$$

$$T=\frac{120300}{66.05+10.753}=\frac{120300}{76.803}=1566.34(\mathrm{K})$$

9. 1982 年上海钢铁研究所炼钢学试题选解

一、解：以 100kg 铁水为例，渣量则为 10kg，铁水含碳：100×1%＝1(kg)。

由反应　　$[C]+1/2O_2 = CO$　　$\Delta H=-33.19\mathrm{kcal}$

1kg 碳氧化成 CO 放出的热量为：

$$\frac{33.19}{12\times 10^{-3}}=\frac{33.19\times 10^3}{12}=2765.8(\mathrm{kcal/kg})$$

在 $[C]+1/2O_2 = CO$ 反应中，12g 碳氧化，耗去 16g 氧，1kg 碳氧化用去：$16\times\frac{1000}{12}=$ 1333(g) 氧，即需要耗去 41.66mol 氧气。

碳氧化放出的热，用于铁水、炉渣、氧气的升温，由热平衡有：

$$\int_{1600}^{T}100\times 0.2\mathrm{d}T+\int_{1600}^{T}10\times 0.294\mathrm{d}T+\int_{298}^{T}0.0089\times 41.66\mathrm{d}T=2765.8$$

$$20(T-1600)+2.94(T-1600)+0.371(T-298)=2765.8$$

$$23.311T=2765.8+32000+4704+110.558$$

$$T=\frac{39580.358}{23.311}=1697.9(\mathrm{K})$$

与上面类似的方法可计算通入空气时，铁水温度升高至多少，留作读者自己去练习。

二、解：图 1 为边界层示意图，是流体流过平行于流向放置的平板情况，图 2 是边界附近流体中的速度和浓度分布曲线。

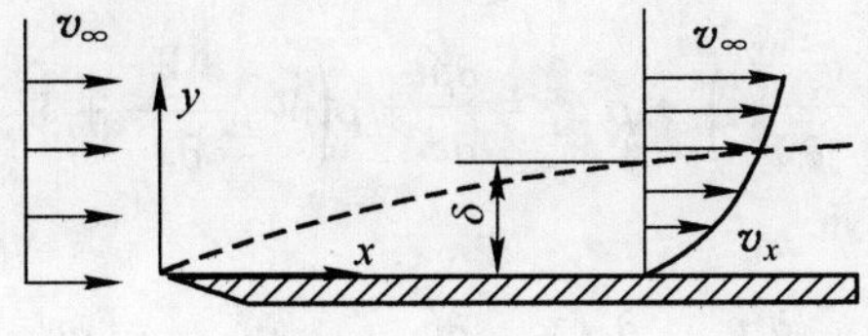

图 1　边界层

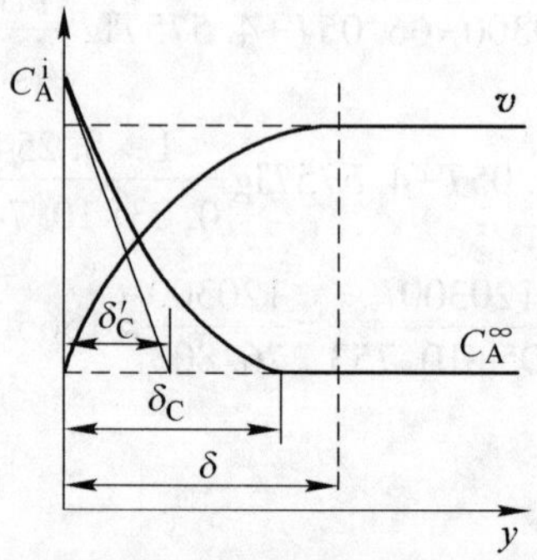

图 2　边界层中速度和浓度分布

当流体流动为层流时，边界层与雷诺数的关系为：

$$\delta/x = 4.64\Big/\sqrt{Re_x}$$

当流体流动为紊流时，边界层与雷诺数的关系为：

$$\delta/x = 0.376\Big/\sqrt[5]{Re_x}$$

式中　δ——边界层厚度；

x——平板前沿距边界层的距离；

Re_x——雷诺数。

施米特数对速度边界层与浓度边界层的影响，由下式给出：

$$\sqrt[3]{Sc} \approx \frac{\delta_v}{\delta_c}$$

式中　Sc——施米特数；

δ_v——速度边界层；

δ_c——浓度边界层。

当 $Sc>1$，$\delta_v>\delta_c$，在介质为熔渣时，边界层的流体性质可满足 $Sc\gg1$。当 $Sc\approx1$ 时，$\delta_v\approx\delta_c$，在介质为气体时，边界层具有这样的性质：$Sc\approx1$。当 $Sc<1$ 时，$\delta_v<\delta_c$，在介质为金属液时，边界层即只有这样的性质：$Sc\ll1$。

流动中的流体的动量传递、传质和传热的基本方程是：

动量传递：

$$\mu\left(\frac{\partial^2 W_x}{\partial x^2}+\frac{\partial^2 W_x}{\partial y^2}+\frac{\partial^2 W_x}{\partial z^2}\right)+\rho g_x=\frac{\partial p}{\partial x}+\rho\left(W_x\frac{\partial W_x}{\partial x}+W_y\frac{\partial W_x}{\partial y}+W_z\frac{\partial W_x}{\partial z}\right)$$

$$\mu\left(\frac{\partial^2 W_y}{\partial x^2}+\frac{\partial^2 W_y}{\partial y^2}+\frac{\partial^2 W_y}{\partial z^2}\right)+\rho g_y=\frac{\partial p}{\partial y}+\rho\left(W_x\frac{\partial W_y}{\partial x}+W_y\frac{\partial W_y}{\partial y}+W_z\frac{\partial W_y}{\partial z}\right)$$

$$\mu\left(\frac{\partial^2 W_z}{\partial x^2}+\frac{\partial^2 W_z}{\partial y^2}+\frac{\partial^2 W_z}{\partial z^2}\right)+\rho g_z=\frac{\partial p}{\partial z}+\rho\left(W_x\frac{\partial W_z}{\partial x}+W_y\frac{\partial W_z}{\partial y}+W_z\frac{\partial W_z}{\partial z}\right)$$

传质：

$$D\left(\frac{\partial^2 c}{\partial x^2}+\frac{\partial^2 c}{\partial y^2}+\frac{\partial^2 c}{\partial z^2}\right)=\frac{\partial c}{\partial \tau}+V_x\frac{\partial c}{\partial x}+V_y\frac{\partial c}{\partial y}+V_z\frac{\partial c}{\partial z}$$

传热：

$$a\left(\frac{\partial^2 t}{\partial x^2}+\frac{\partial^2 t}{\partial y^2}+\frac{\partial^2 t}{\partial z^2}\right)=\frac{\partial t}{\partial \tau}+W_x\frac{\partial t}{\partial x}+W_y\frac{\partial t}{\partial y}+W_z\frac{\partial t}{\partial z}$$

式中 μ——黏度，代表不同速度移动的流体层之间质点的相互作用即产生的内摩擦力，因而它反映液体内质点从一平衡位置移动到另一平衡点的难易，$\nu=\mu/\rho$ 为动黏度系数；

a——物体的导温系数（热扩散系数），其物理意义表示温度在该物质中的扩散能力，$a=\dfrac{\lambda}{cp\rho}$，$a$ 越大，温度传播越快，该物体的温度越易均匀，a 大的物体易于加热，易于冷却；

D——扩散系数，表示物质的扩散能力，可理解为沿扩散方向，在单位时间内，物质浓度降为一单位时，通过单位面积的传质量。

三、详见文献［1］180 面例题。

六、解：由反应：

$$Al_2O_3(s)+3[C]=\!=\!=2[Al]+3CO(g)\qquad \Delta G^{\ominus}=311440-143.27T \tag{1}$$

要求耐火材料不分解，须 CO 的析出压力小于真空炉内的实际压力。

开始温度 $T=1600+273=1873(K)$，$\Delta G^{\ominus}=-RT\ln K_P$，则

$$\lg K_P=-\frac{\Delta G^{\ominus}}{4.575T}=\frac{-311440+143.27\times1873}{4.575\times1873}=-5.0292$$

$$K_P=9.55\times10^{-6}$$

耐火材料 Al_2O_3 的分解反应（1）达到平衡时，$\Delta G=\Delta G^{\ominus}+RT\ln J_P=0$，即 $K_P=J_P$。

而
$$J_P=\frac{p_{CO}^3\,a_{[Al]}^2}{a_{[C]}^3}=K_P$$

因此
$$p_{CO}=\sqrt[3]{K_P\frac{a_{[C]}^3}{a_{[Al]}^2}}$$

开始时，$a_{[Al]}=[\%Al]_1 f_{[Al]}=0.01\times0.75=0.0075$，$a_{[C]}=[\%C]_1 f_{[C]}=0.15\times0.2=0.003$，则：

$$p_{CO始}=\sqrt[3]{9.55\times10^{-6}\times\frac{0.003^3}{0.0075^2}}$$
$$=0.1661\times10^{-2}(atm)=1.262(mmHg)$$

CO 析出总压力：$p_{析}=3p_{CO始}=3\times1.262=3.786(mmHg)$。

为了防止耐火材料分解，在开始时炉内压力需控制在大于 3.786mmHg(即真空度应低于 3.786Torr)。

终了时：$T=1800+273=2073(K)$，则：

$$\lg K_P = -\frac{\Delta G^{\ominus}}{4.575T} = \frac{-311440 + 143.27 \times 2073}{4.575 \times 2073} = -1.5227$$

$$K_P = 3.001 \times 10^{-2}$$

在终了时：$a_{[Al]} = [\%Al]_2 f_{[Al]} = 0.02 \times 0.75 = 0.015$，$a_{[C]} = [\%C]_2 f_{[C]} = 0.2 \times 0.015 = 0.0003$，则：

$$p_{CO终} = \sqrt[3]{3 \times 10^{-2} \times \frac{0.003^3}{0.015^2}} = 1.532 \times 10^{-3}(atm)$$

$$=1.164(mmHg)$$

CO 析出总压力：$p_{析} = 3p_{CO终} = 3\times1.164 = 3.495(mmHg)$。

即为了防止耐火材料的分解，终了时需控制真空度低于 3.495Torr。

七、解：由反应：

$$3/2[Cr]_{1\%} + O_2 = 1/2(Cr_3O_4)(s) \qquad \Delta G_1^{\ominus} = -178000 + 53.42T \quad (1)$$

$$2[C]_{1\%} + O_2 = 2CO(g) \qquad \Delta G_2^{\ominus} = -66700 - 20.34T \quad (2)$$

式（1）-式（2）：

$$3/2[Cr]_{1\%} + 2CO(g) = 1/2(Cr_3O_4)(s) + 2[C]_{1\%} \qquad \Delta G_3^{\ominus} = -111300 - 73.76T \quad (3)$$

反应（3）的
$$J_P = \frac{a_{[C]}^2 \sqrt{a_{(Cr_3O_4)}}}{p_{CO}^2 \sqrt[3]{a_{Cr}}}$$

由题设知：$a_{(Cr_3O_4)} = 1$，$p_{CO} = 1atm$，所以

$$J_P = \frac{[\%C]^2 f_{[C]}^2}{\sqrt[3]{f_{[Cr]}}\sqrt[3]{[\%Cr]}}$$

下面求碳和铬的活度相互作用分数：

$$\lg f_{[C]} = e_C^C[\%C] + e_C^{Ni}[\%Ni] + e_C^{Cr}[\%Cr]$$

$$=0.22 \times 0.35 + 0.012 \times 9 - 0.024 \times 12 = -1.103,\ f_{[C]} = 0.7888$$

$$\lg f_{[Cr]} = e_{Cr}^{Cr}[\%Cr] + e_{Cr}^{C}[\%C] + e_{Cr}^{Ni}[\%Ni]$$

$$=0 \times 12 - 0.10 \times 0.35 + 0 \times 9 = -0.035,\ f_{[Cr]} = 0.923$$

因此
$$J_p = \frac{0.35^2 \times 0.7888^2}{\sqrt[3]{12} \times \sqrt[3]{0.923}} = 0.0021$$

$$\Delta G_3 = \Delta G_3^{\ominus} + RT\ln J_P = -111300 + 73.76T + 4.575T\lg J_P$$

$$= -11300 + 73.76T + 4.575T\lg 0.0021$$

碳优先氧化转变为铬优先氧化的温度即是反应（3）达到平衡时的温度，即 $\Delta G_3 = 0$ 时：

$$T = \frac{111300}{73.76 + 4.575\lg 0.0021} = 1809.4(K)$$

10.1982 年上海工业大学炼钢原理试题选解

一、答:

（1）炉渣的氧化性又称炉渣的氧化能力，通常是用渣中最不稳定的氧化物（氧化铁）的多少来表示炉渣氧化能力的强弱，由于在渣中存在有 FeO 和 Fe_2O_3 两种铁氧化物，常用两种方法来计算渣中的氧化铁:

全铁法: $$(\%\sum FeO) = (\%FeO) + 0.9(\%Fe_2O_3)$$

全氧法: $$(\%\sum FeO) = (\%FeO) + 1.35(\%Fe_2O_3)$$

其中以全铁法的计算比较合理。而全氧法计算的（$\%\sum FeO$）值偏高。

炉渣的氧化能力同炉渣的组成、温度和碱度等因素有关，因此，应该用 a_{FeO} 来表示炉渣的氧化能力（即炉渣的氧化性）。

二、解:

（1）由反应:

$$[Fe] + [O] = (FeO) \qquad \Delta G_1^{\ominus} = -28900 + 12.51T \tag{1}$$

$$2[P] + 5[O] = (P_2O_5) \qquad \Delta G_2^{\ominus} = -151200 + 123.74T \tag{2}$$

式（1）×5-式（2）:

$$5[Fe] + (P_2O_5) = 5(FeO) + 2[P] \qquad \Delta G^{\ominus} = 6700 - 61.19T$$

又因为: $$\Delta G^{\ominus} = -RT\ln K_P = 6700-61.19T$$

将温度 $T=1873K$ 代入上式，得:

$$\ln K_P = -\frac{6700}{1.987\times1873}+\frac{61.19}{1.987} = -1.8003+30.7952 = 28.9952$$

由炉渣组成，求渣中组元的物质的量:

$$n_{SiO_2} = \frac{\%SiO_2}{M_{SiO_2}} = \frac{18.7}{60} = 0.3117$$

类似求出: $n_{CaO} = 1.009$，$n_{MgO} = 0.0523$，$n_{MnO} = 0.0123$，$n_{FeO} = 0.2422$，$n_S = 0.0039$，$n_{P_2O_5} = 0.0057$。

渣中组元的摩尔分数为:

$$x_{SiO_2} = \frac{n_{SiO_2}}{n_{CaO}+n_{MgO}+n_{MnO}+n_{FeO}+n_S+n_{P_2O_5}+n_{SiO_2}} = 0.1904$$

类似求出: $x_{CaO} = 0.6163$，$x_{MgO} = 0.0319$，$x_{MnO} = 0.0075$，$x_{P_2O_5} = 0.0035$，$x_{FeO} = 0.1479$。

由 $$\lg\gamma_{P_2O_5}=-1.12(22x_{CaO}+15x_{MgO}+13x_{MnO}+12x_{FeO}-2x_{SiO_2})-\frac{44600}{T}+23.80$$

将上面数据及 $T=1873K$ 代入，得：

$$\lg\gamma_{P_2O_5}=-1.12(22\times0.6163+15\times0.0319+13\times0.0075+12\times0.1479-2\times0.1904)-\frac{44600}{1873}+23.80$$
$$=-17.4041$$

$$\gamma_{P_2O_5}=4\times10^{-18}$$

反应（3）的 $$J_P=\frac{a_{[P]}^2a_{[FeO]}^5}{a_{[Fe]}^5a_{(P_2O_5)}}$$

而 $a_{[P]}=[\%P]f_{[P]}=0.005\times1=0.005$，同理 $a_{(FeO)}=0.53$，$a_{[Fe]}=1$；$a_{(P_2O_5)}=\gamma_{P_2O_5}x_{P_2O_5}=4\times10^{-18}\times0.0035=1.4\times10^{-20}$，将数据代入 J_p 式子：

$$J_P=\frac{0.005^2\times0.53^5}{1^5\times1.4\times10^{-20}}=\frac{53^5\times25}{1.4}\times10^4$$

$$\ln J_P=5\ln53+\ln17.85+4\ln10$$
$$=19.8515+2.882+9.2104=31.9439$$

$\ln J_P>\ln K_P$，即 $J_P>K_P$，可见磷在渣钢的分配没有达到平衡。当 P 在渣钢间的反应达到平衡时 $J_P=K_P$，$\Delta G=0$，设此时钢中含［P］为 $y\%$，则：

$$J_P=y^2\times0.53^5/(15\times1.4\times10^{-20})$$
$$\ln J_P=5\ln53+2\ln y-\ln1.4+10\ln10=28.9952$$
$$19.8515+2\ln y-0.3365+23.026=28.9952$$
$$\lg y=0.0591$$
$$y=1.145\times10^{-3}$$

（2）将钢中氧从 0.025%脱至 0.002%，若其中氧含量降低为 0.023%，则：

1）由铝脱氧反应 $2[Al]+3[O]═Al_2O_3(s)$ 可知，脱去 0.023%的氧，则需要加入铝的浓度为：62×0.023%/48＝0.0297%。加入铝脱氧后，氧含量达到 0.002%，此时与 0.002%氧呈平衡的铝浓度为：

$$[\%Al]^2[\%O]^3=K_{Al}$$

由给出数据：$\lg K_{Al}=-62780/T+20117$，当 $T=1873K$ 时，$K_{Al}=4.3\times10^{-14}$；由$[\%Al]^2\times(0.002)^3=4.3\times10^{-14}$，得：$[\%Al]=2.32\times10^{-3}$。

脱氧共需铝：0.0297%+0.00232%＝0.0320%。

每吨钢应加 Al99%的铝量为：0.0320%×1000×1/0.99＝0.3232(kg)。

2）当改加含 Si 为 75%的 Fe-Si 粉时，由硅脱氧反应：$[Si]+2[O]═SiO_2(s)$ 可知，脱去 0.023%的氧，则需加入硅的浓度为：28×0.023%/32＝0.02%，与 0.002%氧成平衡时的硅的浓度应有：$[\%Si]\times[\%O]^2=K_{Si}$。

由给出数据：$\lg K_{Si}=-30410/T+11.54$，当 $T=1873K$ 时，$K_{Si}=2.2\times10^{-5}$；由 $[\%Si]\times0.002\times0.002=2.2\times10^{-5}$，得：$[\%Si]=5.5$。

脱氧共需硅：5. 5%+0. 020%=5. 52%。

每吨钢应加入含 Si75%的 Si-Fe 粉为：5. 52×1000×1/0. 75=73. 6(kg)。

类似上面 1）及 2）可以算出加入含钙 30%的 Ca-Si 剂（在不考虑 Si 的脱氧时）的加入量，由读者自行练习。

11. 1983 年重庆大学炼钢学试题选解

二、此题详见 1983 年北京钢铁学院炼钢学试题五答案。

三、答：

（1）电弧炉炼钢脱硫反应是碱性还原渣与金属的脱硫反应是在还原性气氛下进行的。而纯氧顶吹转炉炼钢脱硫反应是碱性氧化渣与金属间的脱硫反应，是在氧化性气氛下进行的。

（2）电弧炉还原期的脱硫是在脱氧良好的前提下才进行的（即只有脱氧好，才能脱硫好），电弧炉还原期渣中 FeO<1%，甚至 FeO<0. 5%，电弧炉脱硫分配系数 L_S 很大，脱硫有保证。顶吹转炉炼钢脱硫过程中有较多自由的 CaO 和 FeO，渣中 FeO>10%。

（3）顶吹转炉碱性氧化渣脱硫能力较强，硫的分配系数 L_S 可达 8~10，而电弧炉还原期的脱硫能力很强，L_S 可达 30~50。

（4）电弧炉还原期加入大量的炭粉、电石粉、Fe-Si 粉，在炉渣脱氧的同时进行脱硫，其脱硫反应为：

$$[FeS]+(CaO)+C \xlongequal{} [Fe]+(CaS)+CO(g)$$

$$2[FeS]+2(CaO)+Si \xlongequal{} 2[Fe]+2[CaS]+(SiO_2)(l)$$

$$3[FeS]+2(CaO)+(CaC_2) \xlongequal{} 3[Fe]+3(CaS)+2CO(g)$$

电炉还原期温度高，脱氧后的结果，渣中 FeO<1%，即脱氧良好，同时炉渣碱度也很高，达到 R=2. 5~3，这些为脱硫创造了良好的条件。还原期是脱硫的最好时期，这也是碱性电弧炉炼钢的优点之一。电弧炉炼钢还可以在出钢过程中，大口深坑，钢渣混出，可以进一步脱硫。

（5）顶吹转炉脱硫可采用双渣法或多渣法高碱度操作，也可将钢中的硫降到很低，但降低炉子生产率，增加原材料消耗，增加钢的成本。当纯氧顶吹转炉使用[S]>0. 15%铁水时，一般采用铁水炉外脱硫，通常是[S]>0. 05%时，都应采用铁水炉外脱硫，使在铁水兑入转炉之前降低铁水中的硫含量。

表 1 中给出了各种炉外脱硫方法的特征及脱硫效果。

表 1　铁水炉外脱硫方法的特征及脱硫效果[7]

类别	脱硫方法及其特征	脱硫效果[S] = 0.03% ~ 0.04%
铺撒法	把苏打粉撒在硫铁槽或铁水罐子底部，也可能在铁水流中，利用铁水的重量将其搅拌均匀	苏打粉：8 ~ 10kg/t，脱硫率：60% ~ 70%
摇动法	回转炉法：在回转炉的铁水面上加入石灰粉和焦炭粉，并进行搅拌，搅拌转速为 34r/min	石灰粉：10 ~ 20kg/t，炭粉：1 ~ 2kg/t，脱硫率：90%
	摇包法：在偏心回转包的铁水中加入脱硫剂，包的转速为 49 ~ 50r/min	石灰粉：15kg/t，炭粉：1kg/t，脱硫率 90% ~ 93%； CaC_2：5kg/t，脱硫率 = 80% ~ 90%
	DM 摇包法：摇包能正逆向进行，铁水和脱硫剂混合良好，转速为 43r/min，正逆换向周期 14s，中间停留 3s	CaC_2：5kg/t，脱硫率 = 80% ~ 90%
机械搅拌法	DO 法：用耐火材料制成的 T 形管状搅拌器搅拌铁水，转速约为 30r/min	CaC_2：5kg/t，脱硫率 = 80% ~ 90%
	RS 法：用铁芯加强的耐火材料制成倒 T 形搅拌器，转速 60 ~ 70r/min，在铁水表面附近旋转	CaC_2：5kg/t，脱硫率 = 80% ~ 90%
	KR 法：将耐火材料制成的搅拌桨插入铁水中进行搅拌，浸入深度为 1.2 ~ 1.6m（160t 铁水），转速为 70 ~ 120r/min，搅拌时铁水中央部位形成涡井，脱硫剂卷入其中，以致混合良好	CaC_2：2 ~ 3kg/t，脱硫率 = 90% ~ 95%； 苏打粉：6 ~ 8kg/t，脱硫率 = 80% ~ 90%； 石灰：90%，萤石：5%，碳：5%，4kg/t，脱硫率 = 90%
	赫歇法：在搅拌桨于铁水中旋转的同时，由转轴中心孔向铁水中喷入丙烷，促进石灰粉的脱硫	石灰粉：12.5kg/t，丙烷：9L/t，脱硫率 = 80%
	NP 法：用耐火材料制成的门型搅拌机来搅拌铁水，搅拌器浸入深度为 400mm，转速 77r/min。在搅拌的同时，从搅拌器的双叉端部喷出氮气，强化混合和使铁水面上保持惰性气氛，以提高脱硫剂的利用率和防止回硫	CaC_2：2 ~ 3kg/t，脱硫率 = 90% ~ 95%
喷吹法	ATH 法：在 260t 的混铁车内斜插入喷枪。用载流气体脱硫剂并进行搅拌	CaC_2：3 ~ 4kg/t，脱硫率 = 85% ~ 90%； 石灰：60%，石灰石：25%，萤石：3%，炭粉：12%，6 ~ 8kg/t，脱硫率 = 85% ~ 90%； 石灰：5kg/t，Al：0.16kg/t，脱硫率 = 80%
	TDS 法：在 300t 混铁车内垂直插入喷枪，用载流气体脱硫剂并进行搅拌	苏打粉：6kg/t，脱硫率 = 70%
	铁水罐喷射法：将喷枪垂直或倾斜地插入铁水罐子深部，用载流气体送入脱硫剂并进行搅拌	镁粒：0.6 ~ 0.7kg/t（85% ~ 93%），脱硫率 = 90%

续表 1

类别	脱硫方法及其特征	脱硫效果[S]=0.03%~0.04%
气泡搅拌法	PDS 法：将脱硫剂加到铁水面上，通过铁水罐底部的透气砖注入氮气、氩气，或者其他气体搅拌铁水，使与脱硫剂混合	CaC_2：4~6kg/t，脱硫率=77%~85%
	CLDS 法：它是改进了的 PDS 法，一般能连续处理 4 罐铁水，这样可以提高脱硫效率，省去除渣操作和减少铁损失，但是需要倒包处理	
气泡泵法	又称 GMR 法，从耐火材料圆桶底部内侧向铁水中吹入气体，气泡上浮迫使铁水向上流动，同时脱硫剂向下运动，造成良好的搅拌	CaC_2：5kg/t，脱硫率=90%~95%
钟罩加入法	将镁焦或镁屑团块，镁白云石团块放在石墨制成的钟罩内，以插棒的形式把它们浸入铁水中。由于镁蒸气从钟罩孔中逸出来，使铁水中产生搅拌运动和脱硫反应	镁焦：1.2kg/t，脱硫率=75%~85%
连续脱硫法	平面流动法：向铁槽内的铁水面连续加入脱硫剂	
	涡流法：将涡流装置与高炉出铁槽相连，出铁石加入脱硫剂，利用涡流运动及搅拌	
	机械搅拌法：在高炉出铁槽上装上机械搅拌器，出铁时加入脱硫剂并开动搅拌器。搅拌器的旋转方向应与铁水流动方向相反，以便良好地混合	CaC_2：1.8~2.3kg/t；脱硫率=80%；石灰：7.9kg/t；脱硫率=60%
	电磁搅拌法：在高炉出铁槽附近安装电磁搅拌器，出铁时使铁水与脱硫剂混合，促进脱硫反应	

五、答：

（1）钢液凝固过程能否进行取决于系统的热力学条件，从热力学第二定律可知，结晶过程自发进行的必要条件是系统自由能的减少，即内能的减少，液态钢与固态钢的自由能与温度的关系见图 1。由图 1 可知，钢的液态自由能 $G_{液}$ 与固态自由能 $G_{固}$ 都随温度的升高而降低，但变化的趋势不同，当温度为 T_s 时，两曲线交于一点，即两种状态处于平衡，T_s 称为理论结晶温度。

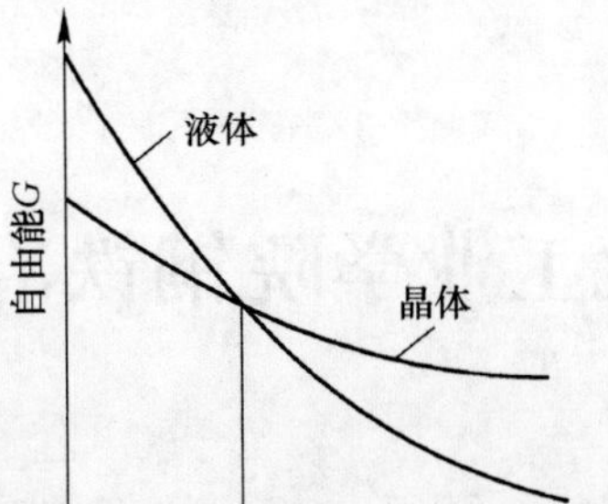

图 1　不同状态下钢的自由能与温度的关系

金属结晶的实验证明，当金属冷却至某一温度时，就会停歇相当长的时间，保持温度不变，这个温度称为实际结晶温度，通常实际结晶温度低于理论结晶温度，其差值 ΔT 称为过冷度，只有在存在过冷度的条件下，钢液才能结晶，这就是结晶的热力学条件。

具有一定过冷度的钢液，并非在某一瞬间凝结成固体，而是逐渐地完成凝固过程的，首先是晶核的形成，其次是晶核的长大。过冷度为临界晶核形成，提供相当于形核功的额外能量。即形成稳定的晶核，需要有过冷度和与过冷度相应的能量起伏。

（2）凝固过程是一个放热过程。某些液态溶液溶解度大，而固态溶解度小的元素会在凝固过程中析出。再则，随着凝固过程的进行，温度逐渐降低，原来已达到的化学平衡会因温度降低而发生移动，不再是平衡了，因而也会发生化学反应。比如，凝固过程中所进行的脱氧反应，是一个放热反应，随着温度的降低，脱氧反应平衡常数增大（即脱氧反应平衡会发生移动），使脱氧反应得以重新进行，生成新的脱氧产物。因此，钢液的脱氧反应从加入脱氧剂开始，到钢水完全凝固为止，整个过程总是不断地进行着。

（3）下注镇静钢时，模内钢液流动如图 2 所示：凝固过程中钢液的对流把富集的液体带到钢锭中未凝固的区域，导致在整个钢锭内杂质元素的不均匀分布，即产生宏观偏析，对流运动越剧烈，宏观偏析越严重。

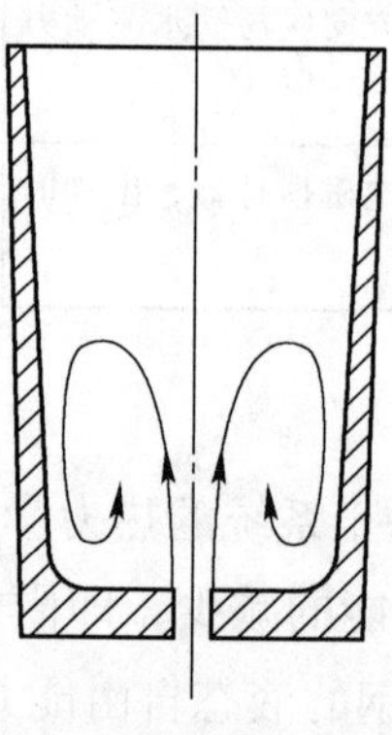

图 2　下注时钢锭模内的对流运动

12. 1983 年东北工业学院钢铁冶金学试题选解

一、解：由反应：$CaC_2(s)+[S]═══(CaS)+2C(s)$，$T=1300+273=1573(K)$ 可算出：

$$\lg K=1900/T-6.28=1900/1573-6.28=5.79883$$

$$K=629260.1957$$

反应的　$J_P = a_{(C)^2} \times a_{(CaS)}/(a_{[S]}a_{(CaC_2)(s)})$

代入数据：$1 \times 1/(1 \times a_{[S]}) = 1/(f_{[S]}[\%S])$，求硫的活度系数$f_{[S]}$：

$$\lg f_{[S]} = e_S^C[\%C] + e_S^{Si}[\%Si] + e_S^P[\%P] + e_S^{Mn}[\%Mn] + e_S^S[\%S]$$

$$= 0.11 \times 4 + 0.7 \times 0.065 + 0.1 \times 0.029 - 0.025 \times 0.6 - 0.028 \times 0.05 = 0.4913$$

$$f_{[S]} = 3.0995$$

脱硫反应达到平衡时：$\Delta G = \Delta G^{\ominus} + RT\ln J_P = 0$，即 $K_P = J_P$，则

$$629260.1957 = 1/(3.0095[\%S])$$

解出：$[\%S] = 0.000000512$，$[S] = 0.0000512\%$。

脱去硫量：$0.05\% - 0.0000512\% = 0.0499488\%$。

实际生产中，不可能达到理论脱硫量。

四、答：还原期更容易吸氢，这是因为：

（1）氧化期有脱碳反应，脱碳反应造成的熔池沸腾是去气的有效手段，若在氧化期脱碳速度与熔池温度控制得合适，钢液中气体含量可降低（即去气量大于吸气量）。

（2）在还原期没有脱碳反应，因而不能去气，只能吸气。

（3）同时在还原期，熔池温度比氧化期高，气体在钢中的溶解度随温度升高而增加，因而还原期吸气的可能性比氧化期大。

因此，从操作上因注意，减少还原期的吸氢量。

六、答：

（2）连铸比为连铸生产的钢产量占钢总产量的百分数。

（3）水平连铸：水平连铸机如图 1 所示。水平连铸机的中间包、结晶器、二次冷却和拉坯装置全部放在地平石上呈直线水平布置，钢液浇入中间包，中间包与结晶器的入口连接，中间包内的钢水通过结晶器与中间包连接处的分离环进入水冷结晶器，凝固成一定形状的坯壳带液芯的铸坯从结晶器内拉出，经过二次冷却后全部凝固，送至切割站切成定尺。

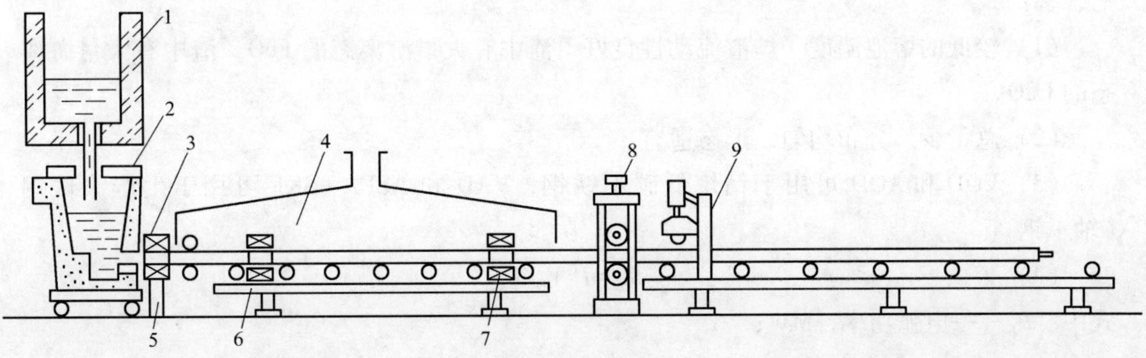

图 1　水平连铸机

1—钢包；2—钢包支架；3—中间包；4—中间包小车；5—中间包滑动水口；

6—钢流保护罩；7—结晶器支架；8—结晶器；9—导向辊道

水平连铸机同其他形式的连铸机相比，具有以下优点：

1）设备高度低，无需建高大的厂房和挖很深的地坑，基建费用大大降低，可以在原有厂房内安装，且操作和维修很方便。

2）水平连铸机结构简单，设备质量比弧形连铸机轻一半，设备投资少一半左右。

3）由于中间包与结晶器直接连接，因而可以防止钢液的二次氧化，减少了夹杂物含量，水口内径大，易浇小断面的连铸坯，无需控制结晶器中的液面情况，结晶器内钢液静压力高，凝固壳与结晶器内表面接触良好，可得到最小的椭圆度而且易浇脱氧不足的钢。

4）铸坯无需矫正，所以可浇铸裂纹敏感性强的钢种以及难于成型的铸坯和形状复杂的异型坯等。

水平连铸的上述优点，使它特别适用于合金钢种多、批量小的电炉炼钢厂采用。

（4）钢中白点，又称发裂，是存在于钢坯（材）和大锻件内部的小裂纹。纵向段面上的白点多呈圆形或椭圆形的银白色斑点，但随钢的化学成分和热加工条件的不同，白点也可能是灰白的，在经过磨光并酸浸后的横向切片上，白点为细长裂纹，一般都分布在距表面一定距离处或近中心部位。白点显著地降低钢的横向性能，还使钢的塑性指标明显下降，使钢发脆。使用中，由于白点贮藏着断裂的危险性，造成意外事故。

白点的形成原因：多数人认为是氢和组织应力共同作用下产生的。首先认为是氢的影响，钢中有较多的氢发生的 $2[H] \rightarrow H_2$ 反应，向组织应力处扩散，分子状态 H_2 析出，使局部区域的压力达到 60~100atm，超过钢的允许强度，产生极细裂纹。同时，低温相变时，有较大的组织应力，即白点是锻件或锻坯在加工后冷却过程中至低温时形成的，发生低温相变时，奥化体转化成马氏体有较大的组织应力。

（5）半镇静钢：根据脱氧程度的不同，钢锭分为镇静钢、半镇静钢和沸腾钢。半镇静钢的特点：要求脱氧后钢液实际含氧量 $[O]'_{实}$ 接近于与碳-氧反应平衡时氧的含量，即 $[O]'_{实} \approx [O]_{碳}$。半镇静钢的脱氧程度比沸腾钢强，比镇静钢弱而介于二者之间。半镇静钢的钢锭结构与沸腾钢相似（有气泡，无缩孔），半镇静钢的性能与镇静钢相似（偏析小，性能较好）。

七、答：

（1）较低的熔池温度，炉渣流动性良好，渣中有大量游离态的 FeO，渣中有大量游离态的 CaO。

（2）总量少，分布均匀，形态适宜。

（3）VOD 和 AOD 可用于精炼低碳不锈钢，VAD 和 ASEA-SKF 可用于生产滚珠钢（轴承钢）。

（4）
$$R_E = P_h V_h / L^2$$

式中 P_h——电弧功率，MW；

V_h——电弧电压，V；

L——新炉衬时，电炉侧面到炉壁的最短距离，m。

R_E 越小，炉衬寿命越高。

13.1983 年钢铁研究总院炼钢学选解

一、答：

（1）关于各种现代炼钢法以及它们的异同点请读者参阅文献［5］中 11~13 面内容。这里补充一种新的炼钢方法：顶底复合吹炼，参见本书中 1984 年北京钢铁学院炼钢学试题第一题（1）小题的解答。

（2）炉渣在炼钢过程中的作用，归纳起来有以下几点：

1）通过调整熔渣成分来氧化或还原钢液，使钢液中 Si、Mn、Cr 等元素氧化或还原，脱除钢液中的硫、磷、氧等元素；

2）吸收钢液中的非金属夹杂物；

3）防止炉衬的过分浸蚀；

4）覆盖钢液，减少散热和防止吸收氢、氮等气体。

熔渣的作用是通过熔渣的性质和成分表现的，不同冶炼方法的熔渣还有其独特的作用，如电渣重熔的熔渣作为电阻发热体，重熔并精炼金属。

可以实现无渣或少渣炼钢。如炉外精炼中用其真空下的碳脱氧冶炼钢种时，充分发挥真空作用，可使钢水处于无渣或少渣状态。

二、解：

（2）反应 $CaO(s)+[S]+[C]_{饱和}=CaS(s)+CO$，$\Delta G=26830-26.7T$，题设条件下反应的 $J_P=p_{CO}/a_{[S]}$，又 $p_{CO}=1atm$，因此，

$J_P=1/a_{[S]}$，则：

$$\Delta G=\Delta G^{\ominus}+RT\ln J_P=\Delta G^{\ominus}-RT\ln a_{[S]}$$

当脱磷反应达到平衡时，$\Delta G=0$，则

$$\lg a_{[S]}=\frac{\Delta G^{\ominus}}{4.575T}=\frac{26830-26.71T}{4.575T}$$

$T=1573K(1300℃)$ 时：

$$\lg a_{[S]}=(26830-26.71\times1573)/(4.755\times1573)=-2.11$$

$$a_{[S]}=0.007762$$

四、答：

（1）脱氧的目的：钢液中氧的存在，会形成非金属夹杂物，造成对钢的危害，影响钢的性能，因而需要脱氧，通过脱氧：

1）将钢中所需的氧降低到所需要的水平，以保证凝固时得到正常结构的表面和不同

结构类型的钢锭；

2）通过脱氧，最大限度地使脱氧产物从钢水中排出，使成品钢中的非金属夹杂物含量减少，分布合适和形态适宜，以保证钢的各项性能；

3）脱氧也为了获得细晶粒结构的需要。

按脱氧程度的不同，钢锭分为三类，即镇静钢、半镇静钢和沸腾钢。镇静钢是完全脱氧钢，它需要强脱氧，即需用比较强的脱氧剂，如 Si 或 Al 进行脱氧，也可用 Si-Mn 合金复合脱氧剂。沸腾钢是不完全脱氧钢，主要使用脱氧能力较弱的 Mn 作为脱氧剂。半镇静钢的脱氧程度比沸腾钢强，比镇静钢弱，通常用 Si 不完全脱氧。这三类钢锭的剖面结构图，见 1980 年北京钢铁学院炼钢学试题五答案。

扩散脱氧与沉淀脱氧的概念在 1982 年重庆大学炼钢学试题已作解答。

（2）由斯托克斯公式，夹杂物上浮速度为：

$$v = \frac{2g}{9\eta_{钢}}(\rho_{钢} - \rho_{夹})r^2$$

用本题已给数据：$\eta = 0.0203\text{g}/(\text{cm}\cdot\text{s})$，$\rho_{钢} = 7.16\text{g/cm}^3$，$\rho_{夹} = 3.6\text{g/cm}^3$，$r = d/2 = 50/2 = 25(\mu\text{m})$，$g = 980\text{g/cm}^2$ 代入上式，算出：$v = 0.2387\text{cm/s}$。

钢液在钢包内的静置时间：$t = 80/0.2387 = 350.14(\text{s})$，约 6min。

五、解：

（1）$\lg[\%\text{O}]_{饱和} = -6320/T + 2.73$，将 $T = 1873\text{K}$ 代入求出 $[\%\text{O}]_{饱和} = 0.23$。

因 $(\text{FeO}) = [\text{Fe}] + [\text{O}]$，$L_\text{O} = [\%\text{O}]/a_{(\text{FeO})}$，所以 $L_{\text{O}饱和} = L_\text{O} a_{(\text{FeO})} = [\%\text{O}]_{饱和} a_{(\text{FeO})}$，而 $a_{(\text{FeO})} = \gamma_{\text{FeO}} x_{\text{FeO}}$，则 FeO 的摩尔分数为：

$$x_{\text{FeO}} = n_{\text{FeO}}/(n_{\text{FeO}} + n_{\text{CaO}} + n_{\text{MgO}} + n_{\text{MnO}} + n_{\text{SiO}_2})$$

$$= \frac{\dfrac{(\text{FeO}\%)}{72}}{\dfrac{(\text{FeO}\%)}{72} + \dfrac{(\text{CaO}\%)}{56} + \dfrac{(\text{MgO}\%)}{40} + \dfrac{(\text{MnO}\%)}{71} + \dfrac{(\text{SiO}_2\%)}{60}} = 0.1895$$

所以 $a_{(\text{FeO})} = \gamma_{\text{FeO}} x_{\text{FeO}} = 1.30 \times 0.1895 = 0.2464$，$[\%\text{O}] = [\%\text{O}]_{饱和} a_{(\text{FeO})} = 0.23 \times 0.2464 = 0.0567$。

计算出的 0.0567 即为钢-渣界面的氧含量，它小于钢液原始含氧量 0.1%，表明钢液中氧量比钢-渣界面的氧含量高，钢中的氧向钢-渣界面扩散，即渣从钢液中吸取氧，表明渣对钢液是还原性的。

（2）1650℃（即 1923K 时），$\lg[\%\text{O}]_{饱和} = -6320/1923 + 2.734 = -0.5525$，

即 $[\%\text{O}]_{饱和} = 0.28$。

因为　$[\%\text{O}] = [\%\text{O}]_{饱和} a_{(\text{FeO})}$

所以　$a_{(\text{FeO})} = [\%\text{O}]/[\%\text{O}]_{饱和} = 0.093/0.28 = 0.332$

六、答：电渣重熔炉渣的作用有：

（1）炉渣的热源作用。电渣重熔过程中，液态炉渣作为冶金热量的来源，高效率地将

电能转变为热能，从而保证自耗电极的熔化和冶金反应的进行。

（2）炉渣的冶金作用。电渣重熔过程中，金属熔滴在电极端部形成，在渣池滴落过渡的过程中，以及熔滴落入金属熔池以后，都与炉渣发生一系列冶金物理化学反应，从而达到提纯精炼的目的。直接与炉渣发生的冶金反应包括钢中 S、P 和气体非金属夹杂物的去除，合金元素的氧化烧损等。

（3）炉渣的保护作用。炉渣可以保护金属熔滴及金属熔池不与空气接触，防止其氧化，减少吸气。同时炉渣还可以在结晶器内表面与锭子之间形成一层薄而均匀的渣皮，保护结晶器不受高温熔渣的直接作用，使钢锭表面成型良好，易于脱模及促进锭子轴向结晶。

选择炉渣成分与配比时必须满足下列要求：

（1）炉渣应具有较高的比电导，一般要求电阻系数为 0.25～0.35Ω·cm，2000℃时大于 0.20Ω·cm。

（2）炉渣应具有较低的熔点，一般要求低于金属熔点 100～150℃，以保证重熔锭的质量。

（3）炉渣的沸点要高，电渣重熔过程中，渣池温度很高，可达 1700～1800℃，炉渣的沸点要高于渣池温度。

（4）炉渣应具有适宜的黏度，以保证良好的流动性，在 1800℃时黏度小于 0.2P。

（5）炉渣中应不含有不稳定氧化物（FeO、MnO、SiO_2）以及变价氧化物 Re_xO_y，有害元素 S、P 含量尽量低。

（6）炉渣应具有一定的碱度，以保证具有良好的脱 S 能力。

（7）炉渣应在高温下与夹杂物之间的界面张力越小越好，以保证对夹杂物具有良好的润湿吸附和溶解能力，同时透气性要低。

（8）尽可能少析出对人体健康和大气污染有危害的挥发物和灰尘（如 HF、SiF_4、AlF_3、TiF_4 之类）。

（9）除了以上要求，还应是资源丰富，价格低廉。

14. 1983 年上海钢铁研究所炼钢原理选解

一、答：

（1）不是理想。

（2）的冷却；能转移热量的；冷却；吸热能力；吸热能力大的。

（3）脱氧能力越强；越多；加入数量越多的强脱氧剂，钢中残余氧量很快降低到非常低的水平，二次、三次脱氧产物的数量相应减少。

（4）固有的物理；固有的物理；流动状态的。

（5） Ⅰ类；形状为球形，其尺寸随铸件截面的大小在相当大的范围内变动，在钢的截面上任意分布；而钢中 O/S 低于Ⅰ类时；可以画出初生晶粒的晶界；脱氧程度很高而 O/S 比极低时；呈块状，外形不规则，多少呈任意状态分布；控制脱氧用铝量。

（6） 大；与 O^{2-} 生成复杂阴离子，如 SiO_4^{4-}、$Si_2O_7^{6-}$ 等；酸性渣比碱性渣；多用偏酸性渣。

（7） 氧的分压；温度；氧在钢液中的溶解达到饱和时析出 FeO(l)。

（8） 1） 熔渣由简单氧化物（自由氧化物）如 CaO、SiO_2 等及复杂氧化物 CaO · SiO_2 及 2CaO · SiO_2 等组成；

2） 简单氧化物与复杂氧化物之间有化学平衡，如 $2CaO+SiO_2 = 2CaO \cdot SiO_2$；

3） 熔渣中只有自由氧化物才能参加冶金反应，熔渣的化学性质、反应能力取决于自由氧化物的浓度；

4） 熔渣是一种理想溶液，渣-金反应服从化学反应的质量作用定律。

（9） 详见 1982 年鞍山钢铁学院炼钢学试题一（4）题答案。

（10） 控制 $CO+CO_2$（或 H_2+H_2O）混合气体的比例。

三、详见文献［1］82 面例题 3~4。

15. 1983 年鞍山钢铁学院炼钢学试题选解

一、**解**：去碳保铬，即让碳氧化，而不使铬氧化，由反应：

$$[C] + [O] = CO \qquad \Delta G_1^\ominus = -4100 - 10.16T \qquad (1)$$

$$2[Cr] + 3[O] = Cr_2O_3(s) \qquad \Delta G_2^\ominus = -212010 + 93.90T \qquad (2)$$

3×式（1）-式（2）：

$$3[C] + Cr_2O_3(s) = 2[Cr] + 3CO \quad \Delta G_3^\ominus = 199710 - 124.38T \qquad (3)$$

去碳保铬的开始吹氧温度，就是反应（3）达到平衡时的温度，此时 $\Delta G_3 = 0$，求碳和铬的活度参数：

$$\lg f_{[C]} = e_C^{Cr}[\%Cr] + e_C^C[\%C] + e_C^{Ni}[\%Ni]$$

$$= -0.022 \times 12 + 0.23 \times 0.35 + 0.012 \times 9 = -0.079, \ f_{[C]} = 0.838$$

$$\lg f_{[Cr]} = e_{Cr}^{Cr}[\%Cr] + e_{Cr}^C[\%C] + e_{Cr}^{Ni}[\%Ni]$$

$$= 0.0003 \times 12 - 0.095 \times 0.35 + 0 \times 9 \approx -0.03, \ f_{[Cr]} = 0.933$$

$$a_{[C]} = [\%C]f_{[C]} = 0.838 \times 0.38 = 0.29$$

$$a_{[Cr]} = [\%Cr]f_{[Cr]} = 12 \times 0.933 = 11.20$$

反应（3）的 $J_P = p_{CO}^3 a_{[Cr]}^2 / (a_{[C]}^3 a_{Cr_2O_3(s)})$，其中固体的活度取为 1，$p_{CO} = 1atm$，则：

$$J_P = a_{[Cr]}^2 / a_{[C]}^3$$

$$\Delta G_3 = \Delta G_3^\ominus + RT\ln J_P = 199710 - 124.38T + 4.575T\lg\frac{11.20^2}{0.29^3}$$

$$=199710 - 124.38T + 16.98T$$

令 $\Delta G_3 = 0$ 得 $T = 1859.5\text{K}$。

当吹氧温度达到 1800℃，熔池含碳量降至 0.05%，反应达到平衡时，$\Delta G_3 = \Delta G_3^\ominus + RT\ln J_P = 0$ 即 $K_P = J_P$，而

$$\lg K_P = -\Delta G_3^\ominus/(4.575T)$$

$$= -199710/(4.575 \times 2073) + 124.38/4.575 = 6.1284$$

$$\lg J_P = a_{[Cr]}^2/a_{[C]}^3 = \lg[(f_{[Cr]}[\%Cr])^2/(f_{[C]}[\%C])^3]$$

即　$$2\lg f_{[Cr]} + 2\lg[\%Cr] - 3\lg f_{[C]} - 3\lg[\%C] = 6.1284$$

其中：$\lg f_{[Cr]} = e_{Cr}^{Cr}[\%Cr] + e_{Cr}^{O}[\%C] + e_{Cr}^{Ni}[\%Ni]$

$$= 0.003[\%Cr] - 0.095 \times 0.05 + 0 \times 9 = -0.0048 + 0.003[\%Cr]$$

$$\lg f_{[C]} = e_C^C[\%C] + e_C^{Cr}[\%Cr] + e_C^{Ni}[\%Ni]$$

$$= 0.23 \times 0.05 - 0.022[\%Cr] + 0.012 \times 9 = 0.1195 - 0.022[\%Cr]$$

故：$2\lg[\%Cr] + 2(-0.0048 + 0.0003[\%Cr]) - 3(0.1195 - 0.022[\%Cr]) - 3\lg 0.05 = 6.1284$

简化得：　$$\lg[\%Cr] + 0.033[\%Cr] = 1.2518$$

解此对数方程，求得 1800℃与 0.05%C 平衡的铬约为 9.1%。

二、解：设吹氩速度为 $v_{Ar} = dn_{Ar}/dt$，单位 mol/(min · t)，去氢速度为 $v_H = -dn_H/dt$，单位 mol/(min · t)

依物质平衡有：

$$v_H = v_H p_{总}/(v_H + v_{Ar})$$

式中　$p_{总}$——气体总压力，在大气压下吹氢 $p_{总} \approx 1\text{atm}$。

吹氢速度相对于吹氩速度很小（即 $v_H \ll v_{Ar}$）故可以忽略不计，上式变为：

$$v_H \approx \frac{p_{H_2}}{p_{总}} v_{Ar}$$

1t 钢中氢的物质的量 n_H 与百分浓度之间存在下列关系：

$$n_H = 5 \times 10^3[\%H]$$

去氢反应速度：　$$r_H = -d[\%H]/dt$$

$$= -\frac{1}{5 \times 10^3} \cdot \frac{dn_H}{dt}$$

$$= v_H/5 \times 10^3$$

因此　$$-dn_H/dt = p_{H_2} v_{Ar}/(5 \times 10^3 \times p_{总})$$

由平方根定律有：　$$[\%H] = K_H\sqrt{p_{H_2}}$$

因此　$$p_{H_2} = [\%H]^2/K_H^2$$

代入上式：

$$\frac{-\mathrm{d}[\%\mathrm{H}]}{\mathrm{d}t}=\frac{1}{5\times10^3}\cdot\frac{[\%\mathrm{H}]^2}{K_{\mathrm{H}}^2}\cdot\frac{v_{\mathrm{Ar}}}{p_{总}}=\frac{1}{5\times10^3}\cdot\frac{[\%\mathrm{H}]^2}{p_{总}K_{\mathrm{H}}^2}\cdot\frac{\mathrm{d}n_{\mathrm{Ar}}}{\mathrm{d}t}$$

在 $0\sim t$ 时间内，吹氩量为 $0\sim n_{\mathrm{Ar}}$，钢水氢含量从 $[\%\mathrm{H}]_0$ 变化到 $[\%\mathrm{H}]$，由上述关系积分：

$$-\int_0^{n_{\mathrm{Ar}}}\mathrm{d}n_{\mathrm{Ar}}=\int_{[\%\mathrm{H}]0}^{[\%\mathrm{H}]}5\times10^3p_{总}K_{\mathrm{H}}^2\frac{\mathrm{d}[\%\mathrm{H}]}{[\%\mathrm{H}]^2}$$

$$n_{\mathrm{Ar}}=5\times10^3K_{\mathrm{H}}^2p_{总}(1/[\%\mathrm{H}]-1/[\%\mathrm{H}]_0)$$

大气压下吹氩，$p_{总}=1\mathrm{atm}$，由题设 $K_{\mathrm{H}}=0.0027$，$[\%\mathrm{H}]=3\times10^{-4}$，$[\%\mathrm{H}]_0=6\times10^{-4}$得：

$$n_{\mathrm{Ar}}=5\times10^3\times(0.0027)^2\times1(1/3\times10^{-4}-1/6\times10^{-4})$$
$$=60.75\mathrm{mol/t}$$

换算得每吨钢需吹氩气 $1.36\mathrm{m}^3$。

五、答：

（1）钢中的全铝包括三项：固溶的金属铝，Al_2O_3 夹杂中的铝，AlN 中的 Al，即 $Al_{全}=Al_{金属}+Al_{Al_2O_3}+Al_{AlN}$，由于金属 Al 和 AlN 都溶于酸，合称为酸溶铝。

对钢的晶粒度有影响的是 AlN，钢中 AlN 增加，钢的晶粒度变细，二者有明显的对应关系，即晶粒度是靠弥散的细微 AlN 夹杂数量控制的，而 Al_2O_3 夹杂是对晶粒度的影响没有控制作用，实验也证明，粗晶粒钢与细晶粒钢之间的夹杂含量没有多少区别。

（2）硫化物的硫容 $C_s=(\%S)(p_{O_2}/p_{S_2})^{0.5}$，其物理意义是代表炉渣吸收硫化物的能力。

（3）炼钢过程中当［C］小于0.10%，还有如下反应：$[C]+2[O]=\{CO_2\}$ 和 $[C]+[O]=\{CO\}$ 存在，其次还有一个原因是当［C］>0.5%，活度系数 $f_{[C]}$、$f_{[O]}$ 的影响不能忽略，不能将 $f_{[C]}$ 和 $f_{[O]}$ 取为 1，以上两点是炼钢过程中［C］与［O］乘积不为常数的原因。

（4）电炉冶炼的钢含氮量最高，平炉次之，顶吹转炉最低，其原因是：顶吹转炉使用工业纯氧吹炼，炉气中水蒸气分压低，加以熔池脱碳反应激烈，故去气条件比平炉与电弧炉优越。电弧炉冶炼气体含量高的原因是电弧炉加速了气体的电离，使气体易于溶解到电极下的钢液中，同时电炉还原期没有脱碳反应，不能去气，只能吸气，在高温精炼的还原期，会造成溶解进入钢液的气体含量增加；平炉的去气条件介于顶吹转炉与电弧炉之间，所以冶炼后气体含量也居中，属于第二[1]。

（5）碱性电弧炉出钢时，采取渣钢混冲可减少钢水温度的降低和钢液的二次氧化，促使钢水进一步脱氧和脱硫，使悬浮在钢水中的非金属夹杂物得到渣洗，随炉渣一同除去，即降低钢中的硫、氧和夹杂物。

（6）活性石灰及其优点见 1983 年北京钢铁学院炼钢学试题二。

16. 1983 年上海工业大学炼钢原理试题选解

二、答：硫化物的类型同钢中的氧含量有关，因此通过控制钢的脱氧程度达到控制硫化物的类型。为了得到所要求的硫化物的形态，可以依靠控制钢中脱氧用铝量来实现。对低碳钢而言，可将钢中残铝含量一直保持到 0.010%均可得到Ⅰ类硫化物；对中碳钢而言，钢中残铝量可一直保持到 0.005%；对高碳钢，钢中残铝量约为 0.015%即可实现硫化物从Ⅱ类变为Ⅲ类。

加铝量对硫化物夹杂类型的影响见图 1。

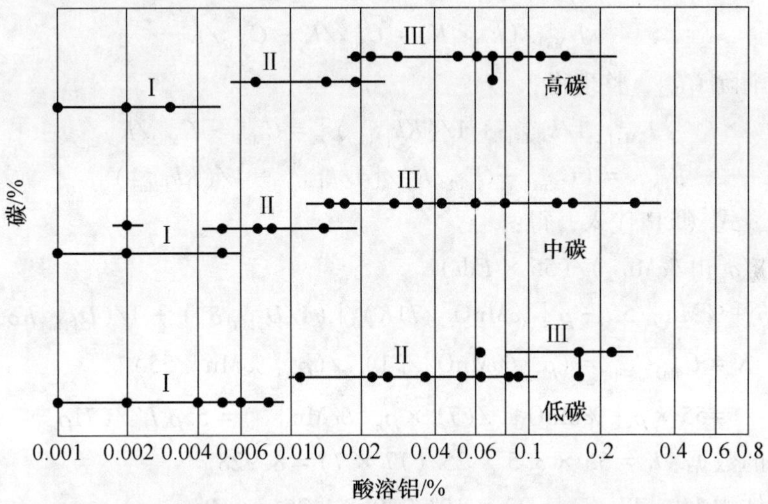

图 1　铝含量对高碳、中碳、低碳铸钢中硫化物夹杂类型的影响

四、解：根据液-液相反应的双膜理论，Mn 在渣钢中的扩散流为：

$$J_{[Mn]} = k_{[Mn]}(C_{Mn1} - C^*_{Mn1}) \tag{1}$$

$$J_{(Mn)} = k_{(Mn)}(C^*_{Mn2} - C_{Mn2}) \tag{2}$$

式中　下标 1——金属相；

下标 2——渣相；

k——传质系数；

J——物质流。

为便于应用，把浓度（mol/cm^3）按算为质量分数：

$$C_{Mn1} = \rho_m[\%Mn]/55 \tag{3}$$

$$C_{Mn2} = \rho_s[\%Mn]/55 = \rho_s\ [\%MnO]\ /71 \tag{4}$$

式中 ρ_m，ρ_s——钢和渣的密度；

55，71——Mn 和 MnO 的相对分子质量。

当过程稳态进行时：

$$J_{[Mn]} = -dn_{[Mn]}/(Fdt) = -(V_m\rho_m d[\%Mn])/(55 \times Fdt) = J_{[Mn]} \quad (5)$$

式中 $n_{[Mn]}$——Mn 的物质的量；

V_m——金属的体积；

F——界面面积。

当渣-钢界面上当达到平衡时：

$$C^*_{Mn2}/C^*_{Mn1} = K$$

此时相界面是不变的，界面两侧扩散流稳定地进行，所以两边的扩散通量相等。

$$J_{[Mn]} = k_{[Mn]}(C_{Mn1} - C^*_{Mn2}/K) = k_{(Mn)}K(C^*_{Mn1}/K - C_{Mn2}/K)$$

由此可得

$$J_{[Mn]}/k_{[Mn]} = C_{Mn1} - C^*_{Mn2}/K$$

$$J_{[Mn]}/(k_{(Mn)}K) = C^*_{Mn2}/K - C_{Mn2}/K$$

两式相加消除 C^*_{Mn2}，整理得：

$$J_{[Mn]}[1/k_{[Mn]} + 1/(Kk_{[Mn]})] = C_{Mn1} - C_{Mn2}/K$$

$$J_{[Mn]} = (C_{Mn1} - C_{Mn2}/K)/[1/k_{[Mn]} + 1/(Kk_{[Mn]})]$$

将式（3）~式（5）代入，得：

$$-(V_m\rho_m d[\%Mn])/(55 \times Fdt)$$
$$= (\rho_m[\%Mn]/55 - \rho_s[\%MnO]/71K)/[(1/D_{[Mn]}\delta_m) + 1/(D_{[Mn]}K\delta_s)] \quad (6)$$

而

$$K = C^*_{Mn2}C^*_{Mn1} = (\rho_s[\%MnO]/71)^*/(\rho_m[\%Mn]/55)^*$$
$$= 55 \times \rho_s[\%MnO]^*/(71 \times \rho_m[\%Mn]^*) = 55\rho_s L'_m/(71\rho_m)$$

代入题中的数据：$K = 55 \times 3.5 \times 25/(77 \times 7) = 8.928$。

则：钢水体积 $V_m = W_m/\rho_m = 32 \times 10^6/7.0 = 4.751 \times 10^6(cm^3)$。

得 $F=18\times10^4 cm^2$。

现计算：

$$V_m\rho_m/(55F) = 4.751 \times 10^6 \times 7.0/(55 \times 18 \times 10^4) = 3.232$$

$$\rho_m[\%Mn]/55 = 7.0 \times 0.8/55 = 0.0108$$

$$\rho_s[\%MnO]/(71K) = 3.5 \times 12/(71 \times 8.928) = 0.066$$

$$1/k_{[Mn]} = \delta_m/D_{[Mn]} = 0.003/10^{-4} = 3 \times 10^2$$

$$1/(k_{[Mn]}K) = \delta_s/(D_{[Mn]}K) = 0.285 \times 10^{-3}/(2.34 \times 10^{-6} \times 8.928) = 13.641$$

以上数据代入式（6）：

$$-3.232 \times d[\%Mn]/dt = (0.1018 - 0.066)/(300 + 13.641)$$

$$-d[\%Mn]/dt = 0.0358/(3.232 \times 313.641) = 3.53 \times 10^{-5}(\%/s)$$

即 Mn 的氧化速度为 $3.53\times10^{-5}\%/s$。

17. 1984 年北京钢铁学院炼钢学试题选解

一、答：

（1）转炉复合吹炼是一种转炉炼钢方法。上部顶吹 O_2，下部底吹 Ar 或其他气体（O_2、CO、CO_2、N_2 等）。顶底复合吹炼同顶吹转炉相比具有一系列优点；顶底复合吹炼在某种程度上克服了顶吹的弊病也弥补了底吹的不足，兼有二者的优点，尤其是底吹气体的搅拌作用，使钢水与炉渣之间的冶金反应动力学条件得以显著改善，炉渣的精炼能力得以充分发挥，脱磷、脱硫、脱碳和去气的效率高，钢质纯净均匀，并能经济地生产低碳钢（0.02%甚至 0.009%C），这是顶吹转炉所不能的。此外，复合吹炼冶炼时间短，生产效率提高，通过喷吹含碳的物质（如粉煤）作为二次燃料，并强化 CO 的二次燃烧，能量利用率提高，废钢比大大增加，甚至可与电炉竞争。顶底复合方法吹炼平稳，喷溅减轻，渣中铁损少，金属收得率高达 96.5%，容易操作。

（2）氧气转炉供氧强度为单位时间的供氧量，单位为 $m^3/(t \cdot min)$。

（3）铁水预处理：高炉冶炼出来的铁水，在未装入下一步精炼炉（如转炉、电炉）之前，用适当方法对铁水进行预脱硫、预脱磷等操作，达到减轻下一步精炼的去硫、去磷任务的一种操作方法，目前有铁水预脱硫、铁水预脱磷等。

（4）转炉内部空间体积 V 与金属装入量 T 的比值称为转炉炉容比，一般转炉炉容比在 0.9~1.1 之间。

（5）详见 1983 年东北工学院钢铁冶金学试题六（5）题答案。

（6）保护渣：一种用于镇静钢模铸和连铸浇注时用的渣系，保护渣通常具有三个方面的作用：1）保护渣覆盖在钢液上面，对钢液起防止氧化和绝热保温作用；2）保护渣还可以吸收上浮的非金属夹杂和浮渣，有利于减少钢锭表面夹渣和内部非金属夹杂物；3）在钢液凝固过程中，保护渣可以起均匀冷却作用以及润滑作用，后者可以减少对凝固壳自由收缩的阻碍，有利于防止表面裂纹和皮下气泡等缺陷。

（7）喷吹冶金：利用一种气体作载气，把需要的反应材料以颗粒状或粉状喷射到熔池中需要的反应区达到需要的目的。喷吹冶金的特点：载气，气力输送；用粉剂，颗粒状材料。

（8）AOD 法：见 1980 年北京钢铁学院一（3）题答案。

（9）贝氏麦法：1855 年英国人贝氏麦（H. Bessemer）发明了空气酸性底吹转炉炼钢法，它是一种在底吹转炉上将空气直接吹进铁水，利用空气直接去氧化 Si、Mn、C 等元素，并依靠这些元素氧化放出的热量将液体金属加热到进行浇铸所用的高温。贝氏麦法用酸性耐火材料作炉衬，用酸性渣操作，吹炼过程不能去 S、P。因此，贝氏麦法只适用处理低 S、P 原料，该法要求铁水含 Si 较高，以保证足够的热量来源。

托马斯法：1879 年托马斯（S. G. Thomas）发明碱性空气底吹转炉炼钢法，该法改用碱性耐火材料作炉衬，仍用空气底吹入铁水，该法在吹炼过程中加入石灰，造具有脱磷能力的碱性渣。托马斯法可用于处理高磷生铁，扩大了空气转炉对原料的适应能力。

（10）详见 1980 年北京钢铁学院炼钢学一（10）题答案。

二、解：

（1）　$Si(l) + O_2(g) \xlongequal{\quad} SiO_2(s)$　　$\Delta G_1^{\ominus} = -227700 + 48.7T$　　(1)

$Si(l) \xlongequal{\quad} [Si]$　　$\Delta G_2^{\ominus} = -31430 - 4.12T$　　(2)

$1/2O_2(g) \xlongequal{\quad} [O]$　　$\Delta G_3^{\ominus} = -28000 - 0.69T$　　(3)

式（1)-式（2）有：$[Si] + O_2(g) \xlongequal{\quad} SiO_2(s)$　　$\Delta G_4^{\ominus} = \Delta G_1^{\ominus} - \Delta G_2^{\ominus}$　　(4)

式（4)-2×式（3）有：

$[Si] + 2[O] \xlongequal{\quad} SiO_2(s)$　　$\Delta G_5^{\ominus} = \Delta G_4^{\ominus} - 2\Delta G_3^{\ominus} = \Delta G_1^{\ominus} - \Delta G_2^{\ominus} - 2\Delta G_3^{\ominus}$　　(5)

改写式（5）为：

$SiO_2(s) \xlongequal{\quad} [Si] + 2[O]$　　$\Delta G_6^{\ominus} = \Delta G_2^{\ominus} + 2\Delta G_3^{\ominus} - \Delta G_1^{\ominus} = 140270 - 54.2T$　(6)

下面求 $f_{[Si]}$ 和 $f_{[O]}$：

$$\lg f_{[Si]} = e_{Si}^{Si}[\%Si] + e_{Si}^{O}[\%O] + e_{Si}^{C}[\%C]$$
$$=0.11 \times 0.2 - 0.23 \times 0.015 + 0.018 \times 0.3 = 0.0715$$
$$\lg f_{[O]} = e_{O}^{O}[\%O] + e_{O}^{Si}[\%Si] + e_{O}^{C}[\%C]$$
$$= -0.20 \times 0.015 - 0.13 \times 0.2 - 0.045 \times 0.35 = -0.03035$$

查表得 $f_{[Si]} = 1.1789$，$f_{[O]} = 0.91348$。

反应（6）的自由能变化：　$\Delta G_6 = \Delta G_6^{\ominus} + RT\ln J_P$

其中　$J_P = a_{[O]}^2 a_{[Si]} = [\%O]^2 f_{[O]}^2 [\%Si] f_{[Si]}$

代入数据 $J_P = 0.015^2 \times 0.91348^2 \times 1.1789 \times 0.2 = 4.427$，得 $T = 1650 + 273 = 1923$，代入 ΔG_6，得：

$$\Delta G_6 = 140270 - 54.2 \times 1923 + 4.575 \times 1923 \lg 4.427 \times 10^{-5}$$
$$= -2261.24 < 0$$

$\Delta G_6 < 0$，正反应自发，表明 SiO_2 已分解。下面再求 SiO_2 开始分解的温度。

Si 开始分解的温度，即是反应（6）达到平衡时（$\Delta G_6 = 0$）的温度，即：

$$\Delta G_6^{\ominus} + RT\ln J_P = 0$$

$$140270 - 54.2 \times 1923 + 4.575 \times 1923 \lg 4.427 \times 10^{-5} = 0$$

解出 $T = 1892.5$K（即 1619.5℃时，Si 已经开始分解了）。

（4）二次氧化：随着钢液含氧量的降低，由外界向钢液传氧的驱动力加大，在出钢和浇注过程中，钢液再次被氧化而形成一些脱氧产物的过程称为钢液的二次氧化。二次氧化氧的来源有：大气中的氧和耐火材料或熔渣中的不稳定脱氧产物。

防止钢液二次氧化的措施：

1）应用真空处理，避免钢液直接与大气接触；

2）采用氩气保护，使空气与钢液隔离，保护钢液不再被空气氧化；

3）出钢过程中为防止或减轻二次氧化，可采用钢渣混出，或先渣后钢；

4）浇注时采用注流的保护浇注，一般用 N_2 或 Ar 密封，钢种若要求低氮时只能用氩气密封，若浇注大型锻造钢锭可采用真空浇注方法；

5）从出钢口到出钢槽要尽量平稳，保证钢水畅流，防止钢流发散（散流），界面加大造成二次氧化加剧。

关于钢液二次氧化的理论研究指出，浇注过程钢液的二次氧化，一方面注流表面与空气相接触，空气中的氧要穿过气相边界层到达气-液界面，并在气-液界面上与钢液中的化学元素反应，称为扩散再氧化，形成夹杂物。另一方面，高速运动的注流要带动周围的气体一起朝下运动，并将一部分气体卷入下部液池，形成气-液乳化相，乳化相中气泡内的氧也要与钢液中化学元素反应，称为卷吸再氧化，而形成夹杂物，整个浇注是钢水被再氧化的过程。

一般认为扩散再氧化的传氧速度受气相扩散控制，传氧总量与气-液面积成正比，在注流不发生散流时，扩散再氧化与卷吸再氧化相比很少，一般不超过 1/10。

扩散再氧化和卷吸再氧化的量取决于流股接触和卷吸气体的流量和被卷入气体的氧的分压力，因此可通过减少卷气量或通过降低气相中氧的分压来减少空气对钢水的再氧化量。

（6）连铸的优越性：

1）连铸切头切尾损失小，成材率高，提高金属收得率 8%~10%。

2）连铸将几道工序连在一起，不需要脱模、整模，不需要经过初轧，机械化、自动化程度高，劳动生产率提高约 20%，劳动条件大为改善。

3）车间布置、车间设备简化，投资比模铸的厂减少约 10%~20%。

4）连铸由于强制冷却的效果，出来的是坯，铸坯比钢锭组织细密，晶粒更细，偏析小，断面小，各个部分的组织结构及性能比较均匀最后带来经济效益好，节约能源（不需用均热炉加热钢锭送去初轧），减少钢锭均热过程的氧化损失。

5）生产成本降低 10%~12%，节约能源 50%~70%，这对于当今能源危机，而钢铁产业是能耗大户来说，连铸有着美好发展的前景。

连铸的不足之处：

1）凝固速度与拉速不易配合，容易拉漏。

2）铸坯始终处于强制冷却状态，柱状晶发展，容易形成穿晶结构。

3）方坯容易变成菱形，板坯容易鼓肚。

4）连铸机的生产率受拉速限制，拉速不能太大，否则会拉裂，甚至拉漏。若减小拉速，会使连铸机生产效率降低。

18. 1984 年东北工业学院钢铁冶金学试题选解

一、答：

（1）由反应　　$2C + O_2 = 2CO$　　$\Delta G_1^\ominus = -223426 - 175.3T$　　(1)

$2Fe + O_2 = 2FeO$　　$\Delta G_2^\ominus = -519234 + 125.1T$　　(2)

式（1）-式（2）：$2C + 2FeO = 2CO + 2Fe$　　$\Delta G_3^\ominus = \Delta G_1^\ominus - \Delta G_2^\ominus$　　(3)

两边除以 2：

$C + FeO = CO + Fe$　　$\Delta G_4^\ominus = 1/2\Delta G_1^\ominus - 1/2\Delta G_2^\ominus = 147904 - 150.2T$　　(3)

反应（4）的自由能变化为：　$\Delta G^\ominus = \Delta G_4^\ominus + RT\ln J_p$

$$J_p = p_{CO} = 30\% P_{总} = 0.3 \times 1.5 = 0.45$$

FeO 直接还原的开始温度即反应比达到平衡时的温度，此时 $\Delta G = 0$，即 $147904 - 150.2T + 4.575\lg 0.45 = 0$，解出 $T = 974.4$K。

（2）此题详见 1987 年唐山工程技术学院钢冶金学试题六答案。

四、答：

（3）电弧炉炼钢操作中应注意下列问题：

1）操作过程中经常注意电极孔的密封，勤关炉门。

2）炉衬材料与浇注系统的耐火材料的干燥脱水，如黏结剂用焦油、沥青的脱水。

3）操作工具的烘烤、脱水，如木耙。

4）向钢水吹入惰性气体 Ar，达到去气效果，比如在还原期或出钢后的盛钢桶可以吹 Ar。

5）熔氧合并以后，吹氧氧化，脱碳速度增大，可以强化去氢。

6）还原期温度高，气体在钢中的溶解度随温度升高而增加，而还原期无脱磷反应，该期不能去氢，只能吸氢。因此在还原期操作上要注意，搞还原期电炉工艺的强化，比如用铝等强脱氧剂，强制脱氧代替传统工艺的扩散脱氧使还原期冶炼时间缩短，因而可减少钢液中的含氢量。

五、答：

（2）生产半镇静钢的优点：

1）半镇静钢钢锭结构同沸腾钢相比较，有气泡，无缩孔，钢锭性能与镇静钢相似，偏析比镇静钢锭大，但比沸腾钢锭小，性能较好。

2）半镇静钢代替镇静钢切头减少，钢坯获得率提高 7%～10%，相当于增加 8%～10% 的钢产量，节约脱氧剂硅铁和铝量 1/2～2/3。

3）半镇静钢代替沸腾钢，由于偏析比沸腾钢小，轧制废品少，成材率接近沸腾钢的成材率，而钢材性能比沸腾钢好。

4）半镇静钢采用沸腾钢钢锭模浇注，使脱模、整模简化，提高了铸锭生产能力。

5）半镇静钢钢锭同沸腾钢相比无需封顶，注完后的静置时间可以缩短，同时大型半镇静钢钢锭适合快速浇注，使铸锭生产能力比沸腾钢更高。

6）半镇静钢含 Mn 量与含 C 量没有严格限制，可含 C 0.05%~0.9%、Mn 0.25%~1.70%、Si<0.12%，还允许含有一定量合金元素，品种较多。

7）半镇静钢成本低，由于半镇静钢生产工序的简化以及金属和材料的节约，每吨碳素半镇静钢的成本比同类镇静钢降低 10~20 元。

从以上可以看出，半镇静钢的生产具有一系列优越性，使其应用得到了广泛的发展。以前，世界各主要的产钢国家半镇静产量均占钢产量的 10%~30%，曾经大批生产普通碳素钢和普通低合金钢等三四十个钢种，轧成型、板管、线等各种钢材，广泛应用于建筑、机械、造船等部门。

19. 1984 年钢铁研究总院炼钢学试题选解

二、答：炼钢过程脱氧的任务即脱氧的目的见 1983 年钢铁研究总院炼钢学试题四答案。

如何判断元素的脱氧能力见 1982 年北京钢铁学院炼钢学试题二答案。

三、解：斯托克斯公式：

$$v = \frac{2g}{9\eta_{钢}}(\rho_{钢} - \rho_{夹})r_{夹}^2$$

的适用条件为尺寸不超过 150μm 的球状夹杂。

夹杂 1 的直径 $d_1 = 15\mu m = 15\times10^{-4}$ cm，$r_1 = d_1/2$，题目已知数据 $\eta_{钢} = 0.03$P，$\rho_{钢} = 7.18/cm^3$，$\rho_{夹} = 3.0g/cm^3$，$g = 980cm/s^2$，代入斯托克斯公式：

$$v_1 = 2 \times 980/(9 \times 0.03) \times (7.1 - 3.0) \times (15/2 \times 10^{-4})^2$$
$$= 1.674 \times 10^{-2}(cm/s)$$

夹杂 1 从 1.5m 深处完全上浮的时间为：

$$t_1 = h/v_1 = 150/(1.674\times10^{-2}) = 8960(s)$$

同理，对夹杂 2：$d_2 = 20\mu m = 20\times10^{-4}$ cm，其他数据同上，代入斯托克斯公式计算得到：

$$v_2 = 2.97\times10^{-2} cm/s$$

夹杂 2 从 1. 5m 深处完全上浮的时间为：

$$t_2 = h/v_2 = 150/(2.97 \times 10^{-2}) = 5039.8(\mathrm{s})$$

四、答：

（1）鼓肚：是指铸坯的凝固壳受到静水压力的作用，而鼓胀成凸面的现象。对板坯来说，宽面为凸面，宽面中央的厚度与边缘厚度之差称做鼓肚量，以此来衡量鼓肚程度，板坯容易产生鼓肚，鼓肚后会增加拉坯阻力，严重时从铸机内拉不出坯子，使生产被迫中断，鼓肚的铸坯中心偏析加重，并形成中心一字形的裂纹。

为了防止鼓肚，应注意：1）合适的两对辊间距，辊间距越大越易产生鼓肚；2）辊子要保持良好的刚性，防止变形；3）要有足够的二次冷却强度，以增加凝固壳厚度；4）辊子对中要好；5）拉速变化时，尤其是慢变快时，二次冷却水量应相应增加。

菱形变形又称脱方，是大小方坯所特有的形状缺陷。它是指方坯一对角小于 90°，另一对角大于 90°，一般用对角线的长度差表示菱变大小；发生菱变的铸坯，常伴有内部裂纹的产生，菱形变形严重的方坯轧制时不能咬入孔型。方坯结晶器内四条边冷却不均匀，会造成四个边凝固壳厚度不一样，从而使凝固壳的收缩程度也不均匀，会使铸坯断面发生菱变。如果铸坯出结晶器后，四个面的冷却仍不均匀，坯壳支撑又不充分，会促使菱形变形的发展。

防止或减轻方坯的菱形应：1）改进结晶器的结构，防止结晶器内壁表面的凹凸变形；2）结晶器冷却水通路的间隔各面要均衡；3）适当减少结晶器的冷却水量；4）在结晶器下设置足辊式冷却板；5）二冷区铸坯四个面要均匀冷却。

（2）上涨：指沸腾钢钢锭顶面比最初浇注的液面高出一部分（见图 1）。若沸腾钢浇注完毕，钢锭的高度稍许增加，这是正常的，但是过分长高，就是缺陷，称为上涨（若高出部分超过 150mm 时就认为是缺陷）。钢液氧化性过弱时，模内沸腾不利，气泡从钢液中排出过少，封顶后，钢锭内仍保留较多的气体，其压力超过顶面凝壳张力时，即造成钢锭头部上涨，浇注过程中沸腾微弱是产生上涨的主要原因。

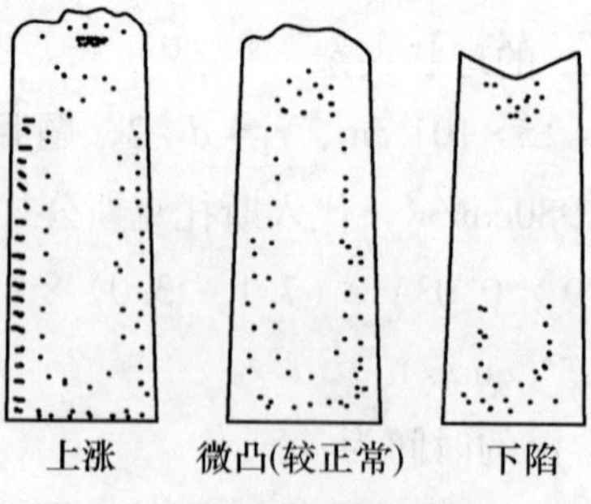

图 1　钢锭缺陷

下陷：指沸腾钢钢锭顶面比最初浇注的钢液面低凹。当钢液氧化性过强时，模内沸腾过于强烈，过多的气泡使钢液体积膨胀，注毕时，液面很高，待正常沸腾时，钢中气泡减少，则造成液面下降，而又得不到钢液的补充，就形成了下陷。

上涨和下陷是沸腾钢钢锭的特有缺陷，上涨和下陷均使金属成材率降低，而失去沸腾钢的经济价值。防止沸腾钢的上涨和下陷，主要保证钢液在模内沸腾良好和适时封顶。

（3）结疤：易产生在钢锭中下部，尾部更为严重，简单地说，钢锭结疤就是钢锭表面粘金属壳皮和不规则的凸块，其形状呈粒状、壳皮状和瘤子状。

结疤产生的原因：1）开浇时，液流飞溅，溅在模壁上的液滴冷凝并空气氧化；2）钢流分散，注流不正，盛钢桶转移时关不严而散落的液滴；3）漏包时，无法控制流速，钢水喷洒；飞溅从模口上部飞出模内，被上浮的钢液托起来粘在模壁上，也可能造成结疤；4）钢锭模内壁存在凹凸不平的缺陷，也是造成结疤的原因之一。上注时结疤比下注时为多。

重皮：可认为是大面积的结疤。操作不当时，钢水在模内沸腾强烈，涌在模壁上的钢液冷凝成金属薄壳，并迅速收缩脱离模壁形成空隙，随之后续钢液充入空隙，而使表面已氧化的薄壳在接近钢锭的表面处形成“重皮”。

重皮形成的原因：1）下注时产生重皮较多，原因主要与钢中所带气体有关，开浇时不要太猛，跟流要稳，让钢水赶着下注系统内的气体往前跑，顺利从上升孔排出，而不要把气体裹在钢水里；2）浇注过氧化的钢水，模内沸腾强烈；3）模子涂油太厚，模子过凉，均有可能产生重皮。

五、答：

（1）凝固厚度：

$$S = 2\beta\sqrt{\alpha_m t}$$

式中　α_m——导温系数，$\alpha_m = \dfrac{\lambda}{\rho c_p}$，题目已给出密度 $\rho = 7.3\text{g/cm}^3$、比热容 $c_p = 0.18\text{cal/(g·℃)}$，导热系数 $\lambda = 0.07\text{cal/(cm·s·℃)}$，代入计算：$\alpha_m = 0.07/(7.3\times0.18) = 0.0533$。

由题目条件 $S = 50\text{cm}$（半厚度），误差函数值 $\beta = 0.98$，得：

$$t = S^2/(4\beta^2\alpha_m) = 50^2/(4\times0.98^2\times0.533)$$
$$= 12209.5(\text{s}) = 203.49(\text{min})$$

（2）形成新相结晶核系统的自由能变化包括：

1）体积自由能的变化 $\Delta G_V = 4/3\pi r^3(G_B - G_A)$（式中，$G_A$ 为 A 相体积自由能，A 为液相；G_B 为 B 相体积自由能，B 为固相），即在 A 相中形成 B 新相引起的自由能下降；

2）表面自由能的变化 $\Delta G_F = 4\pi r^2\sigma$（式中，$\sigma$ 为 A、B 两相界面能），即形成新相 B 产生固-液交界面而引起的自由能增加。

形成新相晶核的总自由能的变化为：

$$\Delta G = \Delta G_V + \Delta G_F$$
$$= 4/3\pi r^3(G_B - G_A) + 4\pi^2\sigma$$

新相晶核的总自由能变化 ΔG 与晶核半径的关系，当 ΔG 达到最大值时，晶核大小为临界半径 r^*，在 $r=r^*$ 时

$$\frac{\partial(\Delta G)}{\partial r}=0$$

即

$$4\pi r^{*2}\times(G_B-G_A)+8\pi r^*\sigma=0$$

$$r^*=-2\sigma/(G_B-G_A)=2\sigma/\Delta G_f$$

$$=2\sigma T_f/(L_f\Delta T)$$

式中　ΔG_f——固相变为液相的自由能变化 $\Delta G_f=G_B-G_A$，$\Delta G_f=L_f(T_f-T)/T_f=L_f\Delta T/T_f$；

ΔT——过冷度，$\Delta T=T_f-T$；

L_f——结晶潜热。

可见 r^* 取决于系统的自由能变化和界面能。$r<r^*$，即新相晶核小于临界半径，晶核的长大导致自由能增加，新相不稳定；$r>r^*$，即新相晶核大于与临界半径，晶核长大导致系统自由能的减少，新相晶核能稳定长大。因此，在一定的温度下，任何大于临界半径的晶核趋向于长大，小于临界半径的晶核趋向于消失。

从图 2 中看出：$r>r^*$ 晶核长大能使系统自由能降低，当 $r=r^*$ ΔG 为正值，这说明形成临界晶核时，需要一定的能量，这个补充的能量称为形核功 ΔG^*，即是说必须获得大小相当于形核功的额外能量才能形成临界晶核，这部分能量是由液态金属的能量起伏来提供的。

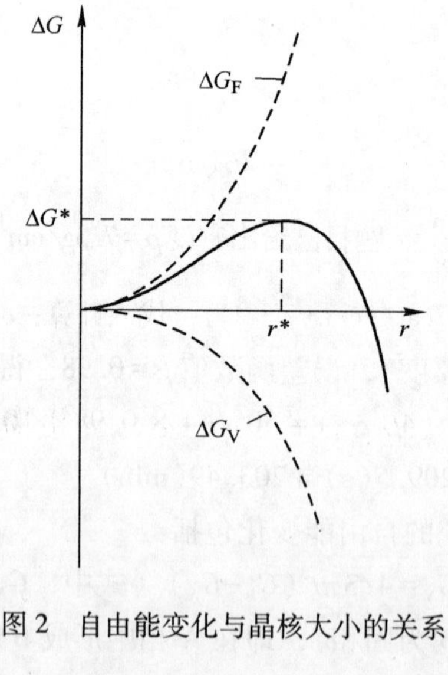

图 2　自由能变化与晶核大小的关系

形核功：

$$\Delta G^*=16\pi\sigma^3T_f^2/[3L_f(\Delta T)^2]=\frac{4}{3}\pi r^{*2}\sigma$$

式中　$4\pi r^{*2}\sigma$——临界晶核的表面能。

可见，形核功是临界晶核表面能的 1/3，从 ΔG^* 式可看到，ΔT 过冷度越大，ΔG^* 越小，表明，要形成稳定晶核，必须有过冷度和过冷度相适应的能量起伏。

20. 1984 年鞍山钢铁学院炼钢学试题选解

四、答：气泡暴露：由于蜂窝气泡或是皮下气泡在均热炉内暴露和氧化，造成初轧时钢坯表面多孔、不平的一种现象称为气泡暴露。

造成气泡暴露的原因：或是坚固带过薄，或是在均热炉内加热时间过长，或是炉气氧化气氛过强或轧制工艺不当，或是坚固带中有与蜂窝气泡相通的气沟或皮下气泡等。在均热炉内加热时，钢锭表面将被氧化，若坚固带过薄，蜂窝气泡就会暴露出来，被炉气氧化，轧制时，不能焊合，而形成裂纹。为了保证钢锭在均热炉内加热时不致因表面氧化造成气泡暴露，要求坚固带应有一定的厚度。

防止气泡暴露的措施有：

（1）控制合适的注温，减慢注速，都有利于模内沸腾，从而得到较厚的坚固带。

（2）改善钢的沸腾强度，模内吹氩，可以帮助沸腾，增加坚固带（皮层）厚度。另外，向钢中加入 NaF 也可以帮助沸腾。

（3）为了得到一定厚度的坚固带，浇注前模温应为 80~100℃，但模温过高过低都不好。

（4）控制好钢水成分，即控制好钢水中［C］、［Si］及［Mn］等元素的含量在合适范围内，得到适宜厚度的坚固带。

五、答：

（1）人为改变熔体结构或加入少量添加物质（变性剂）造成核心的方法称为变性处理。可采用加入稀土金属元素对非金属夹杂物进行变性处理；用 Ti 和 Zr 对非金属夹杂物进行变形处理，喷吹 Ca 和含 Ca 的合金脱氧、脱硫，也可使夹杂物变性。

（2）H_2 与 N_2 对钢的危害：

1）降低钢的性能，影响钢的使用；

2）造成钢的发纹、疏松、皮气下泡等缺陷；

3）［N］、［H］使钢的高温塑性显著降低，对钢的抗裂性有极坏的影响；

4）氢在钢中产生的白点，并引起氢脆，随钢中氢含量的增加，钢的强度，特别是塑性和韧性显著下降，尤其是白点，隐藏在钢中不易发现，会造成意外事故。

钢中的氮能增加钢的时效硬化性，即钢含氮量高，在室温下长期放置后，性能不断变化，钢的硬度和强度升高，而塑性和韧性显著下降。钢材的时效硬化有时可能造成钢在使用和冷加工时的断裂。特别是低碳钢，由于 Fe_4N 的偏析而引起低温脆性，使冲击韧性显著降低，损害了薄板的深冲性能。此外，钢中的氮也是造成"蓝脆"的主要原因。在一定条件下，钢中的氮也可能作为一种重要的合金元素加入，一般可采用中间合金和渗氮的方法加入钢中。

（3）序号 1 与序号 3 为沸腾钢，序号 2 为镇静钢。

（4）直筒型喷头在高压下获得的射流最大速度为声速，拉瓦尔型喷头能有效地把氧气的压力能转变为动能，获得比较稳定的超声速射流，在达到相同的穿透深度时，后者的枪位可略高，有利于改善氧枪的工作。

（5）沸腾钢钢锭沸腾时氧的主要来源：钢水中原来的溶解氧及浇注和沸腾过程中从大气中吸取的氧（二次氧化）。

（6）钢包中吹氩的作用：

1）加强对钢水的搅拌，促进夹杂物的聚并、碰撞和长大，有利于夹杂物的去除。

2）吹氩对钢水起均匀成分和温度的作用。

3）向钢中吹氩，为钢中［N］、［H］提供形核地点，促进钢中［N］、［H］的降低。

4）氩气有保护作用，覆盖在钢液面上，可防止对钢液的二次氧化。

钢包吹氩原理：

1）氩是惰性气体，Ar 吹入钢液既不参加化学反应，也不溶解在钢液中。

2）纯 Ar 含 N、H 及 O 很低，所以 Ar 进入钢水时，可以认为 Ar 气泡对钢中溶解气体来说相当于一个小小的"真空室"，这个小小的"真空室"内其他气体的分压几乎为零。

3）由于气体 H_2 和 N_2 在钢中的溶解服从平方根定律，钢中 N、H 不断地向气泡中扩散，N、H 在 Ar 气泡中的分压，随气泡的上浮而增加。但气泡在钢水中上浮时受热膨胀，因而 N、H 的分压在钢水中仍能保持较低水平，故可连续吸收 N 和 H，最后随气泡溢出钢液，而去除 N、H 气体。

21. 1984 年上海钢铁研究所炼钢原理试题选解

一、答：

（1）有所增加；较多的自由空隙和空穴；与原来固体接近；在近程有序排列。

（2）网；塑性；脆性；群落状；它在热加工下保持原来的点球状。

（3）随温度升高，平衡常数 K_p 增大；沸腾。

（4）熔池温度低；渣中（FeO）含量高和渣中（SiO_2）浓度大。

（5）见 1983 年钢铁研究总院炼钢学试题一。

（6）≈；≈；>；>；表面温度；内部浓度。

（7）O_2 的分压；温度；氧在铁液中溶解达到饱和时析出 FeO(l)，此时铁液中溶解的氧是对 FeO(l) 平衡的，即 FeO(l) ══[O] + [Fe]。

（8）双膜理论的要点：

1）在相界面的两侧存在两层膜，将两相传质的阻力视为主要集中在相界面两层膜内；

2）相界面是固定不变的，在相界面两侧的两层膜内进行稳定的分子扩散，整个过程处于稳定态之中；

3）两层膜是相对稳定的，不管两相内紊流程度如何，由于膜的阻抑，紊流不可能达到相界面；

4）已从单膜论导出，两层膜中的传质系数为：

$$K_{M1} = D_1/\delta_1 \quad 及 \quad K_{M2} = D_2/\delta_2$$

式中　D_1，D_2——扩散系数；

　　δ_1，δ_2——边界层厚度。

三、解：

（1）由反应　$[C] + [O] = \{CO\}$　　$\Delta G^{\ominus} = -4100 - 10.6T$

则　　$\lg K_P = -\Delta G^{\ominus}/(2.303RT) = 896/T + 2.21$

当 $T=1600+273=1873(K)$ 时，代入上式，求出 $K_P=488$，而 $K_P = p_{CO}/(a_{[C]}a_{[O]})$，由题目条件 $a_{[C]} \approx [\%C]$，$a_{[O]} \approx [\%O]$，得：

$$K_P = p_{CO}/([\%C][\%O])$$

又 $p_{CO}=7.6Torr=0.01atm$，代入，则：

$$[\%C][\%O] = p_{CO}/K_P = 2.1 \times 10^{-5}$$

由反应 $[C]+[O]=\{CO\}$ 知，脱去 12g 碳，需耗 16g 氧，若氧化脱去 xg 碳，则需耗氧 $16x/12=1.333x(g)$。原先钢水含碳为 0.15%，达到平衡时假定含碳量为 $(0.15-y)\%$；原先钢水含氧量 0.01%，平衡时含氧量 $(0.01-1.333y)\%$；叫：

起始：　　　0.15%　　　0.01%

平衡：　　　$(0.15-y)\%$　　　$(0.01-1.333y)\%$

从而，平衡时为：　$[\%C][\%O] = (0.15 - y)(0.01 - 1.333y) = 2.1 \times 10^{-5}$

整理得：　　$1.333y^2-0.20995g+0.001479=0$

解方程：$y_1=0.200097$（不合题意舍去），$y_2=0.00739$。

所以终点时：含 $[C] = (0.15 - y)\% = (0.15 - 0.00739)\% = 0.14261\%$；含 $[O] = (0.01 - 1.333y)\% = (0.01 - 1.333 \times 0.00739)\% = 0.00015\%$。

（2）对于反应 $(Cr_3O_4)(s) + 4[C] = 3[Cr] + 4\{CO\}\uparrow$ 有：

$$K_P = p_{CO}^4 a_{[Cr]}^3 / a_{[C]}^4$$

$$\Delta G^{\ominus} = -RT\ln K_P = -4.575T(4\lg p_{CO} + 3\lg a_{[Cr]} - 4a_{[C]})$$

$$= -4.575T(4\lg p_{CO} + 3\lg[\%Cr] + 3\lg f_{[Cr]} - 4[\%C] - 4f_{[C]})$$

下面求 $f_{[C]}$ 和 $f_{[Cr]}$：

$$\lg f_{[C]} = e_C^C[\%C] + e_C^{Cr}[\%Cr] + e_C^{Ni}[\%Ni] = 0.14[\%C] - 0.024[\%Cr] + 0.012[\%Ni]$$

因此
$$-4\lg f_{[C]} = -0.56[\%C] + 0.096[\%Cr] - 0.048[\%Ni]$$

$$\lg f_{[Cr]} = e_{Cr}^{Cr}[\%Cr] + e_{Cr}^{C}[\%C] + e_{Cr}^{Ni}[\%Ni]$$
$$= -0.0003[\%Cr] - 0.12[\%C] + 0.0002[\%Ni]$$

因此
$$3\lg f_{[Cr]} = -0.0009[\%Cr] - 0.36[\%C] + 0.0006[\%Ni]$$
$$-4\lg f_{[C]} + 3\lg f_{[Cr]} = -0.92[\%C] + 0.951[\%Cr] - 0.474[\%Ni]$$

代入得
$$\Delta G^{\ominus} = -4.575T(4\lg p_{CO} - 0.92[\%C] - 4\lg[\%C] + 0.0951[\%Cr] + 3\lg[\%Cr] - 0.0474[\%Ni])$$

由题目条件：　$\lg K_P = -49560/T + 32.27$，则：

$$4\lg p_{CO} - 0.92[\%C] - 4\lg[\%C] + 0.0951[\%Cr] + 3\lg[\%Cr] - 0.0474[\%Ni] = -49560/T + 32.27$$

选取温度 $T = 1650℃$（1923K）将题中数据代入得：

$$4\lg p_{CO} - 0.92\times0.05 - 4\lg0.05 + 0.095\times18 + 3\lg18 - 0.0474\times8 = -49560/1923 + 32.27$$
$$4\lg p_{CO} = 6.498 - 5.204 - 3.766 - 1.1712 + 0.423 + 0.046 = -3.715$$
$$\lg p_{CO} = -0.9288$$
$$p_{CO} = 0.1178$$

吹入 1mol O_2 产生 2mol CO，而惰性气体 Ar 不参与反应，熔池中 CO 的分压力为：

$$P_{CO} = 2Q_{O_2}/(2Q_{O_2} + Q_{Ar})$$

式中　Q_{O_2}——供氧速度，m^3/min；

Q_{Ar}——Ar 作为稀释气体的吹入速度，m^3/min。

所以
$$2Q_{O_2}/(Q_{O_2} + Q_{Ar}) = 0.1178$$
$$2Q_{O_2} = 0.2356Q_{O_2} + 0.1178Q_{Ar}$$
$$1.7644Q_{O_2} = 0.1178Q_{Ar}$$
$$Q_{Ar}/Q_{O_2} = 1.7644/0.1178 = 14.98(\approx 15)$$

22. 1984 年上海工业大学炼钢学试题选解

一、解：

（1）由反应：

$$[C] + [O] = \{CO\} \qquad \Delta G_1^{\ominus} = -4100 - 10.16T \qquad (1)$$
$$[Si] + [O] = SiO_2 \qquad \Delta G_2^{\ominus} = -139300 + 53.55T \qquad (2)$$

式（1）×式（2）-式（2）：

$$2[C] + SiO_2 \longrightarrow 2\{CO\} + [Si] \qquad \Delta G_3^{\ominus} = +131100 - 73.87T \qquad (3)$$

$$\lg f_{[C]} = e_C^C[\%C] + e_C^{Si}[\%Si] = 0.14 \times 4 + 0.008 \times 4 = 0.608$$

则

$$f_{[C]} = 4.055$$

$$\lg f_{[Si]} = e_{Si}^{Si}[\%Si] + e_C^{Si}[\%C] = 0.11 \times 6 + 0.18 \times 4 = 0.786$$

则

$$f_{[Si]} = 6.109$$

反应（3）的

$$J_p = \frac{a_{[Si]}p_{CO}^2}{a_{[C]}^2 a_{SiO_2}} = \frac{6.109 \times 0.6 \times 1^2}{(4.055 \times 4)^2 \times 0.1} = 0.1393$$

当 $T = 1523K$ 时，反应（3）：

$$\lg K_P = -\frac{131100}{4.57 \times 1523} + \frac{3.87}{4.575} = 18.815 + 16.1464 = -2.6689$$

则

$$K_P = 0.00214$$

显见，当 $J_P > K_P$，则 $\Delta G > 0$，逆反应自发，即硅优先氧化，碳不氧化。

二、解：完全离子溶液的基本观点是：

（1）溶液完全由离子所构成，没有中性的分子存在；

（2）溶液和离子晶体一样，阴、阳离子相间排列，即同符号的离子均匀分布在异符号离子的周围；

（3）各种阴离子对阳离子的作用看做是等同的，各种阳离子对阴离子的作用也是等同的，这样完全离子溶液如同由两个独立的理想溶液所组成，组成溶液的混合焓等于零。阴阳离子的交换不产生热反应，混合熵等于阴阳离子单独计算的混合熵的总和。

设渣完全离子化，组成为：Ca^{2+}、Mg^{2+}、Mn^{2+}、Fe^{2+}、SiO_4^{4-}、PO_4^{3-}，FeO 的活度由下式计算：

$$a_{(FeO)} = x_{Fe^{2+}} x_{O^{2-}}$$

$$x_{Fe^{2+}} = \frac{n_{Fe^{2+}}}{n_{Ca^{2+}} + n_{Mg^{2+}} + n_{Mn^{2+}} + n_{Fe^{2+}}}$$

$$n_{O^{2-}} = \frac{n_{O^{2-}}}{n_{O^{2-}} + n_{SiO_4^{4-}} + n_{PO_4^{3-}}}$$

由全氧法得：

$$(\% \sum FeO) = (\%FeO) + 1.35(\%Fe_2O_3) = 5.82 + 1.35 \times 1.76 = 8.196$$

$$n_{Ca^{2+}} = n_{CaO} = 1.089,\ n_{Fe^{2+}} = n_{FeO} = 0.1138,\ n_{Mg^{2+}} = n_{MgO} = 0.063$$

$$n_{Mn^{2+}} = n_{MnO} = 0.00957,\ n_S = 0.003875,\ n_{SiO_4^{4-}} = n_{SiO_2} = 0.375$$

$$n_{PO_4^{3-}} = 2n_{P_2O_5} = 2 \times 0.00577 = 0.0115$$

代入各值得：

$$\sum n^+ = n_{CaO} + n_{MgO} + n_{FeO} + n_{MnO}$$

$$= 1.089 + 0.1138 + 0.063 + 0.00957 = 1.27537$$

$$n_{O^{2-}}=\sum n^{+}-2n_{SiO_2}-3n_{P_2O_5}=1.27537-2\times0.375-3\times0.00577=0.50806$$

$$\sum n^{-}=n_{O^{2-}}+n_{SiO_4^{4-}}+n_{PO_4^{3-}}+n_S=0.50806+0.375+0.0115+0.003875=0.898435$$

$$x_{Fe^{2+}}=\frac{0.1138}{1.27537}=0.08922,\ x_{O^{2-}}=\frac{0.50806}{0.898435}=0.56549$$

$$a_{FeO}=0.08922\times056549=0.5050$$

1600℃时，铁中氧的最大溶解度为 0.23%，给出的实际铁液的含量为：0.027%，渣中氧化铁的活度 $a_{FeO}=0.027/0.23=0.11739$，计算得：

$$L_S=\frac{0.012}{0.124}=0.0098,\ L_0'=\frac{0.0968}{0.0172}=5.628$$

1600℃时熔渣全部由氧化铁组成时的分配系数

$$L_0=\frac{1}{0.23}=4.3478$$

从以上计算可知，渣中 FeO 的真正活度值 0.117395 比用完全离子溶液模型计算值 0.0505 相差一倍多，计算出 1600℃铁液中的分配系数 $L_0'=5.628$ 与 $L_0=4.347$ 也相差较大。可见，完全离子溶液模型不适用于该渣的脱硫反应。

23. 1985 年北京钢铁学院钢铁冶金学试题选解

三、解：

（1）见本书 1982 年鞍山钢铁学院炼钢学试题一（4）题答案。

（2）铁水中硫的活度系数：

$$\lg f_{[S]}=e_S^C[\%C]+e_S^{Si}[\%Si]+e_S^{Mn}[\%Mn]+e_S^P[\%P]+e_S^S[\%S]$$

$$=0.11\times4.0+0.065\times0.80+0.025\times0.23+0.042\times0.2-0.63\times0.07=0.4488$$

则 $$f_{[S]}=2.81$$

钢水中硫的活度系数，类似上面求出算出 $f_{[S]}=1.31$。

五、答：

（1）返干：转炉吹炼中期，由于碳的激烈氧化，使渣中 $\sum(FeO)$ 浓度降低过多，导致炉渣熔点显著升高到与当时熔池非常接近的温度，炉渣变黏稠，影响 S、P 去除，甚至发生回 P，这种炉渣变黏的现象称为“返干”。

（2）RH 法：真空循环脱气法，1958 年由联邦德国鲁尔钢铁（Ruhrstahl）公司和海拉斯（C. Heraus）公司共同开发。基本原理是：钢水处理时，把真空室下部的上升管和下降管浸入钢包内的钢水中，在上升管通入 Ar 气，使钢水经过这根管子吸入真空室内，脱气后，又经下降管返回钢包。使钢水自动地循环，不断地在真空室内脱气，净化钢液，主要特点是：

1）能保持真空室和钢包位置的相对位置固定，在钢水循环流动中连续地进行脱气；

2）由于真空室内钢水的沸腾，促进了脱气效果；

3）可用 Ar 气流量来调节钢水的循环速度；

4）处理过程温降不大，约在 15~40℃范围。

RH 法适合于处理不锈钢、轴承钢、弹簧钢和电磁钢等。

（3）白渣：是电炉炼钢的一种碱性渣，炉渣冷却后呈白色。白渣的碱度高（在 3~4 之间），渣中（FeO）<1%，CaO 在 60%左右，好的白渣在炉内发生泡沫，并会均匀地粘在样勺或靶子上 3~5mm 厚，冷却后会变成粉状，但渣极易与钢水分离而上浮。不污染钢液，所以通常规定在白渣下出钢。造白渣的时间短，有利于缩短冶炼时间，且白渣有良好的脱硫和脱氧能力。

八、解：题中给出的炉渣成分总和为 92. 67，重新作折算，见表 1，并求出摩尔浓度。

表 1　炉渣成分

炉渣成分	质量分数/%	折合后的质量分数/%	100g 炉渣的物质的量 n_i
CaO	50. 71	54. 72	0. 9371
SiO	16. 27	17. 56	0. 2927
∑FeO	18	19. 42	0. 2697
MgO	3. 34	3. 6	0. 09
MnO	2. 65	2. 86	0. 043
P_2O_5	1. 7	1. 84	0. 01296
合计	92. 67	100. 00	

根据表 1，计算得 $\sum$ Fe 的质量分数：

$$\% \sum \mathrm{Fe} = 56 \times 19.42/72 = 15.10$$

T=1650℃（1923K）时，代数据入下式：

$$\lg \frac{(\%\mathrm{P})}{[\%\mathrm{P}]} = \frac{22350}{1923} = -23.7 + \lg 54.72 + 2.5\lg 15.10 = 3.0364$$

$$L_\mathrm{P} = \frac{(\%\mathrm{P})}{[\%\mathrm{P}]} = 1087.4$$

由 $\lg K_\mathrm{S} = -\dfrac{920}{T} - 0.5784$，当 T=1923K 代入，求出 $K_\mathrm{S} = 8.772\times10^{-2}$。

$$\sum n^+ = n_{\mathrm{Ca}^{2+}} + n_{\mathrm{Mg}^{2+}} + n_{\mathrm{Mn}^{2+}} + n_{\mathrm{Fe}^{2+}} = n_\mathrm{CaO} + n_\mathrm{MgO} + n_\mathrm{MnO} + n_\mathrm{FeO}$$

$$= 0.9771 + 0.09 + 0.0403 + 0.2697 = 1.3771$$

$$\sum n^- = \sum n^+ - n_{SiO_2} - n_{P_2O_5} - n_{Al_2O_3} - n_{Fe_2O_3} + n_S = 1.3771 - 0.2927 - 0.01296 = 1.0714$$

$$\sum x_{SiO_4^{4-}} = \frac{n_{SiO_2} + 2n_{P_2O_5} + 2n_{Al_2O_3} + n_{Fe_2O_3}}{\sum n^-} = \frac{0.2927 + 2 \times 0.01296}{1.0714} = 0.2974$$

$$\lg(\gamma_{Fe^{2+}}\gamma_{S^{2-}}) = 1.53\sum x_{SiO_4^{4-}} - 0.17 = 1.53 \times 0.2974 - 0.17 = 0.2850$$

$$\gamma_S = \gamma_{Fe^{2+}}\gamma_{S^{2-}} = 1.9275$$

取 $f_S = 1$，则：

$$L_S = \frac{(\%S)}{[\%S]} = \frac{32K_S f_S}{\gamma_{Fe^{2+}}\gamma_{S^{2-}}} \frac{\sum n^+ \sum n^-}{n_{Fe^{2+}}}$$

$$= \frac{32 \times 0.8772 \times 1 \times 1.3771 \times 1.0714}{1.9275 \times 0.2697} = 7.9669(\text{约为 }8)$$

十、**解**：如图 1 所示，壁温 T_w 低于热节点温度 T_1，所以二者有辐射传热，热接点这一净辐射损失 Q_1 须由烟气对热接点的对流换热量 Q_C 来补偿。

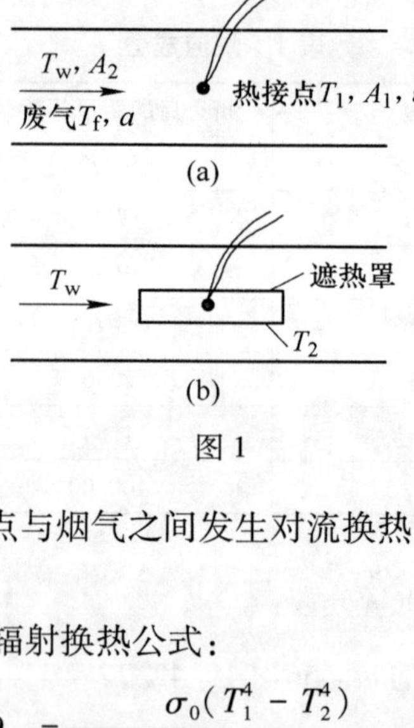

图 1

根据牛顿冷却定律，热节点与烟气之间发生对流换热，其间必存在温度差，热电偶测温的误差根源就在此。

因 $A_1 \leqslant A$ 即 $A_1/A_2 \approx 0$，由辐射换热公式：

$$Q_{12} = \frac{\sigma_0(T_1^4 - T_2^4)}{\dfrac{1-\varepsilon_1}{\varepsilon_1 A_1} + \dfrac{1}{A_1 F_{1-2}} + \dfrac{1-\varepsilon_2}{\varepsilon_2 A_2}}$$

用于本题　　$Q_1 = \varepsilon_1 A_1 \sigma_0 (T_1^4 - T_w^4)$

而对于对流热量　　$Q_C = \alpha A_1 (T_g - T_1)$

在稳定情况下 $Q_1 = Q_C$，代入并经整理得烟气的真空温度 T_g 的表达式：

$$T_g = T_1 + \frac{\varepsilon_1\sigma_0}{\alpha}(T_1^4 - T_w^4) \quad (1)$$

令 $\Delta T = \dfrac{\varepsilon_1\sigma_0}{2}(T_1^4 - T_w^4)$，则 $T_g = T_1 + \Delta T$。

本题已知条件：炉膛烟气温度 $T_1=792+273=1065(\mathrm{K})$，炉膛壁面温度 $T_w=600+273=873(\mathrm{K})$，热电偶的表面黑度 $\varepsilon_1=0.3$，对流给热系数 $\alpha=56.2\mathrm{W}/(\mathrm{m}^2\cdot℃)$，$\sigma_0$ 为 5.67×10^{-8}，代入公式计算得：

$$T_g=1065+\frac{0.3\times5.67\times10^{-8}}{56.2}(1065^4-873^4)=1065+213.6=1278.6(\mathrm{K})$$

误差：
$$\frac{\Delta T}{T_g}=\frac{213.6}{1278.6}\times100\%=16.7\%$$

当 T_1（烟气温度）大于 T_w（炉膛温度）时，热电偶提示的烟气温度 T_1 与烟气真实温度 T_g 相比，T_1 偏低；若上面式（1）的第二项值减小，测量误差随之减小，为了减小测量误差，可采取下列措施：

（1）热接点的黑度 ε_1 要小，虽然可采用表面磨光的方法，但往往因生锈和污染的原因，ε_1 值常较大；

（2）烟气对热电偶表面的对流系数 α 要大，这可用一种抽气装置，使热接点附近的局部流速加大以提高 α；

（3）降低热接点与管壁的温差，通常的办法在热接点与管壁之间加设遮热罩（见图 1(b)），遮热罩的温度 $T_2>T_w$；

（4）管道外敷以绝热层以提高壁温 T_w，也是减少测量误差的办法之一。

24. 1985 年鞍山钢铁学院炼钢学试题选解

二、答：

（1）氧浓差电池电势测定钢中的氧代表钢中的溶解状态的氧［O］，气相色谱定氧是钢中的总氧 $\sum$［O］，即是化合物状态存在的氧 $O_{M_xO_y}$ 和以溶解状态存在的［O］的总和，这就是二者的关系。

五、答：对锭心等轴晶区的结晶过程，至今尚不十分清楚，目前有几种不同的学说：

（1）爆发形成理论。注入锭模内的钢液在与模壁接触的区域内由均质和非均质形核产生大量的晶核，其中一部分依附于模壁长大成激冷层，另一部分则由于对流作用被带到内部钢液中，或消失或长大，后者成为等轴晶。

（2）固体质点理论。在钢液中，某些高熔点的固体质点（如 Al_2O_3）起着等轴晶核心的作用。

（3）成分过冷理论。在柱状晶前沿形成的成分过冷区，产生大量新的孤立晶核长大为等轴晶，封锁了柱状晶的生长。

（4）树枝晶熔断理论。在凝固过程中，由于过热钢液运动和溶质在晶枝根部的偏聚作用，可使树枝晶根部重新熔化脱落本体，被带入锭心作为结晶核心。

（5）“结晶雨”理论。在凝固温度下，在钢锭上部生成的晶体，因其成分较纯，它的密度超过钢液的密度，只要晶核长大到一定程度，在重力作用下，则下降沉积在钢液底部，成为等轴晶的沉积锥。

（6）晶体游离理论。凝固初期，在模壁上形成根部极细的等轴晶，由于钢液对流作用，促使晶体从模壁上游离成为自由晶体并向锭心转移。在转移过程中，在温度和浓度不均匀区，自由晶体发生增殖和长大或是有一部分溶解，随着温度下降，对流减弱，大量的自由晶体阻碍了柱状晶的成长，从而形成锭心等轴晶区。

控制柱状晶发展的措施：

（1）控制浇注条件：1）减少钢水过热度，如加入显微冷却剂如铁粉熔化吸热，降低钢水的过热度可促进等轴晶的发展；2）浇注速度慢；3）钢锭模薄一点均有利于控制柱状晶区的发展，反之，如加快浇注速度，增加模壁厚度会促进柱状晶的发展。

（2）凡能增大钢结晶温度范围和提高钢导热性的元素，使结晶两相区宽度增大，促进液析的发展和组成过冷区的较早出现，控制柱状晶区的发展。

（3）促进流体运动，可采用电磁搅拌、机械搅拌等有利于等轴晶的形成，控制柱状晶的发展。

（4）加入形核剂 Al、Ti 等元素促进等轴晶形成，抑制柱状晶的发展。

（5）钢中 S、P 和 O 杂质元素含量高，组成过冷区较早出现，也可控制柱状晶的发展。

六、答：水平连铸发展的关键性技术是：

（1）结晶器与中间包水口连接处的分离环材质、寿命和成本。

（2）结晶器的涂层和润滑。

（3）满足拉—停—反推拉停方式的拉坯机构，以及如何选择最佳的有关拉力、反推力、停顿时间和拉拔频率的拉坯制度。

25. 1985 年钢铁研究总院炼钢学试题选解

二、答：

（1）见 1982 年鞍山钢铁学院炼钢学试题一（4）题答案。

（2）见 1983 年重庆大学炼钢学试题三答案。

（3）脱硫反应式：

$$CaO(s) + [S] + C(s) \xlongequal{} CaS(s) + CO(g)$$

$$CaC_2(s) + [S] \xlongequal{} CaS(s) + 2C(s)$$

$$Mg(g) + [S] \xlongequal{} MgS(s)$$

$$Na_2O + [S] + C(s) \xlongequal{} Na_2S(l) + CO(g)$$

四、答：

（1）电渣重熔过程的冶金特点见本书1982年重庆大学炼钢学试题五答案。

（2）电渣钢的纯净度高，电渣重熔去除硫、氧、氮及非金属夹杂效果最好。电渣重熔是轴向结晶，钢锭组织致密，成分均匀。电渣重熔锭表面质量好。

电渣锭消除了普通钢锭不可避免的疏松和缩孔，电渣钢组织致密，密度比同种电弧炉钢材提高0.33%~1.37%，电渣钢消除了带状和条状宏观偏析，显微偏析比真空电弧炉小，完全不存在发纹缺陷。

电渣重熔去硫等杂质的效果好，经过电渣重熔，钢中的硫可去除50%~80%，非金属夹杂可去除2/3，氧可去除50%~80%，氮可去除30%~40%，此外电渣重熔还能提高钢的低温韧性或降低钢的脆性转变温度，比如18CrNiWA经电渣重熔后大大提高该钢的力学性能，特别是横向性能，该钢经电渣熔化后的低温冲击韧性比真空电弧重熔还要好些，电渣重熔还能大大改变难变形高温合金的热塑性，比如镍基高温合金Hastelloy合金。

五、答：几种常用的炉外精炼法的冶金原理及主要冶炼钢类（钢种）如下：

炉外精炼法	基本原理或主要冶金效果	适用钢类（钢种）
AOD	见1980年北京钢铁学院炼钢学试题一（3）题答案	低碳不锈钢、轴承钢、合金结构钢、工具钢
RH	见1985年北京钢铁冶金学试题五（2）题答案	结构钢、轴承钢、电磁钢、弹簧钢、锻造用钢、高强度钢
VOD	真空吹氧脱碳法，该装置设有水冷氧枪，向真空内吹入O_2。脱碳产生大量CO气体，可在脱碳结束后，吹氩进行搅拌	超低碳不锈钢、合金结构钢、精密合金、微碳纯铁
钢包喷粉IJ	用载气将所需要喷入的粉剂加到钢包中达到所要求的目的	各种合金钢、低合金钢、超低硫钢
钢包吹氩	向钢包中吹氩、氩气搅动，使夹杂物质碰撞的机会增多，有利于夹杂物的去除，同时为钢中气体提供形核地点，有利于钢中气体排除；吹氩还可以均匀钢水成分和温度，Ar是惰性气体，吹入钢中不参加化学反应	碳素结构钢、合金结构钢、电磁钢

26. 1985 年上海钢铁研究所炼钢学原理试题选解

一、答：

（1）C；（2）C；（3）D；（4）D；（5）B；（6）B；（7）C，F；（8）A，B；（9）B，D，F。

二、答：

（1）详见本书后面 1987 年上海钢铁研究所炼钢学试题二（2）题答案。

三、解：

（1）计算第二阶段脱碳速度，脱碳最大速度与氧流量成正比：

$$-\frac{d[C]}{dt}=k_2F_{O_2}$$

式中 k_2——第二阶段脱碳时由氧气利用率所确定的常数；

F_{O_2}——氧气流量（标态），m^3/h。

根据化学计算，$11.2m^3$ 氧可氧化 12kg 碳，则每 $1m^3$ 氧可氧化 12/11.2＝1.072(kg)碳。已知氧气的利用率 95%，则 $k_2=0.95\times1.072=1.018(kg/m^3)$，$F_{O_2}=36000m^3/h$，得：

$$-\frac{d[C]}{dt}=1.018\times36000=36660(kg/h)$$

金属质量为 300t，所以

$$-\frac{d[\%C]}{dt}=12.22(\%/h)=0.2(\%/min)$$

第二阶段的脱碳量：$C_A-C_B=3.3\%-0.6\%=2.7\%$，第二阶段所必需的时间＝2.7/12.22＝0.221(h)＝13.2(min)。

（2）计算第三阶段的脱碳速度：第二、三阶段分界处 $C_B=0.6\%$，即 C＝0.6%时，等于第二阶段的脱碳速度：

$$12.22=k_3\times0.6$$

则

$$k_3=20.4(h^{-1})$$

$$-\frac{d[C]}{dt}=20.4\times[C]$$

积分得：

$$\ln\frac{[C]}{[C_B]}=-20.4t$$

（3）第一阶段脱碳所需时间计算：

每吨铁水脱碳量：　$(4.3\%-3.3\%)\times1000=10(kg)$

每吨铁水脱锰量： $(0.7\%-0.1\%)\times1000=6(kg)$

每吨铁水脱硅量： $(0.6\%-0\%)\times1000=6(kg)$

由题设铁氧化量按初期渣中（FeO）≈（SiO_2）计算，可知铁消耗氧为硅消耗氧量的一半，则：

每吨铁水中氧化碳的耗氧量（标态）：$O_2=10\times11.2/12=9.3(m^3)$

每吨铁水中氧化锰的耗氧量（标态）：$O_2=6\times11.2/55=1.2(m^3)$

每吨铁水中氧化硅的耗氧量（标态）：$O_2=6\times22.4/28=4.8(m^3)$

每吨铁水中氧化铁的耗氧量（标态）：$O_2=4.8/2=2.4(m^3)$

共消耗 O_2(标态）为：$17.7m^3/t$。

氧利用率为95%，每吨铁水需氧量（标态）为 $17.7/0.95=18.6(m^3)$，装料中80%为铁水，所以300t金属料在第一阶段需供入氧气 $18.6\times300\times80\%=4470(m^3)$，则第一阶段脱碳需要的时间为：

$$4470/36000=0.124(h)=7.45(min)$$

（4）计算第一阶段的脱碳速度，由于脱碳曲线不一定过原点，设：

$$-\frac{d[C]}{dt}=k_1t+m$$

式中 m——截距。

积分得：
$$-[C]=\frac{1}{2}k_1t+mt-[C]_0$$

$t=0$ 时，$[C]_0=4.3\%$，$t=0.124h$，$[C_A]=3.3\%$，代入上式：

$$4.3-3.3=0.0077k_1+0.124m \tag{a}$$

第一阶段结束时，$t=0.124h$，$d[C]/dt=-12.22(\%/h)$，代回脱碳速度式：

$$12.22=0.124k_1+m \tag{b}$$

联立式（a）与式（b）解出：$k_1=0.67$，$m=3.9$。所以第一阶段脱碳速度：

$$-\frac{d[C]}{dt}=67t+3.9$$

积分得
$$[C]_0-[C]=33.5t^2+3.9t$$

（5）全部脱碳曲线：

第一阶段，$t\leqslant7.45min$；$[C]_0-[C]=33.5t^2+3.9t$

第二阶段，$t=7.45\sim20.65min$；

$$-\frac{d[C]}{dt}=12.22(\%/h)$$

第三阶段，$t>20.65min$；

$$\ln\frac{[C]}{[C_B]}=-20.4t$$

27. 1985 年上海工业大学炼钢原理、电炉炼钢学、转炉炼钢学试题选解

四、解：

$$3/2[Cr] + O_2(g) = 1/2(Cr_3O_4)(s) \qquad \Delta G_1^{\ominus} = -178400 + 53.42T \quad (1)$$

$$2[C] + O_2(g) = 2\{CO\}(g) \qquad \Delta G_2^{\ominus} = -66700 - 20.34T \quad (2)$$

式（1）-式（2）：

$$3/2[Cr] + 2\{CO\}(g) = 1/2(Cr_3O_4)(s) + 2[C] \qquad \Delta G^{\ominus} = -111700 + 73.76T \quad (3)$$

反应（3）：

$$K_P = \frac{a_{[C]}^2 a_{(Cr_3O_4)}}{p_{CO}^2 a_{[Cr]}^{3/2}}$$

由题给出：$a_{(Cr_3O_4)} \approx 1$，$f_{[Cr]} \approx 1$。下面求碳的活度系数：

$$\lg f_{[C]} = e_C^C[\%C] + e_C^{Cr}[\%Cr] = 0.14 \times 0.03 + 0.024 \times 18 = 0.4278,\ f_{[C]} = 0.3734$$

又

$$\Delta G^{\ominus} = -RT\ln K_P = -4.575T\lg K_P$$

所以

$$-4.575T(2\lg[\%C] + 2\lg f_{[C]} + 2\lg p_{CO} - 1.5\lg[\%Cr]) = -111700 + 73.76T$$

$$-4.575T(2 \times 0.03 + 2\lg 0.3734 + 2\lg p_{CO} - 1.5\lg 18) = -111700 + 73.76T$$

$$-4.575T(-2.6784 - 2\lg p_{CO}) = -111700 + 73.76T$$

$$9.15\lg p_{CO} - 61.5063T + 111700 = 0$$

该式即为吹炼过程应满足的温度、压力条件。

五、解：

（1）向钢液加硅时，设加入硅脱氧后钢中含氧量为 $y_1\%$，则硅脱去的氧量为：

$$100 \times 10^{-4}\% - y_1\% = (0.01 - y_1)\%$$

脱去 $(0.01 - y_1)\%$ 的氧，需用去的硅量为 $x_1(\%)$，由

$$[Si] + 2[O] = (SiO_2)(s)$$

$$28 \qquad 32$$

$$x_1 \qquad 0.01 - y_1$$

得

$$x_1 = \frac{28}{32}(0.01 - y_1) \quad (a)$$

加入的硅量一部分需与钢中的残余氧呈平衡，此部分用去的硅量为 $x_2(\%)$，则

$$K_{Si} = x_2 y_1^2 = 2.8 \times 10^{-5} \quad (b)$$

硅平衡：

$$x_1 + x_2 = 0.30 \quad (c)$$

由式（b）有
$$x_2 = \frac{2.8 \times 10^{-5}}{y_1^2} \quad (d)$$

将式（a）和式（d）代入式（c）：
$$28/32(0.01 - y_1) + 2.8 \times 10^{-5}/y_1^2 = 0.30$$

整理得：
$$0.29125y_1^2 + 0.875y_1^3 - 2.8 \times 10^{-5} = 0$$

解上面的三次方程：$y_1 = 0.00967\%$，脱去的氧：$100\times10^{-4}\%-0.00967\%=3.3\times10^{-4}\%$，钢中含硅量 $x_2=0.299\%$，生成夹杂物 SiO_2 的量：$60\times(0.3-0.299)/28=0.0021\%$。

（2）当向钢中加入铝时，设加入铝脱氧后钢中含氧量为 $y_2\%$，则铝脱去的氧含量为：$(0.01-y_2)\%$；脱去 $(0.01-y_2)\%$ 的氧，用去的铝量为 $z_1(\%)$，由

$$2[Al] + 3[O] \xlongequal{} Al_2O_3(s)$$

$$62 \qquad 48$$

$$z_1 \qquad 0.01-y_2$$

$$z_1 = \frac{62(0.01 - y_2)}{48} \quad (e)$$

加入铝的另一部分需与钢中残余氧呈平衡，此部分用去的铝设为 $z_2(\%)$，则

$$K_{Al} = z_2^2y_2^3 = 3 \times 10^{-11} \quad (f)$$

铝平衡：
$$z_1 + z_2 = 0.02 \quad (g)$$

由式（f）有
$$z_2 = \left(\frac{3 \times 10^{-11}}{y_2^3}\right)^{\frac{1}{2}} \quad (h)$$

将式（e）和式（h）代入式（g）中整理有：

$$0.0129166 - 1.29166y_2 + \frac{5.4772 \times 10^{-6}}{y_2^{3/2}} = 0.02$$

$$-1.29166y_2^{5/2} - 0.0070834y_2^{3/2} + 5.4772 \times 10^{-6} = 0$$

解上面的指数方程：$y_2=0.00535\%$，脱去的氧量为：$100\times10^{-4}\%-0.00535\%=46.5\times10^{-4}\%$，钢中的铝含量：$0.0139\%$，生成的 Al_2O_3 夹杂物量为：0.011%。

28. 1985 年重庆大学钢铁冶金试题选解

二、答：电炉还原期的主要任务有：

（1）脱氧。使钢液中的溶解氧含量降低到 0.002%~0.003% 的水平，同时要减少脱氧产物对钢液的玷污程度。

（2）脱硫。保证成品钢的硫含量小于规格要求，对质量要求严格的钢种，硫含量越低

越好。

（3）控制化学成分。进行钢液的合金化的操作，保证成品钢中所有元素含量符合标准要求。

（4）调整温度。确保冶炼的正常进行和合适的浇注温度，以保证冶炼后的正常浇注。

还原期的物理化学反应有：

（1）脱氧反应：

1）沉淀脱氧反应的通式为：

$$x[M] + y[O] = M_xO_y(s)$$

式中　M——脱氧元素；

x，y——系数。

比如还原期加入 Si-Mn、Al、Si-Ca、Fe-Mn 等脱氧剂时沉淀脱氧反应有：

$$[Si] + 2[O] = (SiO_2)(s)$$

$$[Mn] + 2[O] = (MnO_2)(s)$$

$$2[Al] + 3[O] = (Al_2O_3)(s)$$

$$[Ca] + 2[O] = (CaO)(s)$$

2）还原期的扩散脱氧反应又分为白渣和电渣两种。白渣下加入炭粉和 Fe-Si 粉的扩散脱氧反应是：

$$(FeO) + C = [Fe] + \{CO\}$$

$$+ \quad 2(FeO) + Si = 2[Fe] + (SiO_2)$$

$$\overline{\qquad\qquad\qquad\qquad\qquad\qquad\qquad\qquad}$$

$$3(FeO) + Si + C = 3[Fe] + (CaO_2) + 2\{CO\}$$

电渣下的扩散脱氧反应有：

$$3(FeO) + CaC_2 = 3[Fe] + \{CaO\} + 2\{CO\}$$

（2）脱硫反应：

$$(FeS) + (CaO) = (CaS) + (FeO)$$

$$(MnS) + (CaO) = (CaS) + (MnO)$$

此外，由于在加入的炭粉、Fe-Si 粉、石灰、电石使电炉在脱氧的同时也进行脱硫：

$$(FeS) + (CaO) + C = [Fe] + (CaS) + \{CO\}$$

$$2(FeS) + 2(CaO) + Si = 2[Fe] + 2(CaS) + (SiO_2)$$

$$3(FeS) + (CaC_2) + 2(CaO) = 3[Fe] + 3(CaS) + 2\{CO\}$$

六、答：铸坯凝固过程的特点：

（1）连铸坯断面较小，液相穴很深（可达几十米）。钢水像在下一个较大高宽比的钢锭模内凝固。

（2）在正常操作下，连铸坯凝固时，沿连铸机任一位置的凝固条件都不随时间变化。除去开浇和浇完时的一头一尾外，在长度上铸坯的结构比较均匀。

（3）连铸坯凝固时无论结晶器、二次冷却直至空冷，冷却强度都比钢锭大，而且可以通过改变冷却制度，在一定程度上控制铸坯的结构。连铸坯特有的缺陷是菱变和鼓肚，其形成原因及防止措施见1984年钢铁研究总院炼钢学试题四（1）题答案。

29. 1986年北京钢铁学院钢铁冶金学试题选解

五、解：加入3.0kg/t硅一方面使铁液中［O］降低，另一方面也使加入的Si与残余［O］平衡。设终点铁液中含氧为$y\%$，则去除氧量为$(0.025-y)\%$。应加入的硅浓度$[\%Si]=(0.025-y)\times\frac{28}{32}$，同时设与终点$y\%$成平衡时Si浓度为$x\%$。由［Si］+2［O］═$SiO_2(s)$，则

$$K_{Si}=\frac{a_{SiO_2}}{a_{[Si]}a_{[O]}^2}=\frac{0.1}{xy^2}$$

已知反应的$\Delta G^{\ominus}=-138980+53T$，将$T=1873K$代入，反应的平衡常数$K_{Si}=43052.66$。

脱氧共需的硅浓度：　　$x\%+(0.025-y)\%\times\frac{28}{32}$

而由题目条件：每吨钢加入的硅为3kg，则有硅平衡：

$$[x\%+(0.025-y)\%\times 28/32]\times 1000=3$$

$$[x+(0.025-y)\times 0.875]\times 10=3$$

$$10x+0.2185-8.75y=3$$

将$x=\frac{0.1}{43052.66y^2}$代入$K_{Si}$计算式得：

$$10\times\frac{0.1}{43052.66y^2}-8.75y=2.78125$$

$$-8.75y^3-1.78125y^2+0.000023227=0$$

解出：$y=0.00288\%$。

平衡的铁液含［O］为0.00288%，铁液中Si含量为：

$$x=\frac{0.1}{k_{Si}y^2}=\frac{0.1}{43052.66\times 0.00288^2}=0.280(\%)$$

六、解：已知$L_P=P_2O_5/[P]=114.5$，以1t钢水（1000kg钢水）为例，原始含［P］量为：$1000\times0.05\%=0.5$kg。设造渣量为$x$kg。造渣后，钢水中［P］从0.05%下降到0.01%，由P平衡方程：

$$0.5=(1000+0.437L_Px)\times 0.01\%$$

其中

$$0.437=\frac{2\times 31}{142}$$（把 P_2O_5 换为 P 的系数）

$$0.5\times\frac{100}{0.01}=1000+0.437\times 114.5x$$

解出：$x=79.94$kg。即需造渣 79.94kg 可把钢中［P］从 0.05%降到 0.01%。

七、**解**：根据铁水成分和出钢时的终点成分。金属中各元素的烧损为：C 3.7%，Si 0.5%，Mn 0.2%，P 0.08%，Fe 3%，则每吨金属各自氧化时所需氧量如下：

元素	每吨金属被氧化元素量/kg	生成化合物	耗氧量/kg
C	37	假定为 100%CO	$37\times\frac{16}{12}=49.33$
Si	5	SiO_2	$5\times\frac{32}{28}=5.71$
Mn	2	MnO	$2\times\frac{16}{55}=0.58$
P	0.8	P_2O_5	$0.8\times\frac{80}{62}=1.03$
Fe	30.0	FeO	$30\times\frac{16}{56}=8.57$

总耗氧量 65.22kg，每立方米氧质量为 1.43kg，则每吨钢的理论耗氧量为 65.22/1.43=45.61(m^3)。

十、**解**：如图 1 所示为热交换器的一段导管，若将热力学第一定律应用于图示的控制容积，则

$$\text{流体流动传入控制容积的热流量}+\text{对流换热传入控制容积的热流量}=\text{流体流出控制容积所带出的热流量}$$

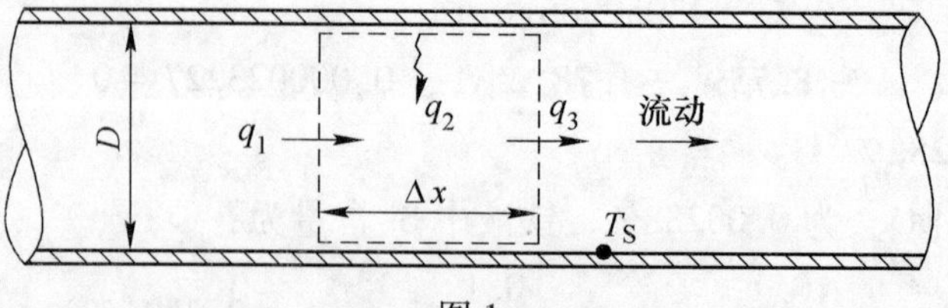

图 1

在管内取一控制容积，则流体流动传入控制容积的热流量为：

$$q_1=\rho\frac{\pi D^2}{4}v_x c_p T\big|_x$$

对流换热传入控制容积的热流量为：

$$q_2=\alpha\pi D\Delta x(T_w-T)$$

流体流出控制容积所带走的热流量为

$$q_3 = \rho \frac{\pi D^2}{4} v_x c_p T|_{x+\Delta x}$$

式中　ρ——流体密度；

T_w——管壁温度；

α——对流换热系数；

T——流体温度；

c_p——流体等压热容；

D——管内直径；

v_x——流体流速；

Δx——控制容积长度。

由热平衡：$q_1 + q_2 = q_3$，将 q_1、q_2、q_3 代入热平衡式，可以得出：

$$\rho \frac{\pi D^2}{4} v_x c_p (T|_{x+\Delta x} - T|_x) - \alpha \pi D \Delta x (T_w - T) = 0$$

将上式简化，并重新整理，可得出下式：

$$\frac{DT}{4\Delta x}(T|_{x+\Delta x} - T|_x) + \frac{\alpha}{\rho v_x c_p}(T_w - T) = 0$$

对上式令 $\Delta x \to 0$，取极限可简化为：

$$\frac{dT}{dx} + \frac{4\alpha}{\rho v_x c_p D}(T - T_w) = 0 \tag{1}$$

在 $x=0\sim x$ 上，管内流体水温变化从 T'_f变到 T_f 作定积分：

$$\int_{T_f}^{T'_f} \frac{dT}{T - T_w} + \frac{\alpha}{\rho v_x c_p} \cdot \frac{4}{D}\int_0^x dx = 0$$

$$\ln \frac{T_f - T_w}{T'_f - T_w} + \frac{4\alpha}{\rho v_x c_p D} x = 0 \tag{2}$$

该式为管内的流体温度随轴向 x 的变化规律，由题设条件，进口水温为 T'_f，水的流速为 v，内径为 D，长度为 L，则由式（1）在 $x=0\sim L$，$T=T'_f\sim T''_f$上积分，得：

$$\int_{T'_f}^{T''_f} \frac{dT}{T - T_w} + \frac{\alpha}{\rho v_x c_p} \cdot \frac{4}{D}\int_0^L dx = 0$$

$$\ln \frac{T''_f - T_w}{T'_f - T_w} + \frac{4\alpha L}{\rho v_x c_p D} = 0$$

$$\ln \frac{T''_f - T_w}{T'_f - T_w} + S_t \cdot \frac{4L}{D} = 0 \tag{3}$$

其中
$$S_t = \frac{\alpha}{\rho v_x c_p}$$

式中　S_t——一个无量纲数，叫斯坦顿数。

从式（3），即可求出出口温度 T''_f。

30. 1986 年东北工学院钢铁冶金试题选解

一、答：

(1) 文献［21］中给出了还原度计算公式：

$$R = \frac{\sum \Delta[\mathrm{O}]}{[\mathrm{O}]_{总}} \times 100\%$$

其中 $[\mathrm{O}]_{总} = \left[\frac{48}{112}\left(\mathrm{TFe} - \frac{56}{72}\mathrm{FeO\%}\right) + \frac{16}{72}\mathrm{FeO\%}\right] \times \frac{W}{100} = (0.429\mathrm{TFe} - 0.111\mathrm{Fe\%}) \times \frac{W}{100}$

式中 TFe——矿石中总含 Fe 量,%；

FeO%——矿石中含 FeO 量质量分数；

W——试样质量，g；

R——还原度,%；

$\sum \Delta[\mathrm{O}]$——经过一定时间还原后矿石的失重量。

磁铁矿 $\sum \Delta[\mathrm{O}]_1 = 15\mathrm{g}$，TFe = 64%，FeO = 20%，$W$ = 100g，则：

$$[\mathrm{O}]_{总1} = (0.429 \times 64 - 0.111 \times 20) \times \frac{100}{100} = 25.236$$

$$R = \frac{15}{25.236} \times 100\% = 59.43\%$$

赤铁矿 $\sum \Delta[\mathrm{O}]_2 = 16\mathrm{g}$，TFe = 64%，FeO = 0.8%，$W$ = 100g，计算得出 R_2 = 62.37%。

烧结矿 $\sum \Delta[\mathrm{O}]_3 = 15\mathrm{g}$，TFe = 58%，FeO = 1.0%，$W$ = 100g，计算得出 R_3 = 60.55%。

矿石中 CaO 的存在会给冶炼带来许多好处，因此，扣除 CaO 后的 Fe 含量作为评价矿石的综合条件：

$$\mathrm{Fe}_{扣\mathrm{CaO}} = \frac{\mathrm{TFe}}{100 - \mathrm{CaO}} \times 100\%$$

对磁铁矿：
$$\frac{64}{100 - 0} \times 100\% = 64\%$$

对赤铁矿：
$$\frac{64}{100 - 4} \times 100\% = 62.5\%$$

对烧结矿：
$$\frac{58}{100 - 10.3} \times 100\% = 64.65\%$$

可见，单从矿石的铁含量看，似乎磁铁矿具有较高的冶炼价值。因磁铁矿含 Fe64% 为最高，然而由于脉石成分上的差异，磁铁矿的冶炼价值不如烧结矿，因为烧结矿在冶炼过程中可不加或少加熔剂，能够满足高炉渣碱度、流动性和脱硫性能的要求，从而有利于降低焦比。

从还原度的计算来看，赤铁矿的还原度 R_2 最高为 62.37%，可见，赤铁矿还原性在三者中最好。

(2) 以 100kg 金属料为基准（铁水量为 80kg，废钢量为 20kg）计算。

金属料带入的总 S 量：80×0.03%+20×0.02%=0.028kg。

气化脱硫量为：$S_{气}=0.028\eta_{气}=0.028\times5\%=0.0014$kg。

因钢水收得率为 95%，100kg 金属料能炼出钢水为 95%，则得 $W_{金}=95$kg，又因每吨钢渣量为 150kg，则 100kg 钢渣量为 15kg。

又已知 $L_S=\dfrac{(\%S)}{[\%S]}=4.7$，由硫平衡列出精炼末期钢水含硫量计算公式：

$$[\%S]=\frac{100(S_{入}-S_{气})}{W_{金}+L_S W_{渣}}$$

代入以上数据得：$$[\%S]=\frac{100(0.028-0.0014)}{95+4.7\times15}=0.0161$$

二、答：

(10) 适用于冶炼不锈钢的炉外精炼方法有 VOD 法、AOD 法、CLU 法、SS-VOD 法、VODC 法、LF 法、RHOB 法和 ASEA-SKF 法。

VOD 法的基本原理见本书 1986 年鞍山钢铁学院炼钢学试题三（12）题答案。AOD 法的基本原理见本书 1984 年北京钢铁学院炼钢学试题一（8）题答案。

CLU 法由法国 Creusot-Loire 公司和瑞典 Uddeholm 公司共同研制。CLU 是取两公司的第一个字母而来。CLU 的原理与 AOD 相同，不同之处仅是用过热水蒸气取代氩氧精炼中昂贵氩气作稀释气体。再就是氧气与水蒸气的混合气体从炉底风口吹入。CLU 炉与底吹转炉基本相同。有时称 CLU 法生产不锈钢的底吹转炉法。CLU 法的特点是成本低廉、经济效果好，但目前不少人怀疑 CLU 生产的钢材含气量高，故其发展缓慢。

SS-VOD 法(strong stirring VOD)，是日本川崎钢厂用 VOD 法精炼超纯铁素体不锈钢的方法，该原理同 VOD。

VODC 法于 1976 年由德国研制，是 VOD 法和氧气转炉的结合，因而原理同 VOD。VOD 法与 VODC 法用的氩气量相近。由于惰性气体搅拌，使脱碳反应均匀而无喷溅。

RHOB 法是日本在 RH 装置上再装上的氧枪吹氧与转炉冶炼超低碳不锈钢的方法。原理与 RH 相似（见 1985 年北京钢铁学院钢铁冶金学试题五（2）题答案）。RHOB 法的突出优点是：对进入 RHOB 真空的钢水成分没有严格要求，并可在吹氧过程中自由地降低钢水中 C 和 Si 的含量，因此 RHOB 法是配合 LD 转炉经济和有效的生产不锈钢的方法。

ASEA-SKF 法是由瑞典通用电气公司 ASEA 与瑞典轴承钢公司 SKF 联合研制的，其特点是：将真空装置与加热装置组合在一起。由于能够加热，可以克服 RH 或 DH 法处理钢水过程中的温度降问题。可以在盛钢桶炉内造渣脱硫，大幅度地调整成分和温度，盛钢桶炉采用电磁搅拌钢液。该法主要用于生产轴承钢，也用于生产不锈钢。

LF 原理与 VAD 相似，设备和布置上又与 ASEA-SKF 法相同，1971 年由日本特殊钢公司研制。该法是将电炉内还原精炼移到盛钢桶内进行。电弧是发生在盛装桶内的钢液面上的炉渣中，即埋弧加热。此外，处理时，还吹氩搅拌钢液，同时在保持盛钢桶内强还原性气氛下进行精炼。LF 法可以生产不锈钢。

（11）1）对电弧炉传统冶炼工艺（俗称“老三期”）进行强化，常采用如下方法：

①熔化期的强化。广泛采用加速熔化，熔氧结合和提前造渣脱磷的强化手段，超高功率电弧炉技术的出现和采用，可谓缩短熔化期的一大突破。

②氧化期的强化。吹氧氧化和小脱碳量操作是现代电弧炉氧化期强化的手段。由于大量用氧和吹氧强度及吹氧压力的提高，大大缩短了氧化期时间，除此之外，为了有效脱磷，发展了喷粉脱磷和快速脱磷工艺。

③还原期工艺的强化。取消和缩短还原期，电弧炉大型化和超高功率化，还原期工艺得到了改进，比如碳素钢和低合金钢广泛采用取消还原期和单渣冶炼工艺；大部分合金钢采用各种途径缩短还原期时间，采用快速双渣冶炼工艺以及电弧炉内喷粉强化还原期工艺；另一些高级合金钢的还原期任务移至炉外，采用炉外精炼配合。还原期采用的喷粉工艺，向炉内喷吹 Ca-Si 粉和 Al 粉，可强化传统电弧炉工艺的扩散脱氧，大大缩短冶炼时间。

④熔化期辅助以炉料预热和在炉顶或炉墙上安装辅助燃烧烧嘴。

2）改善电弧炉短网三相阻抗不平衡的方法有：

①尽可能使短网导体对称布置，把短网由原来平面布置改为等边三角形布置，或改进平面形布置。

②要求靠近炉门的电极成为增强相，靠近出钢口侧的电极为减弱相。

③将中间相电极向炉子中心移动 10~20cm。

④尽量实行往返电流交叉排列的双线布法。

31. 1986 年重庆大学钢铁冶金工艺及原理试题选解

一、答：长期以来，特殊钢多是在电弧炉熔化、冶炼的，之所以采用电弧炉，是因为采用电弧作为热源，对温度、炉内气氛和炉渣性质的控制有相当大的灵活性，比如控制氧化性气氛和造氧化渣有利于脱 P、脱 C、去除气体和外来夹杂；控制还原性气氛和造还原渣有利于脱氧、脱 S，精确调整合金的成分。但是从传统的电弧炉工艺来看，可发现前面的精炼效果往往被后面的工艺所抵消。比如，氧化期经过激烈的均匀的碳氧沸腾，可把［H］降到 $3\times10^{-4}\%$ 以下，但在还原期却又回升至 $5\times10^{-4}\%\sim7\times10^{-4}\%$，而出钢浇注后更高；又如还原期把钢中氧脱到了较低水平，然而在出钢和浇注过程中钢水被大气二次氧化，使钢中的氧急剧增加，大大降低了钢水的纯净度，为了避免上述还原性钢水的二次氧化和吸气，在铸锭前进行炉外精炼，对提高钢的纯净度和质量是十分必要的。即炉外精炼的出现和迅速发展是基于现在的炼钢工艺不能满足提高钢质量的要求或即使能达到要求也不经济的背景。

此外，电弧炉（或转炉）与精炼炉双联，取消了电炉的还原期操作，提高了电炉变压器的利用率，这对于超高功率电炉尤为有意义。

炉外精炼采用真空处理或吹 Ar 气、搅拌与加热三个方面的技术，创造必要的化学热力学及动力学条件，从而使钢水获得更好的脱氧、脱硫、去气、去夹杂、升温的效果。

炉外精炼方法有：液面脱气法、滴流脱气法、循环脱气法（RH）、钢液真空提升脱气法（DH）、VAD 法、VOD 法、MVOD 法、ASEA-SKF 法、RH-OB 法、真空浇注法。

32. 1986 年鞍山钢铁学院炼钢学试题选解

一、解：为使脱氧产物呈液态硅酸锰，取 Mn/Si＝6，即［%Mn］＝6［%Si］，由 Mn 和 Si 脱去的氧浓度为：0.04%－0.011%＝0.029%，依硅和锰的脱氧反应列出脱氧平衡方程：

$$32/28[\%Si] + 16/55[\%Mn] = 0.029\%$$

$$1.14[\%Si] + 0.29 \times 6[\%Mn] = 0.029\%$$

所以［%Si］＝0.010，则［%Mn］＝6［%Si］＝0.060。

由题中给出的表 1 估计，1600℃时与 0.012%［O］成平衡的 Si 浓度 0.12%，锰浓度为 0.60%，因此复合脱氧应加入的［%Si］＝0.010+0.12＝0.13，［%Mn］＝0.060+0.60＝0.66。

相应每吨钢加入的硅铁：$0.13\%\times1000\times\dfrac{1}{0.72}=1.80(kg/t)$

每吨钢加入的锰铁：$0.66\times1000\times\dfrac{1}{0.78}=8.46(kg/t)$

得 100t 钢液应加入硅铁 180kg，锰铁 846kg。

三、答：

（3）底吹气量越大，渣中（FeO）越少。对熔池搅拌越强烈，渣钢反应越易达到平衡，铁损越少。

（4）焦姆金完全离子溶液模型：

$$ij = i^+ + j^-$$

离子浓度表示法：
$$x_{i^+} = \frac{n_{i^+}}{\sum n_{i^+}}, \quad x_{j^-} = \frac{n_{j^-}}{\sum n_{j^-}}$$

式中　n_{i^+}，n_{j^-}——阳离子和阴离子的物质的量；

x_{i^+}，x_{j^-}——阳离子与阴离子的摩尔分数。

显然，$\sum n_{i^+} + \sum n_{j^-} = 2$。

弗路德离子溶液模型：用电当量摩尔分数表示离子浓度，对于由 A^+、B^{2+}、C^{3+}、…阳离子组成的溶液有：

$$x_{A^+} = \frac{n_{A^+}}{n_{A^+} + 2n_{B^{2+}} + 3n_{C^{3+}} + \cdots}$$

$$x_{C^{3+}} = \frac{3n_{C^{3+}}}{n_{A^+} + 2n_{B^{2+}} + 3n_{C^{3+}} + \cdots}$$

式中　n_{A^+}，$2n_{B^{2+}}$，$3n_{C^{3+}}$，…——A^+、B^{2+}、C^{3+}、…阳离子的当量数。

（5）电石渣是碱性电弧炉炼钢的一种还原渣。它的组成为：CaO 55%~65%，SiO_2 10%~15%，MgO 8%~10%，CaC_2 1%~4%，FeO<0.5%，电石渣放入水中，与水反应，生成乙炔气，具有臭味，电石渣在空气中冷却能粉化。

电石渣脱氧能力强，但造渣时间长，电耗大。在电石渣下出钢，钢水容量增碳，而且电石渣易黏附在钢液上，使钢渣不易分离，从而造成钢中夹杂，因而出钢前应破坏电石渣，变成白渣。

（6）见 1984 年鞍山钢铁学院五（6）题答案。

（7）要求有效 CaO 含量高。有效 CaO 含量应大于 90%，$SiO_2 \leqslant 2.5\%$，S<0.2%，最好含 S<0.05%，生烧率在 4%~7%。石灰最好是干燥新鲜的，石灰的贮存要保持干燥，仓内保存时间不超过 2 天，此外石灰的粒度最好在 5~30mm，最大不超过 40mm，最小不小于 5mm。

（8）某一定温度和压力下（CO 分压一定），［%C］与［%O］之间具有等边双曲线函数关系，实际炼钢熔池的平均氧含量和平均碳含量仍保持有近似双曲线关系，当含碳量较低时，实际的碳氧曲线与平衡的碳氧曲线靠近，［C］越低，［%O］越靠近平衡曲线，而从脱碳观点出发，只有实际炼钢炉内的含氧量超过平衡的含氧量脱碳反应才能进行，在碳含量低的范围，鉴于实际的氧含量 $[\%O]_{实}$ 与平衡氧含量［%O］接近，脱碳反应当然进行缓慢。另外，吹炼后期，钢中［C］含量低。［O］和 $\sum$(FeO) 浓度相应提高，这使碳的扩散成为脱碳速度的限制性环节。

（9）见 1982 年鞍山钢铁学院炼钢学试题一（4）题答案。

（10）首先应解决气源问题，由于氩气相当贵，N_2 对含 N 要求严格的钢种又不适用，O_2 又容易烧坏喷嘴，只有 CO_2 比较便宜，且废气可利用，但是目前 CO_2 发生器又不太成功，CO_2 在复合吹炼炉内的物化行为和对炉底的浸蚀也有待于进一步研究。

（11）见 1982 年鞍山钢铁学院炼钢学问题一（2）题答案。

（12）RH 见 1985 年北京钢铁学院钢铁冶金学试题五（2）题答案。

VOD 法，设有吹氧精炼用的氧枪，可通过向真空吹入 O_2，产生大量 CO 气体，通过抽气装置抽出 CO。即在真空减压下脱碳，能将钢中碳脱至很低，而不氧化铬。同时在钢包底部吹入 Ar 搅拌钢液，该法主要精炼超低碳不锈钢。

五、答：柱状晶区的形成条件：钢液进入钢锭模之后，与模壁接触的钢液受到钢锭模的强烈冷却，而在表面形成不同取向的细小的比较致密的等轴晶结构的激冷层。随着钢锭表面激冷层的形成，热阻增大。特别是钢锭与模壁形成气隙之后，使未凝固的钢水的散热强度降低，凝固前沿钢水过冷度减小，在这样的条件下，钢水的过热量和结晶潜热通过激冷层传出，产生向模壁的定向传热。由于晶核的长大需要的过冷度比形核所需的过冷度要小得多，结晶表现为已有晶核和晶体继续长大，激冷层的边缘，树枝晶体的一次轴朝着不同的方向，其中，一次轴与模壁垂直的晶体，通过它散出的热流的路程最短，散热最快，而且该处的凝固前沿略为突出，离较纯的钢水较近，结晶条件也最优越，所以这些晶体向锭心的长大得到优先发展，而其余的晶体向其他方向则因彼此妨碍而受到抑制，于是在细小等轴晶的激冷层之后呈现出排列整齐，有一定方向性的柱状晶带，由于凝固前沿自然对流下降流股的影响，柱状晶略为向上倾斜。

控制柱状晶区发展的方法，见 1985 年鞍山钢铁学院第五题答案。

六、答：

（1）见 1985 年鞍山钢铁学院二（1）题答案。

（3）我国水平连铸很早已在马鞍山钢铁公司和原成都无缝钢管公司投入使用。

（4）马赫数是气流速度同声速之比。它反映流体流动的压缩性大小，用马赫数可以判断气体的流动情况。

（5）有立式、立弯式、弧形、椭圆形、离心式、水平连铸六种。

（6）CO_2 在 86%左右，CO 在 10%左右。

（7）$\sum Fe>60\%$。

（8）C 0.2%，Si 0.3%，Mn 0.5%，S，P≤0.02%为镇静钢；C 0.2%，Si 0.07%，Mn 0.5%，S，P≤0.02%为半镇静钢；C 0.2%，Si 0.03%，Mn 0.5%，S，P ≤0.02%为沸腾钢。

（9）与（10）见 1980 年北京钢铁学院炼钢学的第五题答案。

（11）9%~18%。

（12）有两种：砖型和喷嘴型。砖型又分为弥散型透气砖与金属结构型透气砖。喷嘴又分为单孔喷嘴、双缝喷嘴、多层结构喷嘴。

33. 1986 年上海钢铁研究所炼钢原理试题选解

一、答:

(1) C; (2) A; (3) A; (4) C; (5) B; (6) A; (7) B; (8) B; (9) A; (10) C。

三、解:

(1) 该题同 1982 年上海钢铁研究所炼钢学试题三 (1) 小题，见文献 [1] 中 82 面例 3~4。

(2) 该题见 1984 年上海钢铁研究所炼钢学试题三 (1) 小题答案。

(3) 以 100kg 金属料为基准，则入炉的硫含量 $\sum S_{入} = 100 \times 0.05\% = 0.05(kg)$。由 S 平衡方程式 (此外不考虑气化脱硫，同时也认为金属收得率为 100%):

$$[\%S] = \frac{100\sum S_{入}}{W_{金} + L_S W_{渣}}$$

式中 $[\%S]$——终点钢水含硫量，也是成品钢要求的含硫量，对本题 $[\%S]=0.025$;

$W_{金}$——金属量，此处为 100kg;

L_S——分配系数，本题为 80;

$W_{渣}$——按 100kg 金属量冶炼所需渣量，kg。

将数据代入，得:

$$0.025=\frac{100\times0.05}{W_{金}+80W_{渣}}$$

$$2.5+2W_{渣}=5$$

$$W_{渣}=1.25(kg)$$

即冶炼 100kg 钢水所需 1.25kg 渣，冶炼 100t 钢水需要 $1.25\times10^3=1250$kg 渣。

对第二种工艺，渣分等量的两批加入，每批为 625kg，第一批渣料加入后脱硫，使钢水含硫量从 0.05%降至:

$$[\%S]_1=\frac{0.05\%\times10^5}{10^5+80\times625}=\frac{0.05\times10^5\%}{1.5\times10^5}=0.033\%$$

渣钢达到平衡后，完全扒渣，再加入第二批渣料 625kg 进行脱硫，该脱硫后钢水含硫量达 $[\%S]_2$:

$$[\%S]_2=\frac{0.033\%\times10^5}{10^5+80\times625}=\frac{0.033\times10^5\%}{1.5\times10^5}=0.0222\%$$

对第一种工艺是第一批渣-钢反应达到平衡后，不扒渣加入第二批渣料量为625kg。可类似进行计算，留给读者自己去练习。

34. 1986年唐山工程技术学院钢铁冶金学试题选解

一、炼铁部分。

(1) 答：图1中*BDEG*为间接还原消耗的碳量。*OEA*为直接还原消耗的碳量，两者交于*E*点，直接还原或间接还原的发展，碳素消耗不是二者之和，而是取其最大值。在*E*点右侧，还原剂的碳素消耗量是*EA*线，在*E*点左侧，还原剂的碳素消耗量应是*BE*线，总的还原剂的碳素消耗量是*BEA*折线，显然*E*点为还原剂碳素消耗量最低时对应的直接还原度点，此时r_d约为0.7。

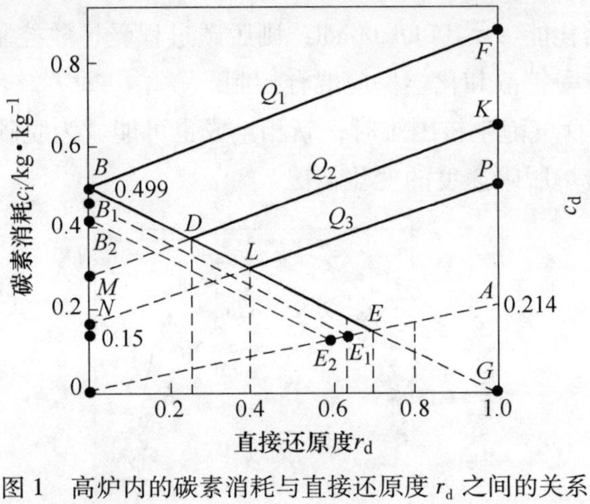

图1　高炉内的碳素消耗与直接还原度r_d之间的关系

图中*MDK*线为发热剂碳素消耗线（在冶炼单位生铁的总热量消耗一定条件下）。高炉内的碳素消耗，既要发生还原又要满足热量的需要，但总的碳素消耗不是还原剂及发热剂二者碳素消耗的总和，而是其中最大值。高炉内冶炼单位生铁时，总和碳素消耗将沿*BDK*折线变化，图中的*D*点作为还原剂和发热剂碳素消耗线的交点，它是最低碳素消耗点，称为理论最低碳素消耗点。此时作为还原剂的碳素消耗与作为发热剂的碳素消耗相等，即$C_{还}=C_{热}$。在给定的冶炼条件下，此点对应理论最低焦比。与此点对应的直接还原度称为适宜直接还原度记为$r_{d实}$。高于或低于$r_{d实}$均将引起碳素消耗的增加。

从曲线可以看出：作为还原剂的碳素消耗的总碳量来说，直接还原比间接还原低得多。似乎发展直接还原有利。作为发热剂的碳素消耗来说，直接还原比间接还原消耗的碳素多（因为直接还原为吸热反应，需消耗大量的热，用 CO 的间接还原，多数是放热反应，消耗热量少），似乎发展间接还原有利。但理论与实践证明，高炉内最低的碳素消耗既不是全部的直接还原，也不是全部的间接还原，而是在二者合适的比例下获得的，图中的 D 点，就是最低的碳素消耗点，该点对应最低的理论焦比，达到这点是我们努力的方向。

降低直接还原度的途径有：采用还原性好的烧结矿和球团矿；采用扩大间接还原的措施，如高风温、富氧鼓风、喷吹燃料等；降低单位生铁热量消耗，改善高炉内部热量利用来降低焦比，如采用熔剂性烧结矿或球团矿，高炉可以不加或少加石灰石，从而去除了石灰石分解的分解热，提高矿石入炉品位和降低焦炭灰分，可减少渣量，使炉渣带出的热损失减少。

二、炼钢部分。

（1）答：采用溢流水封是为了保持收缩段的管壁上有一层流动的水膜，以隔离高温烟气对管壁的冲刷，并防止烟尘在干湿交界面上结垢而造成堵塞。同时，溢流水封为开口式结构，万一发生爆炸，可从此泄压。此外，溢流水封还能调节汽化冷却器因热胀冷缩引起的位移。

（3）答：当新相（气泡）能顺利生成时，脱碳反应的限制性环节，可由其表观活化能的大小来判断。当表观活化能 $E \geqslant 250\text{kcal/mol}$，则认为［C］和［O］进行化学反应是限制性环节，当表观活化能 $E \leqslant 100\text{kcal/mol}$，则脱碳过程受扩散控制。当活化能 E 介于两者之间时，则脱碳反应受扩散和化学反应混合控制。

某些情况下，当 CO 气泡生核困难时，新相生成也可能成为脱碳控制的主要环节。

图 2 为顶吹氧气转炉脱碳速度的变化情况。

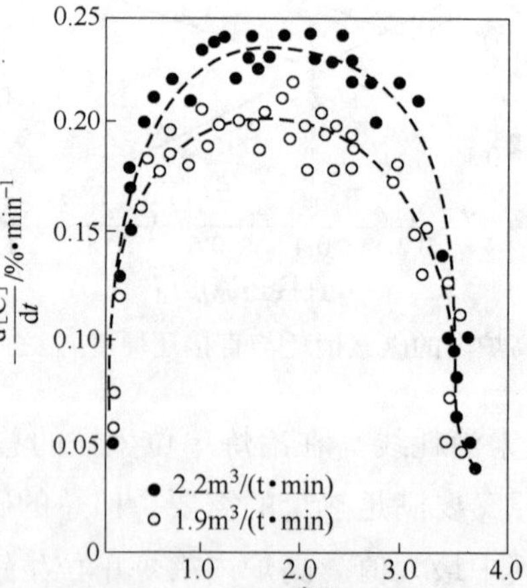

图 2　转炉炼钢脱碳速度随时间的变化

脱碳过程可分为三个阶段：吹炼初期（第一阶段），以 Si 的氧化为主，脱碳速度较小：

$$-\frac{d[C]}{dt} = k_1 t$$

式中　k_1——决定于［Si］及熔池温度等因素的常数。

吹炼中期（第二阶段），脱碳速度几乎为定值：

$$-\frac{d[C]}{dt}=k_2t$$

式中　k_2——高速脱碳阶段由氧气流量所确定的常数，氧化流量变化时，k_2 随之变化。

吹炼后期（第三阶段），随金属的碳含量减少，碳速度也降低：

$$-\frac{d[C]}{dt}=k_3[C]$$

式中　k_3——碳含量降低后，脱碳反应受碳的传质控制，由氧流量、枪位等确定的常数。

可见，整个脱碳过程中，脱碳速度的变化曲线呈台阶型。

图 3 给出了某顶吹转炉不同供氧强度脱碳反应曲线模型，可见随供氧强度的增大，中期脱碳速度显著增大，但台阶特征依然不变。

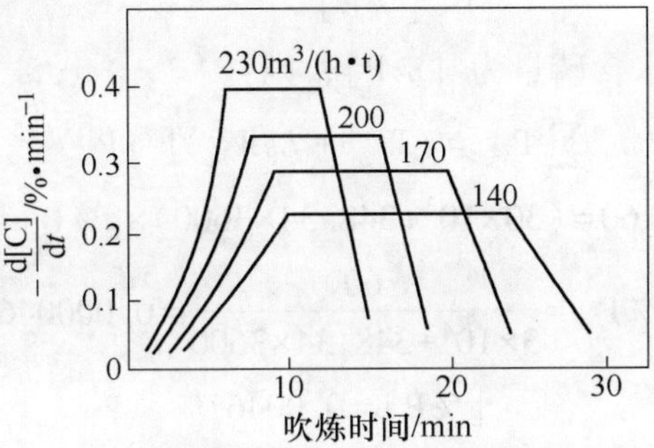

图 3　供氧强度对脱碳速度的影响

(4) 答：白渣下的脱氧反应主要有：

$$\begin{aligned}&(FeO)+C=[Fe]+\{CO\}\\+\quad&2(FeO)+Si=2[Fe]+(SiO_2)\\\hline&3(FeO)+Si+C=3[Fe]+2\{CO\}+(SiO_2)\end{aligned}$$

$$\begin{aligned}&(MnO)+C=[Mn]+\{CO\}\\+\quad&2(MnO)+Si=2[Mn]+(SiO_2)\\\hline&3(MnO)+Si+C=3[Mn]+\{CO\}+(SiO_2)\end{aligned}$$

电石渣下的脱氧反应：

$$3(FeO)+(CaC_2)=3[Fe]+(CaO)+2\{CO\}$$

$$3(MnO)+(CaC_2)=3[Mn]+(CaO)+2\{CO\}$$

$$3(CrO)+(CaC_2)=3[Cr]+(CaO)+2\{CO\}$$

有时甚至将 SiO_2 还原，使钢水增硅 0.05%~0.15%：

$$3(SiO_2)+2(CaC_2)=3[Si]+2(CaO)+4\{CO\}$$

下面比较两种渣下脱氧的优缺点：白渣下扩散脱氧，钢水中氧向渣中扩散，达到减少钢中氧含量，白渣极易与钢水分离而上浮，不致污染钢液，通常规定在白渣下出钢，还原期增碳量不大，白渣的脱氧能力一般，造白渣时间短，有利于缩短冶炼时间，操作方便，应用广泛。电石渣下脱氧时，脱氧产物是 CO，不但不会污染钢液，而且对去除气体和夹杂有利，电石渣脱氧能力强，但造渣时间长，耗电量大，钢水容易增碳，炉衬寿命短，掌握比白渣难，目前仅在冶炼一些要求较高的高碳钢时才采用电石渣操作。

（5）**解**：

$$T=1650+273=1923(\mathrm{K})$$

$$W_{渣}=12\%\times30\times10^3=3600(\mathrm{kg})$$

铁水含磷量：

$$\sum \mathrm{P}_{入}=0.2\%\times30\times10^3=60(\mathrm{kg})$$

$$(\%\sum \mathrm{Fe})=\frac{56}{72}(\%\sum \mathrm{Fe})=\frac{56}{72}\times15=11.667$$

将数据代入得：

$$\lg\frac{(\%\mathrm{P})}{[\%\mathrm{P}]}=\frac{22350}{1923}-23.7+7\lg51+2.5\lg11.667=2.542$$

$$L_{\mathrm{P}}=\frac{(\%\mathrm{P})}{[\%\mathrm{P}]}=348.34$$

由 P 平衡方程，设终点钢水含磷量为［%P］，则：

$$\sum \mathrm{P}_{入}=(W_{金}+L_{\mathrm{P}}W_{渣})[\%\mathrm{P}]$$

$$60=(30\times10^3+348.34\times3600)\times[\%\mathrm{P}]$$

$$[\%\mathrm{P}]=\frac{60}{3\times10^4+348.34\times3600}=0.0000467$$

即

$$[\%\mathrm{P}]=0.00467\%$$

35. 1986 年钢铁研究总院钢铁冶金试题选解

（一、二、四题见本书后面 1987 年钢铁研究总院炼钢学试题第一、二、三大题答案）

三、解：

（1）钢包吹氩原理见 1984 年鞍山钢铁学院炼钢学试题第五大题第（6）小题答案。

（2）钢液吹氩时的最小用氩气量 Q_{Ar}(mol/t) 与脱氢量之间的关系见 1983 年鞍山钢铁学院炼钢学试题二答案，导出的关系式：

$$Q_{\mathrm{Ar}}=5\times10^3\times K_{\mathrm{H}}^2p_{总}\left(\frac{1}{[\%\mathrm{H}]_{终}}-\frac{1}{[\%\mathrm{H}]_{始}}\right)$$

对本题：常压下 $p_{总}=1\mathrm{atm}$，$K_{\mathrm{H}}=0.0027$，原始含量［%H］$_{始}=7\times10^{-4}$，吹氩后钢水含氢量为 $2\times10^{-4}\%$，将上面数据代入得：

$$Q_{Ar} = 5 \times 10^3 \times 0.0027^2 \times 1 \times \left(\frac{1}{2 \times 10^4} - \frac{1}{7 \times 10^4}\right)$$

$$=135(mol/t) = 135 \times 22.4(L/t) = 3.02(m^3/t)$$

五、答：

（1）连铸的优缺点见 1984 年北京钢铁学院炼钢学试题第二大题第（6）小题答案。

（2）目前生产中的连铸机形式有立式连铸机、弧形连铸机、椭圆形连铸机、立弯式连铸机。这四种形式主要用于生产方坯、板坯和少量管坯。离心连铸机用于生产管坯。水平连铸机用于生产小断面方坯和管坯。

36. 1987 年东北工学院钢铁冶金综合试题选解

一、炼铁学。

（3）答：

直接还原：直接用固体 C 作还原剂，还原铁的氧化物，而最终气体产物是 CO，同时吸收大量热量的还原称为直接还原。

间接还原：用 CO 或 H_2 作还原剂，还原铁的氧化物，而最终气体产物是 CO_2 或水蒸气的还原，称为间接还原。

喷吹燃料的置换比：喷吹燃料中的碳可以代替焦炭中的碳，喷吹燃料中的氢也可以代替碳，以单位喷吹燃料替代高炉中焦炭的数量称为该种喷吹燃料的置换比。

烧结机利用系数：每平方米烧结机每小时的产量，单位为 $t/(m^2 \cdot h)$。

料线高度：大钟下降位置的下沿至料面的垂直距离。

炉料冶炼周期：炉料在炉内的停留时间，实际操作中，习惯用下料批数来表示冶炼周期。冶炼周期是评价冶炼强化程度的指标之一，冶炼周期越短，利用系数越高。

二、炼钢学。

（1）答：

1）1855 年，贝氏麦法，酸性空气底吹转炉炼钢法。

3）主要意义在于：脱氧元素共同存在于钢液中，脱氧能力有较大的提高；脱氧产物是熔融的，能促使高熔点氧化物熔化，并从钢液中除去；能使易挥发的 Ca、Mg 在钢液中的溶解度增加；能使夹杂物的形态和组成发生变化，有利于改善钢的性能。

5）根据已知条件得：

$$k=\frac{CaO\%}{SiO_2\%}=\frac{45}{15}=3$$

氧化物	百分含量/%	物质的量 n	摩尔分数 x
CaO	45	0.803	0.53
MgO	7	0.175	0.12
SiO_2	15	0.25	0.17
FeO	20	0.278	0.18

$x_{FeO}=0.18$，$x_{SiO_2}=0.17$，$x_{CaO}+x_{MgO}=0.65$，查等活度图，得 $a_{FeO}=0.55$。

（2）答：氧气顶吹转炉热平衡的特点有：顶吹转炉不需外加燃料，依靠铁水中元素的氧化放热，即可满足炼钢所需的全部热量，且热量还有富余，必须加入冷却剂，合理利用富余热量。转炉热收入基本上是铁水物理热和元素氧化放出的化学热，全部铁水吹炼有大量热量富余，必须加入冷却剂，便于控制温度和出钢温度；在热收入中，铁水物理热占相当大比重，元素氧化放热也占相当大比重，顶吹转炉可吹炼含 Si、Mn、P 极低的铁水；目前，转炉冶炼碳的化学潜热没有得到充分利用，大约有 90%的碳仅在炉内氧化成 CO，没有氧化成 CO_2。在热支出中，炉气带走的热量占相当大比重，约 30%~40%，其他损失约占 6%，可见，回收炉气的热量也是很重要的。

提高废钢比的措施有：增加转炉的热收入，如提高入炉铁水温度，用高 Si 铁水，Si 在吹炼过程中放出大量热量，促进更多废钢熔化；操作上选用增 C 法，使转炉热量收入多，增加其废钢用量。

37. 1987 年鞍山钢铁学院钢铁冶金学试题选解

一、答：依据炉料与煤气水当量的概念和区域热平衡的原理，在高炉上部热交换区的任一截面上，煤气所含的热量等于炉料吸收的热量和炉顶煤气带出炉的热量之和（不考虑炉料本身带来的热量，视作冷料），用式子表示：

$$W_{气}T_{气}=W_{料}T_{料}+W_{气}T_{顶}$$

式中 $W_{气}$，$W_{料}$——煤气与炉料的水当量，表示单位时间内，通过高炉的某一截面的煤气或炉料温度降低或升高 1℃所放出或吸收的热量（煤气放出热量，炉料吸收热量），kcal/(h · ℃)；

$T_{气}$——煤气的温度，℃；

$T_{料}$——炉料的温度，℃；

$T_{顶}$——带出炉顶的煤气温度,℃。

当高炉上部热交换达到终了时（即进入高炉中段的热交换的空段区时）$T_{料} \approx T_{气} \approx T_{空}$，则可从上面式子得

$$T_{顶} = T_{空}\left(1 - \frac{W_{料}}{W_{气}}\right)$$

而 $T_{空}$ 表示空段区的温度，它在原料、操作稳定的条件下，基本上变化不大，则影响炉顶温度的因素主要是 $W_{料}/W_{气}$。

下面分析热风温度、富氧鼓风、风口喷吹煤粉对炉顶温度的影响：

（1）热风温度的影响。提高风温，降低焦比，使煤气量减少，从而煤气的水当量 $W_{气}$ 降低，使 $W_{料}/W_{气}$ 比值增大，最终导致炉顶温度 $T_{顶}$ 降低，凡是降低焦比，减少煤气量的任何措施，都可使得炉顶温度降低。假如在提高风温的同时，焦比不变（由于某些原因所致），煤气量没有减少，$W_{料}/W_{气}$ 基本不变，因而炉顶温度可能变化不大。

风温降低，焦比升高时，使煤气量增加，$W_{气}$ 增大，$W_{料}/W_{气}$ 降低，炉顶温度就会升高，凡是使焦比升高，煤气量增加的任何因素，都可使炉顶温度升高。

（2）富氧鼓风的影响。在富氧鼓风的情况下，N_2 量大大降低，煤气量减少，$W_{气}$ 降低，$W_{料}/W_{气}$ 增大，最终导致炉顶温度降低。

（3）喷吹煤粉的影响。喷吹煤粉，尤其是喷吹 H/C 比高的煤粉，由于煤气量大大增加，$W_{气}$ 增大，$W_{料}/W_{气}$ 降低，可导致炉顶温度升高，这是对高炉热交换不利的一面。

六、(1) 答:

2）LD 转炉的动态控制是在其静态控制的基础上，除进行有关装料计算外，再根据吹炼过程中获取的有关信息（如钢水成分、钢水温度和炉渣情况等）修正吹炼条件或迅速确定终点以达到预定目标的控制方法（如目前推广采用的副枪测温定碳进行动态控制），采用动态控制终点含碳量和命中率可达 90%以上，动态控制又分为吹炼条件控制和终点控制两种。

4）热脆：硫在钢中主要以 FeS 形式存在，硫在液态钢水中溶解度大，而在固态钢锭中溶解度小，且溶解度随温度降低而降低，析出的硫与 Fe 结合成 FeS，由于 Fe 与 FeS 组成的共晶体的熔点只有 988℃，所以 FeS 在结晶时在初生晶界上析出，形成包围铁素体晶粒的连续或不连续网状组织，当这种钢进行热加工时，晶界硫化物首先熔化，使钢锭表面产生网状裂纹，一般称此为“热脆”。热脆形成的原因是钢中硫的存在。

5）化学封顶是沸腾钢浇注工艺的一种封顶方法。它是在浇注完毕经过一定时间，往钢液面上加入一定数量的脱氧剂，并进行搅拌，使脱氧剂迅速熔化，进行封顶的一种方法。化学封顶对钢锭头部的钢水直接进行部分脱氧，有效地制止了头部钢水的沸腾。脱氧后形成一定厚度的平静的液态金属层所造成的静压力，也有效地制止了下部钢水的继续沸腾，加上钢水对流的减小，头部迅速凝固，达到其封顶目的。

化学封顶钢常用硅铁（含 Si 75%，粒度 5~20mm），用量与钢锭锭型、钢的含 C 量有

关，也常用铝封顶，一般沸腾钢铝的加入量在 70~250g/t。

6）白渣见 1985 年北京钢铁学院钢铁冶金学第五大题第（3）小题，电石渣见 1986 年鞍山钢铁学院炼钢学第三题第（5）小题。

8）复合脱氧剂：包括两种或两种以上的脱氧元素的脱氧剂。复合脱氧剂的作用见 1987 年东北工学院综合试题第二大题的（1）小题答案。

10）当氧枪喷头离熔池较远（氧枪高度较高）或氧压较低时，金属液面会被击成一个面积大而深度小的“坑”，称为“软吹”，见图 1(a)。软吹时，氧气流股不为金属熔池所吸收，部分氧气进入炉气，流股对金属熔池的冲击作用和熔池内部的循环运动都比较弱，氧流穿透不深。

当氧枪喷头离熔池面较近（氧枪高度较低），或氧压较高时，氧气流股对熔池会有较大的冲击压力，使其形成一个面积小而深度大的凹坑，称为“硬吹”，见图 1(b)。

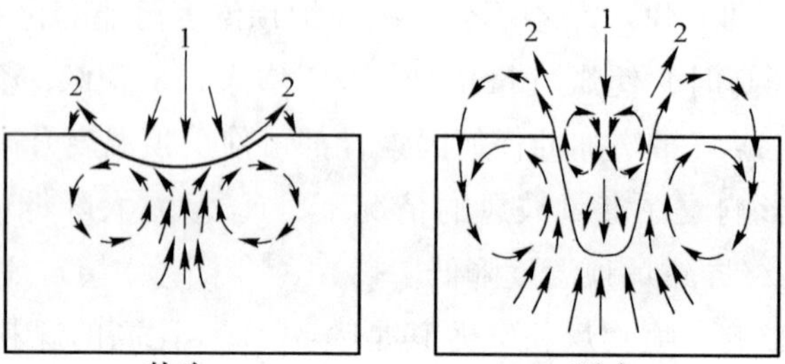

图 1　流股引起的熔池运动

1—氧流方向；2—喷溅方向

硬吹时，氧气射流穿透很深，熔池产生激烈的循环运动，氧气与金属液剧烈混合和搅动，氧流被分裂气泡并快速被金属液所吸收。

软吹与硬吹没有严格的界限，是一个相对的概念，硬吹时熔池产生强烈的循环和搅拌，从而加速金属熔池的氧化，提高脱碳速度，但此时渣中（FeO）低，对化渣不利。软吹时，熔池循环和搅拌减弱，从而使金属液的氧化减慢，脱碳速度降低，此时渣中（FeO）高，有利于化渣。

11）沸腾不足的原因：金属成分中碳过高（大于 0.27%），或碳过低（低于 0.02%），造成相对氧过低或过高，[C]、[O] 反应不激烈；Mn 含量过高，也是产生沸腾不足的原因；注温偏低；注速偏快；瓶口式钢锭模模口小，不利于沸腾；钢锭模壁过热，钢锭散热缓慢，也可能沸腾不足。

措施：控制合适的钢液 [C]、[O]、[Mn] 等元素含量，比如控制 C 在 0.14%~0.20%范围沸腾是合适的，Mn 控制在 0.30%~0.5%为宜。减慢注速，有利于模内沸腾；注温不宜过低，否则沸腾不足，一般沸腾钢浇注温度高于液相线 80~100℃；小钢锭，下注取下限；用敞口式钢锭模会有利于沸腾，模壁温度在 80~100℃，不宜过高或过低。

38. 1987 年上海工业大学钢铁冶金试题选解

五、解：依题中假设，不考虑钢液中 Si、C、Fe 等元素放出的热量及炉衬、炉渣的吸热，钢液完全靠 C 及 Cr 的氧化升温。根据：

$$0.46[\%C] + 0.0237[\%Ni] - 0.0476[\%Cr] +$$

$$2\lg[\%C] - 1.5\lg[\%Cr] - 2\lg p_{CO} = \frac{24300}{T} - 16.07$$

计算在含 Cr 19.50%及含 C 0.02%的钢液平衡的温度 T_1：

$$0.46\times0.02+0.0237\times9-0.0476\times19.50+$$

$$2\lg0.02-1.5\lg19.5-2\lg0.1=\frac{24300}{T_1}-16.07$$

得 $T_1=2079.70K$，即熔池升温，$\Delta T_1=2079.7-273-1680=126.7℃$，这 126.7℃升温，要靠 Cr 和 C 氧化放热来达到，则 Cr 的最小氧化量为：$\Delta[Cr]_{min}=(126.7-0.3\times118)/113=0.80\%$。

这样，终点钢液含 Cr 量为：19.50%-0.80%=18.70%，显然，这个计算有一个较大的误差，即在判断终点温度时是用 19.50%含 Cr 量进行计算的，要做第 2 次计算，进行逼近，求出终点含 Cr 18.70%，C 0.02%时温度 T_2，再用给出的式子计算得到：

$$T_2 = 24300/(0.0092 + 0.2133 - 0.8901 - 3.3979 - 1.908 + 16.07)$$
$$=2008.8(K)$$

这样，只需升温 $\Delta T_2=2008.7-273-1680=55.8(℃)$，钢中 Cr 的氧化量为：$\Delta[Cr]_{min}=(55.8-0.3\times118)/113=0.18\%$。

即达到终点时，钢液含 Cr 量为：19.50%-0.18%=19.32%。如果再逼近一次，以终点含 Cr 量为 19.32%，计算终点温度，则可得 $T_3=2017.3K$。故需升温：2017.3-273-1680=64.30(℃)，钢中 Cr 的氧化量为：$\Delta[Cr]_{min}=(64.3-0.3\times118)/113=0.256\%$。

终点的含 Cr 量：19.50%-0.26%=19.24%，与第二次计算终点假定 19.32%仅差 0.08%，大于分析误差，再做第四次逼近，以终点的含 Cr 量 19.24%，计算终点温度 $T_4=2016.2K$，升温 $\Delta T_4=2016.2-273-1680=63.2(℃)$，钢中 Cr 的含量：$\Delta[Cr]_{min}=(63.2-0.3\times118)/113=0.246\%$。

终点的含 Cr 量：19.50%-0.25%=19.25%，与第三次计算终点温度假定的 19.24%仅差 0.01%，在分析误差之内。

39. 1987 年武汉钢铁学院炼钢学试题选解

一、答：

（1）矿石法，废钢矿石法，废钢增碳法。

（2）直筒型，螺旋型，组合型。

1）能获得稳定的、最大流速的超声速射流；

2）在达到相同的穿透深度时，它的枪位可略高，可改善氧枪的工作；

3）同样的穿透深度下，对熔池冲击面积大，枪位高，对加速化渣，减少喷溅，延长氧枪的寿命是有利的。

（3）单渣法，双渣法，留渣法。

（4）含碳量，温度，拉碳法，增碳法。

（6）OBM 法，LMS 法，Q-BOP 法。

（8）中间罐内的钢水的温度。

（11）细小等轴晶带，柱状晶带，粗大等轴晶带。

（12）坚固带，蜂窝气泡带，二次气泡带，锭心带。

（13）去气、去夹杂，均匀钢水成分，均匀钢水温度。

（14）见 1982 年鞍山钢铁学院炼钢学第一大题第（4）小题答案。

（15）1）MgO 能加速石灰的溶解，促进前期化渣；

2）加入白云石或白云石质石灰造渣，炉渣不必从炉衬吸取 MgO，减少对炉衬的浸蚀；

3）加入白云石或白云石质石灰造渣，提高了渣中 MgO 的浓度，使渣中 FeO 的活度降低，减轻氧化铁对炉衬的浸蚀。

（16）1）采用静态模型计算装入量、供氧量和枪位；

2）供氧量达 90%时，用副枪测温、定碳，确定由于吹炼条件引起的温度和碳的偏差；

3）根据脱碳和升温模型及冷却剂的冷却效果，计算达到终点时碳需要的氧势和由此产生的升温量，得出达到终点时的钢水温度，如计算温度高于出钢的目标温度，再计算出冷却剂的用量，如低于出钢的目标温度，则增加供氧；

4）在吹炼终点，测出钢水的温度和含碳量，根据终点预计值与实际值的差别，自动修正控制模型，供下炉使用。

三、解：

（1）用全氧法，由 FeO 和 Fe_2O_3 的成分，求（$\% \sum FeO$）：

$$(\% \sum FeO) = (\% FeO) + 1.35(\% Fe_2O_3) = 19.0 + 1.35 \times 8.50 = 30.50$$

求 x_{CaO}、x_{FeO}、x_{SiO_2}：

氧化物	百分含量/%	物质的量 n	摩尔分数 x
CaO	52.80	0.94	0.63
SiO_2	7.20	0.12	0.08
$\sum FeO$	30.50	0.42	0.28
P_2O_5	2.40	0.02	0.01
		$\sum 1.50$	

求 a_{FeO}：由上步得 $x_{CaO}=0.63$，$x_{SiO_2}+x_{P_2O_5}=0.08+0.01=0.09$，$x_{FeO}=0.28$，由给出的三元系等 a_{FeO} 图，查出 $a_{FeO}=0.40$。

求［%O］：由 $L_O=\dfrac{a_{FeO}}{[O]_{max}}=1/0.23$，在1600℃时：

$$[\%O] = [O]_{max} a_{FeO} = 0.23 \times 0.40 = 0.092$$

40. 1987年北京钢铁学院钢铁冶金试题选解

一、答：

（1）0.23%。

（2）0.0027%，0.0451%。

（4）钢中含有较多的氢，低温相变时有较大的组织应力。

二、答：氧化渣下的脱P反应式为：

$$2[P] + 5(FeO) + 3(CaO) = (3CaO \cdot P_2O_5) + 5[Fe]$$

或

$$2[P] + 5(FeO) + 4(CaO) = (4CaO \cdot P_2O_5) + 5[Fe]$$

影响脱P的各种因素，见1987年钢铁研究总院炼钢学试题第一大题答案。

七、解：*AE* 线的斜率：

$$\mu_1 = \frac{Y_S - Y_P}{X_S - X_P} = (1.13 + 0.47)/(1.32 - 0.50) = 1.9512$$

焦比（kg/t）：

$$K_1 = 215\frac{\mu_1}{C_{固\%}} = 215 \times 1.9512/C_{固\%} = 419.50/C_{固\%}$$

$A'E'$线的斜率：

$$\mu_2 = \frac{Y_W - Y_P}{X_W - X_P} = (1.05 + 0.47)/(1.32 - 0.50) = 1.8536$$

焦比（kg/t）：$K_2 = 215\frac{\mu_2}{C_{固\%}} = 215 \times 1.8536/C_{固\%} = 398.54/C_{固\%}$

改进后焦比比原焦比下降百分数：

$$\frac{K_1 - K_2}{K_1} = (419.5 - 398.5)/419.5 = 5\%$$

注：在计算过程中，Y_P 本身取负值。

八、**解**：对于还原反应，$T_1 = 500K$，$T_2 = 1000K$，$E_R = 45.75kcal/mol$，由阿累尼乌斯公式：

$$\lg\frac{k_2}{k_1} = E_R\frac{T_2 - T_1}{2.303RT_1T_2}$$

式中　k_1，k_2——扩散系数；

R——气体常数。

得

$$\lg\frac{k_2}{k_1} = 45750 \times (1000 - 500)/4.575 \times 1000 \times 500 = 10$$

$$\frac{k_2}{k_1} = 10^{10}$$

对于扩散过程，$T_1 = 500K$，$T_2 = 1000K$，$E_D = 4.575kcal/mol$，由公式：

$$\lg\frac{D_2}{D_1} = E_D\frac{T_2 - T_1}{2.303RT_1T_2}$$

式中　D_1，D_2——扩散系数；

R——气体常数。

$$\lg\frac{D_2}{D_1} = 4575 \times (1000 - 500)/4.575 \times 1000 \times 500 = 1$$

$\frac{D_2}{D_1} = 10$，显见，扩散速度提高了 10 倍。

41. 1987 年重庆大学钢铁冶金原理试题选解

一、**答**：

（1）A；（2）A，C，A；（3）C，D；（4）A，C、E、F，B，C、D、F；（5）C，D；

(6) C;(7) D;(8) F;(9) A;(10) D。

二、答:

(2) 金属成分对渣-金之间的界面张力有影响,尤其是金属成分中 C、Si、P 三个元素使 $CaO-SiO_2-Al_2O_3$ 渣的界面张力显著降低,铁水中的这些元素 C、Si、P 含量远比钢水中的这些元素含量高,所以铁水-炉渣的界面张力普遍比钢-渣界面张力低。

(3) 铺展系数 $=\sigma_{钢}-\sigma_{渣}-\sigma_{钢-渣}=1200-600-550=50$dyn/cm,表明炉渣能够润湿钢液。

(7) 菲克第一定律,用于稳定态扩散;菲克第二定律,用于非稳定态扩散。

(8) 影响气体还原剂还原铁矿石速度的因素有:矿石的粒度和矿石的孔隙度、温度、还原气体的压力与成分。

三、解:设渣离子化,并形成 Ca^{2+}、Mn^{2+}、Fe^{2+}、SiO_4^{4-}、FeO_2^-,则渣中 FeO 的活度:

$$a_{FeO}=\gamma_{Fe}^{2+}\gamma_{O}^{2-}x_{Fe^{2+}}x_{O^{2-}}$$

$$x_{Fe^{2+}}=\frac{n_{Fe^{2+}}}{n_{Ca^{2+}}+n_{Fe^{2+}}+n_{Mn^{2+}}}=\frac{0.236}{0.893+0.141+0.236}=0.1858$$

阴离子 O^{2-} 的摩尔分数:

$$n_{O^{2-}}=n_{CaO}+n_{MnO}+n_{FeO}-2n_{SiO_2}-n_{Fe_2O_3}=0.893+0.141+0.236-2\times0.367-0.006=0.53$$

$$x_{O^{2-}}=n_{O^{2-}}/\sum n^-=n_{O^{2-}}/(n_{SiO_4^{4-}}+n_{FeO_2^-}+n_{O^{2-}})$$

其中 $n_{SiO_4^{4-}}=n_{SiO_2}$,$n_{FeO_2^-}=n_{Fe_2O_3}$,则:

$$x_{O_2^-}=0.53/(0.367+2\times0.006+0.53)=0.583$$

$$\sum x_{SiO_4^{4-}}=(n_{SiO_2}+n_{Fe_2O_3})/\sum n^-$$

$$=(0.367+0.006)/(0.367+2\times0.006+0.53)=0.4103$$

$$\lg\gamma_{O^{2-}}=1.53\times0.4103-0.17=0.4578$$

$$\gamma_{O^{2-}}=2.87$$

假定 $\gamma_{Fe^{2+}}=1.0$,则

$$a_{FeO}=\gamma_{Fe^{2+}}\gamma_{O^{2-}}x_{Fe^{2+}}x_{O^{2-}}=1\times0.1858\times2.87\times0.583=0.31$$

$T=1600+273=1873$(K) 时:

$$\lg[\%O]_{饱}=-\frac{6320}{1873}+2.734=-0.64$$

与渣平衡时的金属含氧量:$[\%O]_{饱}=0.23$,则:

$$[\%O]=[\%O]_{饱}\,a_{FeO}=0.23\times0.31=0.07$$

四、解:$Mo(l)\rightarrow[Mo]_{1\%}$,$Mo(s)\rightarrow[Mo]_{1\%}$,$Mo(s)\rightarrow[Mo]_{3\%}$,Fe-Mo 溶体是理想溶液,所以 $\Delta H=0$,$\gamma_{Mo}=1$。

对 $Mo(l)\rightarrow[Mo]_{1\%}$,有:

$$\Delta G_1^{\ominus}=RT\ln0.5584/M_{Mo}=4.575T\lg0.5584/95.94=-10.225T$$

又 Mo 的熔点为 2880K。Mo 的熔化热为 6600cal/mol，$\Delta S = 6600/2880 = 2.292(\text{cal/mol})$，因此：

$$Mo(s) = Mo(l) \qquad \Delta G_f = 6600 - 2.292T$$

两式相加，

$$Mo(s) = [Mo]_{1\%} \qquad \Delta G_2^{\ominus} = 6600 - 12.52T$$

对 $Mo(s) \rightarrow [Mo]_{3\%}$，留给读者自己完成。

五、解：

$$Mn(l) = [Mn]_{1\%} \qquad \Delta G_1^{\ominus} = 976 - 9.12T \quad (1)$$

$$1/2O_2(g) = [O]_{1\%} \qquad \Delta G_2^{\ominus} = -28000 - 0.69T \quad (2)$$

$$Mn(l) + 1/2O_2(g) = MnO(s) \qquad \Delta G_3^{\ominus} = -96050 + 20.5T \quad (3)$$

改写式（3）：

$$MnO(s) = Mn(l) + 1/2O_2(g) \qquad \Delta G_4^{\ominus} = 96050 - 20.5T \quad (4)$$

式(1) + 式(2) + 式(4) 得：

$$MnO(s) = [Mn]_{1\%} + [O]_{1\%} \qquad \Delta G_5^{\ominus} = 94226 - 30.31T \quad (5)$$

改写式（5）：

$$[Mn]_{1\%} + [O]_{1\%} = MnO(s) \qquad \Delta G_6^{\ominus} = -94226 + 30.31T \quad (6)$$

$$\lg f_{[Mn]} = e_{Mn}^{Mn}[\%Mn] + e_{Mn}^{O}[\%O] = -0.083[\%O]$$

$$\lg f_{[O]} = e_O^O[\%O] + e_O^{Mn}[\%Mn] = -0.2[\%O] - 0.021 \times 1.60 = -0.0336 - 0.2[\%O]$$

式（6）的反应自由能变化为：

$$\Delta G_6 = -94226 + 30.31T + RT\ln[1/(a_{[Mn]}a_{[O]})]$$

$$= -94226 + 30.31T - 4.575T(\lg f_{[Mn]} + \lg f_{[O]} + \lg[\%O] + \lg[\%Mn])$$

在 $T = 1873\text{K}$，反应达到平衡时，$\Delta G_6 = 0$，代入数据：

$$-94226 + 30.31 \times 1873 - 4.575 \times 1873 \times$$

$$(-0.083[\%O] + \lg 1.6 + \lg[\%O] - 0.0336 - 0.2[\%O]) = 0$$

$$-37455.37 - 8568.97 \times (0.1705 - 0.2083[\%O] + \lg[\%O]) = 0$$

整理得：

$$\lg[\%O] - 0.2083[\%O] + 4.5415 = 0$$

解出：$[\%O] \approx 3.10 \times 10^{-5}$，$[O] = 3.1 \times 10^{-3}\% = 0.0031\%$，可见，钢中的氧可以进一步降低。

42. 1987 年钢铁研究总院炼钢学试题选解

一、答： 炉渣脱磷能力用磷的分配比表示：

$$L_P = \frac{(\%P_2O_5)}{[\%P]} = K_P(\%FeO)^5(\%CaO)^4 f_P^2 \frac{\gamma_{FeO}^5 \gamma_{CaO}^4}{\gamma_{Ca_4P_2O_9}}$$

影响脱磷反应热力学条件的工艺参数有：

（1）温度的影响。脱磷反应是放热反应，温度低对脱磷有利。

（2）渣碱度的影响。CaO 是降低 $\gamma_{P_2O_5}$ 的主要因素，增加炉渣碱度对脱磷有利，但 CaO 过高，使炉渣变黏，对脱磷又不利。

（3）炉渣 FeO 的影响。FeO 对脱磷反应影响因素比较复杂，它与其他因素有联系。在一定限度内增加（FeO）使 L_P 增大。但（FeO）过高时，将稀释（CaO），反而使脱磷能力下降。

（4）金属成分的影响。金属中存在的各种元素对 f_P 有一定影响，当金属中增加 C、O、N、Si 和 S 使 f_P 增加，而 Cr 含量增加使 f_P 减小，Mn 和 Ni 对 f_P 的影响不大。

（5）渣量的影响。增加渣量在 L_P 一定时，降低金属中［P%］，因为渣量增加，P_2O_5 浓度减小，所以多次换渣，增加渣量对脱磷有利。但金属及热量损失较大。

二、答：脱氧的任务有：

（1）将钢中氧含量降低到所需要的水平，以保证凝固时得到正常的表面和不同结构类型的钢锭。

（2）使成品钢中非金属夹杂物含量减少，分布合适，形态适宜，以保证钢的各项性能。

（3）得到细晶结构。

复合脱氧剂比单独脱氧剂脱氧效果好是因为：

（1）脱氧元素共同存在于钢液中，脱氧能力有较大的提高。

（2）脱氧产物的熔点较单独脱氧剂产物低，故脱氧产物是熔融状态，能促进高熔点氧化物熔化，有利于从钢水中排除出去。

（3）能更容易使容易挥发的钙、镁在钢中的溶解度增加。

（4）能使夹杂物形态和组成发生变化，有利于改善钢的性能。

三、解：根据金属成分和钢水终点成分金属中各元素烧损如下：C 3.5%，Si 0.65%，Mn 0.21%，P 0.18%，Fe 1.4%，则每吨金属各元素氧化时所需氧量计算如下：

元素	每吨金属中被氧化元素量/kg	生成的化合物	耗氧量/kg
C	35.0	CO_2 15%	$35\times15\%\times\frac{32}{12}=13.90$
		CO 85%	$35\times85\%\times\frac{16}{12}=39.66$
Si	6.5	SiO_2	$6.5\times\frac{32}{28}=7.43$
Mn	2.1	MnO	$2.1\times\frac{16}{56}=0.61$
P	1.8	P_2O_5	$1.8\times\frac{80}{62}=2.32$
Fe	14	FeO	$14\times\frac{16}{56}=4.00$
总量			67.92kg

每立方米氧气质量为1.43kg，氧气纯度为99.6%，则：

$$每吨金属耗氧量=\frac{67.92}{0.996\times1.43}=47.7m^3$$

氧气利用率为75%，故

$$每吨金属实际耗氧量=\frac{47.7}{75\%}=63.6m^3$$

四、答：有关偏析的几个概念：

（1）宏观偏析。凝固过程中的选分结晶作用，使树枝晶间的液体富集了溶质元素，导致钢锭内溶质元素的不均匀分布，这种钢锭中化学成分的不均匀性称为宏观偏析。

（2）Λ型偏析。大钢锭凝固后，在纵向低倍上，常常有Λ型偏析，它从柱状晶区扩展到等轴晶区，在钢锭纵剖面上，呈“胡须状”，偏析元素主要是硫和磷。

（3）V型偏析。钢锭凝固后，在中心部位等轴晶区出现“V”状的偏析，在出现偏析的部位常常伴有中心疏松，V型偏析主要是钢中硫、磷的正偏析。

五、答：钢锭凝固组织的控制因素有：

（1）扩大柱状晶区的条件：

1）控制浇注条件。增加钢液温度，有利于柱状晶区生长。因此提高浇注温度，降低模温，加快浇注速度，能增加柱状晶区。此外，保持较大和较久的温度梯度时，均有利于柱状晶生长。

2）在凝固的液体中，加固定磁场等抑制液体的对流运动，有利于柱状晶生长。

3）采用定向凝固措施。定向凝固就是钢锭从一端向另一端凝固，可得到柱状晶组织，如电渣钢等，采取措施保证将凝固前沿有较大的温度梯度。

（2）扩大等轴晶区的条件：

1）控制浇注条件。最有效的办法是减少钢液的过热度，抑制柱状晶生长。

2）使钢液运动。采用机械振动，电磁搅拌，气泡带动等措施，可使等轴晶增加。

（3）加入形核剂：钢液中结晶核心越多，则晶粒越细。

六、解：

（1）首先计算和气相平衡的氢含量，再与给定值比较，即可判断出是吸氢还是放氢。

$$[H]_{氧化末期平衡}=\sqrt{1.63\times10^{-6}\times\frac{0.01}{0.05}}=5.7\times10^{-4}\%$$

$[H]_{氧化末期平衡}-[H]_{氧化末期给定}=5.7\times10^{-4}\%-5.0\times10^{-4}\%=0.7\times10^{-4}\%$，差别不大，可以认为基本上不吸氢。

（2）原理同（1），得：

$$[H]_{出钢时平衡}=\sqrt{1.63\times10^{-6}\times\frac{0.01}{0.003}}=2.33\times10^{-3}\%$$

$$[H]_{出钢时平衡}-[H]_{出钢时给定}=2.33\times10^{-3}\%-0.7\times10^{-3}\%=1.63\times10^{-3}\%$$

可见，出钢时钢液的吸氢倾向很强。

43. 2001 年北京科技大学冶金物理化学试题选解

一、答：

（1）活度的三种标准态为：

1）纯物质标准态：摩尔分数 $x_i=1$，符合拉乌尔定律，此时标准蒸气压 $p_{标}=p_i^*$，$p_i/p_i^*=x_i\gamma_i=a_i$。

2）亨利标准态：摩尔分数 $x_i=1$，符合亨利定律，此时标准态蒸气压 $k_{H,i}$，$p_i/k_{H,i}=x_if_{H,i}=a_{H,i}$。

3）1%溶液标准态：活度为 1，质量分数为 1，且符合亨利定律的状态，标准蒸气压 $p_{标}=k_{\%,i}$，$p_i/k_{\%,i}=[\%i]f_{\%,i}=a_{\%,i}$。

（2）
$$a_{i(R)}/a_{i(\%)}=p_i/p_i^*/(p_i/k_{\%,i})$$
$$=k_{\%,i}/p_i^*=k_{H,i}/p_i^*\times k_{\%,i}/k_{H,i}$$

根据定义可知：$k_{H,i}/p_i^*=\gamma_i^{\ominus}$

对于二元系：

$$n_i=[\%i]M_i,\ n_j=(100-[\%i])/M_j$$

$$x_i=\frac{n_i}{n_i+n_j}=\frac{\dfrac{[\%i]}{M_i}}{\dfrac{[\%i]}{M_i}+\dfrac{100-[\%i]}{M_j}}=\frac{[\%i]M_j}{[\%i](M_j-M_i)+100M_i}$$

当 [%i] 趋于零时： $x_i=M_j[\%i]/(100M_i)$

特别的当 [%i]=1 时： $x_i=M_j/100M_i$

由活度曲线图 $k_{\%,i}/k_{H,i}=x_i^{\ominus}$，则

$$\frac{a_{i(R)}}{a_{i(\%)}}=\frac{M_j}{100M_i}\gamma_i^{\ominus},\ a_{i(R)}=\frac{M_j}{100M_i}\gamma_i^{\ominus}a_{i(\%)}$$

（3）表面更新理论：流体 2 的各微元与流体 1 接触时间按照 0~∞ 统计分布，假设 $\phi(t)$ 表示流体微元在界面上的停留时间分布函数，其单位为 s^{-1}：$\int_0^{\infty}\phi(t)\mathrm{d}t=1$，$\phi(t)=se^{-st}$。

表面更新理论公式，传质系数 $k_d=\sqrt{SD}=\sqrt{D/t_e}$。

（5）由分解反应氧势图（见图 1）进行分析：

在二氧化碳与一氧化碳分压相同，且均为 1 的情况下比较。

$$C+O_2 = CO_2 \qquad \Delta G_1^{\ominus} = -RT\ln[1/p_{O_2(CO_2)}]$$
$$2C+O_2 = 2CO \qquad \Delta G_2^{\ominus} = -RT\ln[1/p_{O_2(CO)}]$$

当 $T<T_{转}$ 时，$p_{O_2(CO_2)}<p_{O_2(CO)}$，$\Delta G_1^{\ominus}<\Delta G_2^{\ominus}$。

则证明，在低温下 C-O 反应生成 CO_2，而在高温下 C-O 反应生成 CO。

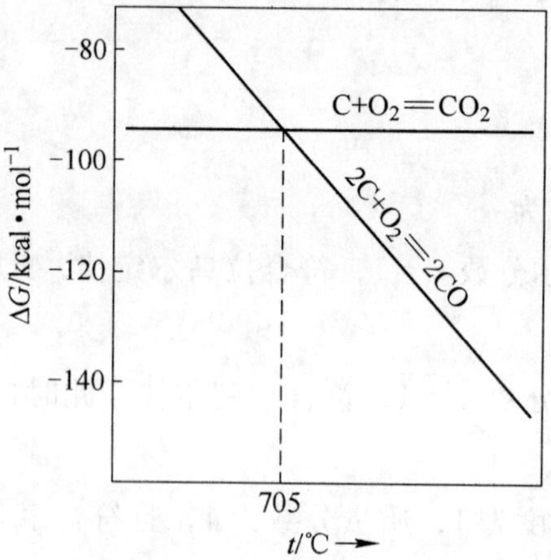

图 1　碳氧反应氧势图

（8）铝是强脱氧剂：

$$2[Al] + 3[O] = Al_2O_3(s) \qquad \lg K' = -\lg[\%Al]^2[\%O]^3$$
$$K_{Al} = 1/K' = [\%Al]^2[\%O]^3$$

1600℃时，$K_{Al}=4.0\times10^{-14}$，当［%Al］=0.01 时［O］=0.0007%。这种条件下，钢液中的碳不再与氧反应，所以铝脱氧可以使钢液镇静。

二、答：取渣 100g，则各物质的物质的量为：

$$n_{FeO} = \%FeO/M_{FeO} = 20/72 = 0.278$$
$$n_{CaO} = \%CaO/M_{CaO} = 40/56 = 0.714$$
$$n_{MgO} = \%MgO/M_{MgO} = 10/40 = 0.25$$
$$n_{MnO} = \%MnO/M_{MnO} = 10/71 = 0.141$$
$$n_{SiO_2} = \%SiO_2/M_{SiO_2} = 20/60 = 0.333$$

渣中 FeO 有如下反应：　　$(FeO) = [Fe] + [O]$

又［%O］=0.07 趋于零，则 $K^{\ominus}=f_{[O]}[\%O]a_{[Fe]}/a_{(FeO)}$。

此时 $a_{[Fe]}=1$，$f_{[O]}=1([\%O]\to 0)$，所以 $K^{\ominus}=[\%O]/a_{[FeO]}$。

则应求出渣中 $a_{(FeO)}$，有两种方法，离子理论与分子理论。由于题中未说明使用哪种方法，则均可使用。此处使用分子理论：视 CaO、MgO、MnO 为 RO，则渣中成分为 FeO、RO、2RO · SiO_2。$n_{FeO}=0.278$，$n_{2RO\cdot SiO_2}=n_{SiO_2}=0.333$，$n_{RO}=n_{CaO}+n_{MgO}+n_{MnO}-2n_{SiO_2}=0.439$。则：

$$\sum n_i = n_{FeO} + n_{2RO\cdot SiO_2} + n_{RO} = 1.05$$

$$x_{FeO}=n_{FeO}/\sum n_i=0.278/1.05=0.26$$

由分子理论 $a_{(FeO)}=x_{FeO}=0.26$，则 $K^{\ominus}=0.07/0.26=0.27$，实验测得经验值 $L_0=0.23$（在1600℃）。

由于 $K^{\ominus}>L_0$，则此渣不能让钢中氧增加。

44. 2002年北京科技大学冶金物理化学试题选解

一、答：

（1）活度的三种标准态为：

1）纯物质标准态：摩尔分数 $x_i=1$，符合拉乌尔定律，此时标准蒸气压 $p_{标}=p_i^*$，则：

$$\frac{p_i}{p_i^*}=x_i\gamma_i=a_{R,i}$$

2）亨利标准态：摩尔分数 $x_i=1$，符合亨利定律，此时标准蒸气压 $k_{H,i}$，则：

$$\frac{p_i}{k_{H,i}}=x_i f_{H,i}=a_{H,i}$$

3）1%溶液标准态：活度为1，质量分数也为1，且符合亨利定律的状态，标准蒸气压 $p_{标}=k_{\%,i}$，则：

$$\frac{p_i}{k_{\%,i}}=[\%i]f_{\%,i}=a_{H,i}$$

（2）因为　$$\frac{a_{R,i}}{a_{H,i}}=\gamma_i^{\ominus}=\frac{r_i x_i}{f_{H,i}x_i}=\frac{r_i}{f_{H,i}},\qquad \gamma_i=\gamma_i^{\ominus}f_{H,i}$$

当%i→0符合亨利定理 $f_{H,i}=1$，则 $\gamma_i=\gamma_i^{\ominus}$。

（3）对于 $CaO-SiO_2-P_2O_5$ 的光学碱度，各氧化物 N_i（氧化物i中阳离子的当量分数）有：

$$N_{CaO}=\frac{x_{CaO}}{x_{CaO}+2x_{SiO_2}+5x_{P_2O_5}}$$

$$N_{SiO_2}=\frac{2x_{SiO_2}}{x_{CaO}+2x_{SiO_2}+5x_{P_2O_5}}$$

$$N_{P_2O_5}=\frac{5x_{P_2O_5}}{x_{CaO}+2x_{SiO_2}+5x_{P_2O_5}}$$

光学碱度　$$\Lambda=N_{CaO}\Lambda_{CaO}+N_{SiO_2}\Lambda_{SiO_2}+N_{P_2O_5}\Lambda_{P_2O_5}$$

（4）Fe_2O_3 折算成 FeO 有两种方法：

1） 全氧法：

$$Fe_2O_3+Fe = 3FeO$$
$$160 \quad\quad 3\times72$$
$$1 \quad\quad x$$
$$x=1.35$$
$$\sum \%FeO = \%FeO + 1.35\%Fe_2O_3$$

2） 全铁法：

$$Fe_2O_3 = 2FeO+1/2O_2$$
$$160 \quad\quad 2\times72$$
$$1 \quad\quad x$$
$$x=0.9$$
$$\sum \%FeO = \%FeO + 0.9\%Fe_2O_3$$

（5） 对于硫与熔渣中氧的反应有：

$$1/2S_2(g) + (O^{2-}) = (S^{2-}) + 1/2O_2$$

$$K_S = \frac{a_{S^{2-}}}{a_{O^{2-}}}\left(\frac{p_{O_2}}{p_{S_2}}\right)^{1/2}, \quad K'_S = (\%S)\frac{\gamma_{S^{2-}}}{a_{O^{2-}}}\left(\frac{p_{O_2}}{p_{S_2}}\right)^{1/2}, \quad C_S = (\%S)\left(\frac{p_{O_2}}{p_{S_2}}\right)^{1/2}$$

C_S 称为熔渣的硫容量。它是熔渣中以质量分数表示的硫浓度与一定氧分压和硫分压平衡的关系式，即熔渣在不同氧分压下溶解 S 的能力。

（6） 直接用固体 C 还原固体氧化物的还原反应称为直接还原：

$$MO(s) + C = M(s) + CO$$
$$2MO(s) + C = 2M(s) + CO_2$$

（7） 铝是很强的脱氧剂。铝脱氧反应为：

$$2[Al] + 3[O] = Al_2O_3(s)$$
$$\lg K' = -\lg[\%Al]^2[\%O]^3$$
$$K_{Al} = \frac{1}{K'} = [\%Al]^2[\%O]^3$$

当 1600℃时 $K_{Al}=4.0\times10^{-14}$；当 $[\%Al]=0.01$ 时，$[\%O]=0.0007\%$。这种条件下，钢液中的碳不再与氧反应，所以铝脱氧可以使钢液镇静。

（9） $J_A = \dfrac{C_{[A]} - \dfrac{C_{(A^{z+})}}{K^{\ominus}}}{\dfrac{1}{k_{[A]}} + \dfrac{1}{k_{(A^{z+})}K^{\ominus}} + \dfrac{1}{k_{rea^+}}}$

若 A 在钢中的传质为限制环节，即$\dfrac{1}{k_{[A]}} \gg \dfrac{1}{k_{(A^{z+})}K^{\ominus}} + \dfrac{1}{k_{rea^+}}$导出：

$$J_A = k_{[A]}(C_{[A]} - C^*_{[A]}) \qquad C^*_{[A]} = \frac{C_{(A^{z+})}}{K^{\ominus}}$$

二、解：取100g熔渣，则各物质摩尔分数为：

$$n_{FeO}=\frac{\%FeO}{M_{FeO}}=\frac{16}{72}=0.222,\quad n_{MgO}=\frac{\%MgO}{M_{MgO}}=\frac{9}{40}=0.225$$

$$n_{MnO}=\frac{\%MnO}{M_{MnO}}=\frac{10}{71}=0.141,\quad n_{SiO_2}=\frac{\%SiO_2}{M_{SiO_2}}=\frac{20}{60}=0.333$$

$$n_{CaO}=\frac{\%CaO}{M_{CaO}}=\frac{40}{56}=0.714,\quad n_{P_2O_5}=\frac{\%P_2O_5}{M_{P_2O_5}}=\frac{5}{142}=0.035$$

（1）以完全离子理论方法。熔渣中有正离子 Fe^{2+}、Mn^{2+}、Ca^{2+}、Mg^{2+}，负离子 O^{2-}、SiO_4^{4-}、PO_4^{3-}。

SiO_2 与 P_2O_5 与 O^{2-}结合有反应：

$$SiO_2+2O^{2-}═══SiO_4^{4-}\qquad P_2O_5+3O^{2-}═══2PO_4^{3-}$$

$n_{Fe^{2+}}=n_{FeO}=0.222$，$n_{Ca^{2+}}=n_{CaO}=0.714$，$n_{Mn^{2+}}=n_{MnO}=0.141$，$n_{Mg^{2+}}=n_{MgO}=0.225$，$n_{SiO_4^{4-}}=n_{SiO_2}=0.333$，$2n_{PO_4^{3-}}=2n_{P_2O_5}=0.07$，则：

$$n_{O^{2-}}=n_{FeO}+n_{CaO}+n_{MnO}+n_{MgO}-2n_{SiO_2}-3n_{P_2O_5}=0.531$$

$$\sum n_{i^+}=n_{Fe^{2+}}+n_{Ca^{2+}}+n_{Mn^{2+}}+n_{Mg^{2+}}=1.302$$

$$\sum n_{i^-}=n_{SiO_4^{4-}}+n_{PO_4^{3-}}+n_{O^{2-}}=0.934$$

则

$$x_{Fe^{2+}}=\frac{n_{Fe^{2+}}}{\sum n_{i^+}}=\frac{0.222}{1.302}=0.171$$

$$x_{O^{2-}}=\frac{n_{O^{2-}}}{\sum n_{i^-}}=\frac{0.531}{0.934}=0.569$$

$$a_{FeO}=x_{Fe^{2+}}x_{O^{2-}}=0.10$$

（2）以分子理论方法。假设 MgO、MnO、CaO 组成碱性氧化物 RO，则 SiO_2 与 RO 以 $2RO\cdot SiO_2$ 形式存在，P_2O_5 与 RO 以 $2RO\cdot P_2O_5$ 形式存在，$n_{FeO}=0.222$。

$$n_{RO}=n_{MgO}+n_{CaO}+n_{MnO}-2n_{SiO_2}-4n_{P_2O_5}=0.274$$

$$n_{2RO\cdot SiO_2}=n_{SiO_2}=0.333,\quad n_{4RO\cdot SiO_2}=n_{P_2O_5}=0.035$$

则

$$\sum n_i=n_{FeO}+n_{RO}+n_{2RO\cdot SiO_2}+n_{4RO\cdot SiO_2}=0.864$$

$$x_{FeO}=\frac{n_{FeO}}{\sum n_i}=\frac{0.222}{0.864}=0.257$$

由分子理论假设 $a_{FeO}=x_{FeO}=0.257$。

可见，由离子理论和分子理论计算所得 a_{FeO} 相差较大。尤其在 SiO_2 含量大于11%的时候。离子理论需做修正。因此如在无说明使用什么方法的时候，建议使用分子理论计算熔渣活度，使用离子理论计算时，如题中未给其修正系数，可以不做修正。

三、解：有反应 $S+H_2=H_2S(g)$，$K^{\ominus}=\frac{p_{H_2S}}{p_{H_2}}\cdot\frac{1}{a_S}$反应的平衡常数不变。

由 $[\%S]_1=2.11$ 时，$\dfrac{p_{H_2S}}{p_{H_2}}=4.8\times10^{-3}$；$[\%S]_2=1.93$ 时，$\dfrac{p_{H_2S}}{p_{H_2}}=4.6\times10^{-3}$；$a_S=f_S[\%S]$，$\lg f_S=e_S^S[\%S]$，得：

$$4.8\times10^{-3}\times\frac{1}{10}\times\frac{1}{10^{e_S^S[\%S]}[\%S]_1}=4.6\times10^{-3}\times\frac{1}{10^{e_S^S[\%S]}[\%S]_2}$$

展开得：$e_S^S=-0.114$。

则 $K^\ominus=0.00396$。

当 $[\%Mn]=0.9$，$[\%S]=2.09$ 时，$\dfrac{p_{H_2S}}{p_{H_2}}=4.8\times10^{-3}$，则：

$$a_S=\frac{p_{H_2S}}{p_{H_2}}\cdot\frac{1}{K^\ominus}=1.162$$

由 $a_S=f_S[\%S]$，$f_S=0.556$，得：

$$\lg f_S=e_S^S[\%S]+e_S^{Mn}[\%Mn]$$
$$e_S^{Mn}=-0.0186$$

六、答：钢液中脱 P 有反应：

$$5(FeO)=\!=\!=5[Fe]+5[O]$$
$$2[P]+5[O]=\!=\!=P_2O_5(g)$$
$$(P_2O_5)+4(CaO)=\!=\!=(4CaO\cdot P_2O_5)$$
$$5(FeO)+2[P]+4(CaO)=\!=\!=5[Fe]+(4CaO\cdot P_2O_5)$$

$$\lg K^\ominus=\lg\frac{a_{(4CaO\cdot P_2O_5)}}{[\%P]^2a_{FeO}^5a_{CaO}^4}$$

$$L_P=\frac{x_{P_2O_5}}{[\%P]^2}=K^\ominus a_{FeO}^5a_{CaO}^4$$

脱磷过程所需工艺条件为：

（1）温度。当温度升高时，平衡常数 $K^\ominus$ 下降得很大，则低温度利于脱 P。

（2）高碱度。高碱度有利于增加 a_{CaO}，使 L_P 增加，高碱度有利于脱 P。

（3）高氧势。氧势主要依靠 FeO，高氧势使 L_P 增加，有利于脱 P。

（4）渣的流动性。改善渣的流动性，有利于脱 P。

45. 2003 年北京科技大学冶金物理化学试题选解

一、答：（1）恒温下，由标准大气压（$p^\ominus$）下的最稳定单质生成标准大气压（$p^\ominus$）下

1mol 某物质时反应的自由能差。例：$C+1/2O_2 = CO$。由标准大气压下稳定单质 C，生成标准大气压下 1mol CO 反应的自由能差，为 CO 的标准生成吉布斯自由能。

（2）对于反应 $FeO+CO = Fe+CO_2$ 的转化温度 T_0，当实际温度 T 大于 T_0 的时候上述反应向右进行，FeO 被还原成单质，则此温度 T_0 为 FeO 的氧化转化温度，或称为 FeO 的最低还原温度。

（3）对于反应 $M = [M]_{1\%}$：

$$\Delta_r G^{\ominus} = \Delta_{sol} G^{\ominus} = -RT\ln \frac{a_{\%,i}}{a_{R,i}} = RT\ln \frac{a_{R,i}}{a_{\%,i}}$$

$$\frac{a_{R,i}}{a_{\%,i}} = \frac{p_i/p_i^*}{p_i/k_{\%,i}} = \frac{k_{\%,i}}{p_i^*} = \frac{k_{H,i}}{p_i^*} \cdot \frac{k_{\%,i}}{k_{H,i}} = \gamma_i^{\ominus} \frac{k_{\%,i}}{k_{H,i}}$$

对于 i-j 二元系：

$$n_i = \frac{[\%i]}{M_i},\ n_j = \frac{100-[\%i]}{M_j}$$

$$x_i = \frac{\dfrac{[\%i]}{M_i}}{\dfrac{[\%i]}{M_i} + \dfrac{100-[\%i]}{M_j}}$$

当 $[\%i] \to 0$ 时　　$x_i = \dfrac{M_j}{100M_i}[\%i]$

特别地当 $[\%i]=1$ 时　　$x_i^{\ominus} = \dfrac{M_j}{100M_i}$

由活度曲线图可知：　　$\dfrac{k_{\%,i}}{k_{H,i}} = x_i^{\ominus}$

因此　　$\Delta_{sol} G^{\ominus} = RT\ln \dfrac{M_j}{100M_i}\gamma_i^{\ominus}$

（4）由正规溶液性质：　　$\left(\dfrac{\partial \Delta_{mix} G_{i,m}^E}{\partial T}\right)_p = -\Delta_{mix} S_{i,m}^E = 0$

又　　$\Delta_{mix} G_{i,m}^E = RT\ln\gamma_i$

故 $RT\ln\gamma_i$ 与温度无关，是一个常数，所以 γ_i 与 T 成反比。

（5）以下为 G-D 方程的三种形式，可任写其一：

$$x_1 dG_{1,m} + x_2 dG_{2,m} = 0$$

$$x_1 d\ln a_1 + x_2 d\ln a_2 = 0$$

$$x_1 d\ln\gamma_1 + x_2 d\ln\gamma_2 = 0$$

（6）化学反应的速率常数 $k = k_0 e^{-E/(RT)}$。E 即为反应的活化能，其物理意义是使分子成为活化分子所需增加的最小能量。

(10) 对于真空状态下，氧化反应 $[C]+[O]=CO(g)$：

$$K=\frac{p_{CO}}{[\%C][\%O]f_{[C]}f_{[O]}}$$

故 $$[\%C][\%O]=Kp_{CO}/(f_{[C]}f_{[O]})$$

设 $K/(f_{[C]}f_{[O]})=m$，则有 $$mp_{(CO)}=[\%C][\%O]$$

在高温 1550~1620℃时，m 为一定值，$m=0.0025$，$p_{(CO)}$ 与［%O］成正比，则降低气体压力后，C 成为脱氧剂，在真空下，C 变为强脱氧剂。

二、解：钢中硅与钢中氧有如下反应：

$$[Si]+2[O]=SiO_2(s) \qquad \Delta_r G^{\ominus}$$

可由题中所给三个方程式加减得到：

$$1/2O_2(g)=[O] \qquad \Delta_1 G^{\ominus}=-117150-2.89T$$

$$Si(s)=[Si] \qquad \Delta_2 G^{\ominus}=-119240-25.48T$$

$$Si(l)+O_2(g)=SiO_2(s) \qquad \Delta_3 G^{\ominus}=-947680+198.74T$$

则 $$\Delta_r G^{\ominus}=-2\Delta_1 G^{\ominus}-\Delta_2 G^{\ominus}+\Delta_3 G^{\ominus}=-594140+230T$$

又有反应的 $$\Delta_r G=\Delta_r G^{\ominus}+RT\ln\frac{a_{SiO_2}}{a_{[O]}^2 a_{[Si]}}, \quad T=1913K$$

$\lg f_{[O]}=e_O^O[\%O]+e_O^{Si}[\%Si]=-0.392$，$f_{[O]}=0.406$，$a_{[O]}=f_{[O]}\times[\%C]=0.01624$

$\lg f_{[Si]}=e_{Si}^{Si}[\%Si]+e_{Si}^{O}[\%Si]=0.1808$，$f_{[Si]}=1.516$，$a_{(Si)}=f_{[Si]}\times[\%Si]=3.638$

SiO_2 为固体，可视为纯物质，$a_{(SiO_2)}=1$，则：$\Delta_r G^{\ominus}=-43679.6<0$，则反应向右进行，钢中硅会被钢中氧氧化。

多数情况下 $\Delta_r G^{\ominus}$ 的计算会成为 ΔG 计算的主要部分，即 $\Delta_r G^{\ominus}$ 的符号会与 ΔG 的符号相同，$RT\ln Q$ 对 ΔG 的符号一般影响不大。

三、解：对于反应 $6CaO(s)+2Al(l)=3Ca(g)+3CaO\cdot Al_2O_3(s)$，$\Delta_r G^{\ominus}$ 可由题设所给的三个方程式加减得来：

$$Ca(s)+1/2O_2(g)=CaO(s) \qquad \Delta_r G_1^{\ominus}=-786510+193.30T$$

$$2Al(l)+3/2O_2(g)=Al_2O_3(s) \qquad \Delta_r G_2^{\ominus}=-1683000+325.60T$$

$$3CaO(s)+Al_2O_3=3CaO\cdot Al_2O_3(s) \qquad \Delta_r G_3^{\ominus}=-16320-26.36T$$

则可知 $\Delta_r G^{\ominus}=660210-280.66T$。

$\Delta_r G^{\ominus}$ 的原则：按顺序写出 $\Delta_r G_1^{\ominus}$、$\Delta_r G_2^{\ominus}$、$\Delta_r G_3^{\ominus}$，然后看其系数及符号，如式中 $\Delta_r G_1^{\ominus}$，先看 $\Delta_r G_1^{\ominus}$ 中出现在 $\Delta_r G^{\ominus}$ 中的物质，此物质要具唯一性，本题中 $\Delta_r G_1^{\ominus}$ 的 Ca(s) 出现在 $\Delta_r G^{\ominus}$ 中，且唯一，注意 CaO(s) 虽然也出现在 $\Delta_r G_1^{\ominus}$ 中，但不是唯一的，因为 $\Delta_r G_3^{\ominus}$ 中也有 CaO(s)，$\Delta_r G_1^{\ominus}$ 中的 Ca(s) 系数是 1，$\Delta G^{\ominus}$ 中 Ca(s) 的系数是 3，且 Ca(g) 在 $\Delta_r G_1^{\ominus}$ 是反应物，在 $\Delta G^{\ominus}$ 中是生成物，则可确定 $\Delta_r G_1^{\ominus}$ 前系数为 3 且为负，对于 $\Delta_r G_1^{\ominus}$ 中的 Al(l) 唯一出现在 $\Delta G^{\ominus}$ 中且两者系数相同，同为反应物，则 $\Delta_r G_2^{\ominus}$ 前系数为 1，且符号为正，以此同样

可确定 $\Delta_r G_3^{\ominus}$，确定后最好写出方程式验证一下，以确保系数正确。

反应的
$$\Delta_r G=\Delta_r G^{\ominus}+RT\ln\frac{a_{CaO\cdot Al_2O_3}^3 p_{Ca}^3}{a_{Al}^2 a_{CaO}^6}$$

除 p_{Ca} 外其他物质可视为纯物质 $a=1$。

（1）当 $\Delta_r G=0$ 时，$T=1473K$，$p_{Ca}=0.0012$，$p'_{Ca}=p_{Ca}p^{\ominus}=121.59Pa$。即真空度为121.59Pa。

（2）当 $\Delta_r G=0$ 时，$p=1.333Pa$，$T=1177.18K$。即还原开始温度为1177.18K。

四、答：脱S方程式有：

$$[FeS]+(CaO)=\!=\!=[FeO]+(CaS)$$
$$[S]+(O^{2-})=\!=\!=[O]+(S^{2-})$$

讨论：

（1）碱度。对于碱度 $R=\frac{\%CaO}{\%SiO_2}$ 的增加，自由的氧增加，式中（O^{2-}）的增加，则高碱度有利于脱硫。

（2）氧势。氧势主要指渣中的FeO，FeO增加主要影响［%O］，使增加［%O］，则使 L_S 减小，所以低氧势有利于脱硫。

（3）温度。由于反应［S］+（O^{2-}）=（S^{2-}）+［O］的 $\Delta G^{\ominus}=124455-50.26T$，$\lg K_S=-\frac{6500}{T}+2.025$，则温度升高使 K_S 增加，高温有利于脱硫。

（4）渣的流动性。渣的流动性越好，脱硫效果越好。

（5）足够的渣量或称大渣量对脱硫有利。

46. 2004年北京科技大学冶金物理化学试题选解

一、答：

（1）对于一个平衡的化学反应或固定的化学反应，有方程式

$$\Delta_r G=\Delta_r G^{\ominus}+RT\ln Q$$

当反应平衡时，$\Delta_r G$ 固定，$\Delta_r G=0$，对于固定的化学反应有 $\Delta_r G$ 为一定值，即无论 Q 的计算中，物质以任何活度为标准态，都不影响 $\Delta_r G$，所以 $\Delta_r G$ 是与标准态无关的。然而既然 $\Delta_r G$ 为一定值，则 $\Delta_r G^{\ominus}$ 与 Q 之间有一一对应的关系。因此标准不同，Q 值也不同，而平衡常数即是当 $\Delta_r G=0$ 时的 Q 值。此时记 Q 为 $K^{\ominus}$，为标准平衡常数，因此，标准平衡

常数是与标准态有关系的，$\Delta_r G^{\ominus}$也是与标准态有关的。同时，可以理解 G_i 即为狭义的化学势μ_i，因此μ_i 的性质是与 G_i 相同的，$\mu_i^{\ominus}$ 的性质是与 $G_i^{\ominus}$ 的性质相同的，所以μ_i 是与标准态无关的，$\mu_i^{\ominus}$ 是与标准态有关的。一般与标准有关的，如标准吉布斯自由能变化（$\Delta G^{\ominus}$）、标准平衡常数（$K^{\ominus}$）、标准化学势（$\mu_i^{\ominus}$）、标准分解自由能（$\Delta_{sol} G^{\ominus}$）都是与标准态有关的，其他都是与化学反应的标准态无关。即：

$\Delta_r G^{\ominus}$与标准有关；平衡常数与标准有关；$\Delta_r G$ 与标准态无关；化学势μ_i 与标准态无关；标准化学势$\mu_i^{\ominus}$ 与标准态有关；$\Delta_{sol} G^{\ominus}$与标准态有关；组元平衡浓度与标准无关。

（2）$\gamma_i^{\ominus}$ 的物理含义有：

1）两种标准态蒸气压之比 $\gamma_i^{\ominus}=k_{H,i}/p_i^*$。

2）两种标准态活度之比 $\gamma_i^{\ominus}=a_{R,i}/a_{H,i}$。

3）两种标准态活度系数之比 $\gamma_i^{\ominus}=r_i/f_{H,i}(0<[\%i]<100)$。

特别地当［%i］→0 时 $\gamma_i^{\ominus}=r_i/f_{\%,i}$。

（3）由 $\Delta_{mix} G_{i,m}=RT\ln a_i$，则 $\Delta_{mix} G_{i,m}$可直接求得活度。

由 $\Delta_{mix} G_{i,m}^E=RT\ln\gamma_i$，则 $\Delta_{mix} G_{i,m}^E$可求得活度系数。

（4）混合热不为零，混合熵与理想溶液的混合熵相同的溶液为正规溶液。最重要的特点即定义所述 $\Delta_{mix} H_{m,re}\neq 0$，$\Delta_{mix} S_{m,re}=\Delta_{mix} S_{m,id}$。

正规溶液性质为：

1）$\Delta_{mix} G_{i,m}^E$与 $RT\ln\gamma_i$ 不随温度变化：

$$\left(\frac{\partial \Delta_{mix} G_m^E}{\partial T}\right)_p=-\Delta_{mix} S_m^E=0$$

$$\left(\frac{\partial \Delta_{mix} G_{i,m}^E}{\partial T}\right)_p=-\Delta_{mix} S_{i,m}^E=0$$

2）$\Delta_{mix} H_m^E$ 与 $\Delta_{mix} H_{i,m}^E$与温度无关。

3）正规溶液 a 值不随浓度变化：

$$a=\ln\frac{\gamma_i}{(1-x_i)^2}$$

对于两元素 $x_1+x_2=1$，则有 $\ln\gamma_1=dx_2^2$，$\ln\gamma_2=dx_1^2$。

（5）对于电池 1：

正极有 $$Mo^{4+}+4e=\!=\!=Mo$$

负极有 $$2[O^{2-}]-4e=\!=\!=2[O]$$

电池反应 $$Mo+2[O]=\!=\!=MoO_2$$

对于电池 2：

正极有 $$3[O]+6e=\!=\!=3[O^{2-}]$$

负极有 $$2Cr-6e=\!=\!=2Cr^{3+}$$

电池反应 $$2Cr+3[O]=\!=\!=Cr_2O_3$$

（6）以下为 G-D 方程三种形式，任写其一即可。

$$x_1\mathrm{d}G_{1,\mathrm{m}}+x_2\mathrm{d}G_{2,\mathrm{m}}=0$$

$$x_1\mathrm{dln}a_1+x_2\mathrm{dln}a_2=0$$

$$x_1\mathrm{dln}\gamma_1+x_2\mathrm{dln}\gamma_2=0$$

二、解：由方程式：

$$\mathrm{Ca(s)+2C(s)=\!=\!=CaC_2(s)}\qquad \Delta G_1^{\ominus}=-60250-26.28T\qquad(1)$$

$$\mathrm{Ca(s)=\!=\!=Ca(g)}\qquad \Delta G_2^{\ominus}=157820-87.11T\qquad(2)$$

$$\mathrm{C(s)+1/2O_2=\!=\!=CO(g)}\qquad \Delta G_3^{\ominus}=-114390-85.77T\qquad(3)$$

$$\mathrm{Ca(g)+1/2O_2=\!=\!=CaO(s)}\qquad \Delta G_4^{\ominus}=640200+108.57T\qquad(4)$$

式（1）~式（4）可通过乘系数后加减得到方程式：

$$\mathrm{(CaO)+3C(s)=\!=\!=CaC_2+CO(g)}\qquad \Delta G^{\ominus}$$

则根据系数加减可知：
$$\Delta G^{\ominus}=\Delta G_1^{\ominus}-\Delta G_2^{\ominus}+\Delta G_3^{\ominus}-\Delta G_4^{\ominus}$$

则
$$\Delta G^{\ominus}=307740-133.51T$$

反应方程的方向决定于 ΔG，假设生成 CaC_2 且 $x_{CaC_2}=1.0\times10^{-4}$，则：

$$\Delta G=\Delta G^{\ominus}+RT\ln Q$$

$$Q=\frac{p_{CO}a_{CaC_2}}{a_C a_{CaO}}$$

以上 $p_{CO}=p'_{CO}/p=1.5\times10^5/1.0\times10^5=1.5$，因此，认为高炉中 CaC_2 服从拉乌尔定律，由题条件 $a_{CaO}=0.01$。

碳粉可视为纯物质，则 $a_C=1$（凡是找不到数据计算活度的，都视为 1）。

在温度 $T=1523$℃，即 1796K 时，则 $\Delta G=5276.45>0$，则不能有 CaC_2 生成。

三、解：

（1）由题中所设，当锰含量回归时，即为反应 Mn(l)＋FeO(s)═MnO(s)＋Fe(l) 开始，向左进行时，先求出 $\Delta G=0$ 时（FeO）的量，即为题中所求

由
$$\Delta_r G=\Delta_r G^{\ominus}+RT\ln Q$$

$$\Delta_r G^{\ominus}=-RT\ln K^{\ominus}\quad（当\ \Delta G=0\ 时，Q\ 由\ K^{\ominus}代替）$$

其中
$$\mathrm{Mn(l)=\!=\!=[Mn]_{1\%}}\qquad \Delta_r G_2^{\ominus}=4048.1-38.14T(\mathrm{J/mol})$$

$$\mathrm{[Mn]_{1\%}+(FeO)=\!=\!=MnO+Fe(l)}\qquad \Delta_r G^{\ominus}=-174180.1-77.47T(\mathrm{J/mol})$$

又 $K^{\ominus}=\dfrac{a_{Fe}a_{MnO}}{a_{FeO}a_{Mn}}$，$a_{MnO}=\gamma_{MnO}x_{MnO}$，$a_{Fe}=1$

$$\lg f_{[Mn]}=e_{Mn}^{Mn}[\%Mn]+e_{Mn}^{C}[\%C]+e_{Mn}^{O}[\%O]+e_{Mn}^{Si}[\%Si]$$

$$a_{Mn\%}=f_{[Mn]}[\%Mn]$$

在 1600℃时，$\gamma_{Mn}^{\ominus}=e^{-\frac{486.9}{1873}}$，根据：$\dfrac{a_{Mn,R}}{a_{Mn,\%}}=\dfrac{M_{Mn}}{100M_{Fe}\cdot\gamma_{Mn}^{\ominus}}$

则将1%标准态下的 Mn 活度转化为纯物质下活度代入式中，但此题缺少条件无法计算，只要学会此题的方法即可。注意给的条件应尽量都用上，如果有条件没用上，应注意是不是漏算了什么数据。

四、解：

（1）设反应 [A] + (B^{2+}) ═ (A^{2+}) + [B] 由五步组成（注意 [A] 代表钢液中 A，(A^{2-}) 代表渣中 A^{2-}，其他也一样，[ ] 代表钢液，( ) 代表熔渣）：

1）钢液中 A 向钢渣界面扩散，$[A] \rightarrow [A]^*$；

2）渣中 B^{2+} 向钢渣界面扩散，$(B^{2+}) \rightarrow (B^{2+})^*$；

3）发生界面反应，$[A]^* + (B^{2+})^* = (A^{2+})^* + [B]^*$；

4）生产的 A^{2+} 向渣中扩散，$(A^{2+})^* \rightarrow (A^{2+})$；

5）生产的 B 向钢液中扩散，$[B]^* \rightarrow [B]$。

（2）搅拌可以引起反应速度的变化，则说明传质为控速环节。

47. 2005 年北京科技大学冶金物理化学试题选解

二、解：

由完全离子理论可知熔渣中存在的离子有：正离子：Ca^{2+}、Mg^{2+}、Mn^{2+}、Fe^{2+}；简单阴离子：O^{2-}；复杂阴离子：SiO_4^{4-}、PO_4^{3-}、AlO_2^{2-}。

生成复杂阴离子有如下反应：

$$SiO_2+2O^{2-} = SiO_4^{4-}, \quad P_2O_5+3O^{2-} = 2PO_4^{3-}, \quad Al_2O_3+O^{2-} = 2AlO_2^{2-}$$

取熔渣 100g，则可得各物质初始含量：$n_{CaO} = 46.89/56 = 0.837$，$n_{MgO} = 6.88/40 = 0.172$，$n_{SiO_2} = 10.22/60 = 0.170$，$n_{MnO} = 3.34/70.9 = 0.047$，$n_{FeO} = 29/71.9 = 0.403$，$n_{Al_2O_3} = 2.47/102 = 0.024$，$n_{P_2O_5} = 1.2/142 = 0.008$。

则可知：$n_{Ca^{2+}} = n_{CaO} = 0.837$，$n_{Mg^{2+}} = n_{MgO} = 0.172$，$n_{Mn^{2+}} = n_{MnO} = 0.047$，$n_{Fe^{2+}} = n_{FeO} = 0.403$，$n_{SiO_4^{4-}} = n_{SiO_2} = 0.170$，$n_{PO_4^{3-}} = 2n_{P_2O_5} = 0.016$，$n_{AlO_2^{2-}} = 2n_{Al_2O_3} = 0.048$，$n_{O^{2-}} = n_{CaO} + n_{MgO} + n_{MnO} + n_{FeO} - 2n_{SiO_2} - 3n_{P_2O_5} - n_{Al_2O_3} = 1.071$。

则 $\sum n_i^+ = 1.459$，$x_{Ca^{2+}} = n_{Ca^{2+}}/\sum n_{i^+} = 0.574$；$\sum n_i^- = 1.305$，$x_{O^{2-}} = n_{O^{2-}}/\sum n_{i^-} = 0.821$。

由完全离子理论可知：$a_{(CaO)} = x_{Ca^{2+}} x_{O^{2-}} = 0.47$。

三、解：

（1）由 $$\Delta_{mix}S_m = -R\sum x_i \ln x_i = -R(x_{Cu}\ln x_{Cu} + x_{Au}\ln x_{Au})$$

$$= -8.31\times 10.3\times \ln 0.3+0.7\times \ln 0.7 = 5.076\text{J}/(\text{mol}\cdot\text{K})$$

$$\Delta_{mix}H_m = \sum x_i\Delta_{mix}H_{m,\ i} = 0.3\times(-10880)+0.7\times(-837) = -3849.9\text{J/mol}$$

$$\Delta_{mix}G_m = +\Delta_{mix}H_m - T\Delta_{mix}S_m = -7773.65\text{J/mol}$$

（2）由正规溶液性质有：

$$\Delta_{mix}H_{i,m} = RT\ln\gamma_i$$

$$\ln\gamma_{Cu} = \Delta_{mix}H_{i,m}/(RT) = -1.694$$

$\gamma_{Cu}=0.184$，则 $a_{Cu}=\gamma_{Cu}x_{Cu}=0.055$。

又

$$\ln\gamma_{Au} = \frac{\Delta_{mix}H_{i,Au}}{RT} = -0.130$$

$\gamma_{Au}=0.878$，则 $a_{Au}=\gamma_{Au}x_{Au}=0.614$。

四、答：熔渣是由各种电中性的简单氧化物分子 CaO、SiO_2 及它们之间形成的复杂氧化物分子 $CaO\cdot SiO_2$、$2CaO\cdot SiO_2$ 等组成理想溶液。

简单氧化物分子与复杂氧化物分子之间存在化学平衡，平衡时的简单氧化物的摩尔分数称为该氧化物的活度，以简单氧化物存在的氧化物称为自由氧化物，以复杂氧化物存在的氧化物叫结合氧化物。

计算 CaO 活度的过程：

$$CaO+SiO_2 \Longrightarrow CaO\cdot SiO_2 \qquad \Delta G_1 \qquad (1)$$

$T=0$　　$n^{\ominus}_{CaO}$　$n^{\ominus}_{SiO_2}$　　0

$T=t_{平}$　　$n^{\ominus}_{CaO-x-2y}$　$n^{\ominus}_{SiO_2-x-y}$　　x

$$2CaO+SiO_2 \Longrightarrow 2CaO\cdot SiO_2 \qquad \Delta G_2 \qquad (2)$$

$T=0$　　$n^{\ominus}_{CaO}$　$n^{\ominus}_{SiO_2}$　　0

$T=t_{平}$　　$n^{\ominus}_{CaO-x-2y}$　$n^{\ominus}_{SiO_2-x-y}$　　y

假设反应生成 $CaO\cdot SiO_2$ $x$mol，$2CaO\cdot SiO_2$ $y$mol，方程式的 ΔG 由手册查得。则可以计算出式（1）和式（2）的平衡常数 K_1，K_2，平衡时熔渣中有

$$n_{CaO}=n^{\ominus}_{CaO-x-2y},\quad n_{SiO_2}=n^{\ominus}_{SiO_2-x-y}$$

有 $n_{CaO\cdot SiO_2}=x\text{mol}$，$n_{2CaO\cdot SiO_2}=y\text{mol}$

则

$$\sum n_i = n_{CaO}+n_{SiO_2}+n_{CaO\cdot SiO_2}+n_{2CaO\cdot SiO_2}$$

则

$$x_{CaO} = n_{CaO}/\sum n_i$$

$$x_{SiO_2} = n_{SiO_2}/\sum n_i$$

$$x_{CaO\cdot SiO_2} = n_{CaO\cdot SiO_2}/\sum n_i$$

$$x_{2CaO\cdot SiO_2} = n_{CaO\cdot SiO_2}/\sum n_i$$

$$K_1 = \frac{x_{CaO\cdot SiO_2}}{x_{CaO}\cdot x_{SiO_2}},\qquad K_2 = \frac{x_{2CaO\cdot SiO_2}}{x^2_{CaO}x_{SiO_2}}$$

联立，解得 x，y，则可求 x_{CaO}。

根据分子理论假设，可知 $a_{CaO}=x_{CaO}$。

五、答：问铁水中碳和硅哪个先氧化，即是判断反应 $2[C]+SiO_2 = [Si]+2CO$ 的反应方向。如以上反应 $\Delta G<0$，则反应向右进行，C 先氧化。若反应的 $\Delta G>0$，则反应向左进行，Si 先氧化。以上反应式是由题中所给四个反应式组合而来。则 $\Delta G^{\ominus}$ 与题中所给 $\Delta G^{\ominus}$ 关系为：

$$C(s)+1/2O_2 = CO \qquad \Delta G_1^{\ominus}$$

$$Si(l)+O_2 = SiO_2 \qquad \Delta G_2^{\ominus}$$

$$C(s) = [C]_{\%} \qquad \Delta G_3^{\ominus}$$

$$Si(l) = [Si]_{\%} \qquad \Delta G_4^{\ominus}$$

则

$$2[C]+SiO_2 = [Si]+2CO \qquad \Delta G^{\ominus}$$

$$\Delta G^{\ominus}=2\Delta G_1^{\ominus}-\Delta G_2^{\ominus}-2\Delta G_3^{\ominus}+\Delta G_4^{\ominus}=534970-298.28T \ (T=1250+273=1523K)$$

以上反应的 $a=a_{Co}^2 a_{[Si]}/(a_{SiO_2}a_{[C]}^2)$

而 $\Delta G=\Delta G^{\ominus}+RT\ln Q$

$a_{CO}=p_{CO}/p_{CO}^*=1$，a_{SiO_2} 由于 SiO_2 为纯物质，则 $a_{SiO_2}=1$。

$$a_{[Si]}=f_{[Si]}[\%Si]$$

$$\lg f_{[Si]}=e_{Si}^{Si}[\%Si]+e_{Si}^{C}[\%Si]=0.794$$

则 $a_{[Si]}=6.223$。

$$a_{[C]}=f_{[C]}[\%C]$$

$$\lg f_{[C]}=e_C^C[\%C]+e_C^{Si}[\%C]=0.612$$

则 $a_{[C]}=15.542$。

则

$$Q=6.223/15.542^2=0.026$$

在 $T=1523K$ 下得

$$\Delta G>0$$

所以反应向左进行，即 Si 先被氧化。

六、答：

$$2[C]+O_2 = 2CO \qquad (1)$$

$$[C]+(FeO) = CO+(Fe) \qquad (2)$$

$$[C]+[O] = CO \qquad (3)$$

$$[C]+2[O] = CO_2 \qquad (4)$$

当只有［C］含量很低的情况下式（4）才发生。

当［%C］>0.1 时，碳氧反应主要是式（2）。

对式（3）有：$K=p_{CO}/([\%C][\%O])\times 1/(f_{[C]}f_{[O]})$，$\Delta G_3^{\ominus}=-22363-39.63T$，$\lg K_3=\dfrac{1168}{T}+2.07$。

在炼钢温度及一般条件下，有如下现象：$m \approx [\%C][\%O]$，称为碳氧浓度积。

（1）$p'_{CO} = 1.01325 \times 10^5 Pa$，$[\%C] < 0.5$，$m = 0.0025$。

（2）$[\%C] = 0.02 \sim 2$，$f_{[C]} f_{[O]} = 1$。

48. 2006 年北京科技大学冶金物理化学试题选解

一、答：

（1）恒温下，在标准大气压（$p^\ominus$）下的最稳定单质生成标准大气压（$p^\ominus$）1mol 某物质时反应的自由能能差。例 $C + 1/2O_2 = CO$，$\Delta_r G$。在标准大气压下稳定单质 C 生成在标准大气压下 1mol CO 反应的自由能能差为 CO 的标准生成吉布斯自由能。

（2）

$$\Delta_{sol} G^\ominus = -RT\ln \frac{a_{\%,i}}{a_{R,i}} = RT\ln \frac{a_{R,i}}{a_{\%,i}}$$

$$\frac{a_{R,i}}{a_{\%,i}} = \frac{p_i / p_i^*}{p_i / k_{\%,i}} = \frac{k_{\%,i}}{p_i^*}$$

又

$$\frac{k_{H,i}}{p_i^*} = \gamma_i^\ominus$$

对于 i-j 二元系：

$$n_i = \frac{[\%i]}{M_i},\ n_j = \frac{[\%i]}{M_j}$$

因此

$$x_i = \frac{\dfrac{[\%i]}{M_i}}{\dfrac{[\%i]}{M_i} + \dfrac{[\%i]}{M_j}}$$

因为

$$[\%i] \to 0 \quad x_i = \frac{M_j}{100M_i}[\%i]$$

特别地，当 $[\%i] = 1$ 时，$x_i^\ominus = \dfrac{M_j}{100M_i}$，由活度曲线图可知：

$$\frac{k_{\%,i}}{k_{H,i}} = x_i^\ominus$$

因此

$$\Delta_{sol} G^\ominus = RT\ln \frac{M_j}{100M_i}\gamma_i^\ominus$$

（3）不同标准态下，$\Delta_r G^\ominus$ 不同。不同标准态下，平衡常数不同。不同标准态下，对 ΔG 没有影响。不同标准态下，对 i 的化学势 μ_i 没有影响。

（4）当 i 服从亨利定律时（选择质量分数%i），%i = 1（i 的质量分数为 1），$k_i = k_{\%,i}$（i

的质量分数为 1 时的假想蒸气压），k_i 表示假想 i 的质量分数为 1 时的标准态。

（5）反应式的 $\Delta G^{\ominus}=\Delta H^{\ominus}-T\Delta S^{\ominus}$，可知 $\Delta G^{\ominus}-T$ 曲线的斜率由 $-\Delta S^{\ominus}$ 决定。对反应式 $2C+O_2 = 2CO$，有：

$$\Delta S^{\ominus}=2S_{CO}^{\ominus}-2S_{C}^{\ominus}-S_{O_2}^{\ominus}$$

因为 $S_{固}^{\ominus} \ll S_{气}^{\ominus}$，又 $S_{CO}^{\ominus} \approx S_{O_2}^{\ominus}$，则：

$$\Delta S^{\ominus}=2S_{CO}^{\ominus}-S_{O_2}^{\ominus}>0$$

$-\Delta S^{\ominus}<0$，从而 $\Delta G^{\ominus}-T$ 曲线的斜率为负值。

（6）相律是研究热力学体系中物相随组元及体系的其他热力学参数变化的规律，可由下式表示：

$$f=c-p+2 \text{（温度和压强）}$$

式中 f——自由度；

p——相数；

c——独立组元数。

（9）稳态：对于一串联反应 A→B→C，若中间产物 B 的浓度达到最大值的时间为 $t=t_{max}$，$c_B=c_{B,max}$，此时 $\frac{dc_B}{dt}=0$，生成 B 与消耗 B 的速率相等，或 $k_1c_A=k_2c_B$，这时反应所处状态称做稳态。

（10）RH 炉真空脱气，其动力学原理为：

1）溶解于金属液中的气体原子通过对流和扩散迁移至金属液或气泡表面。

2）在金属液或气泡表面上发生界面化学反应，生成气体分子，这一步骤包括反应物的吸附，化学反应本身及气体生成物的吸附。

3）气体分子通过气体边界层扩散进入气相，或被气泡带入气相，并被真空泵抽出。

49. 2007 年北京科技大学冶金物理化学试题选解

一、答：

（1）对一固定的化学反应，其反应的吉布斯自由能变化 $\Delta_r G$ 是固定的，不因标准态而改变，设一反应平衡时 $\Delta_r G=0$，此时反应的标准吉布斯自由能变化 $\Delta_r G^{\ominus}=-RT\ln K^{\ominus}$（等温方程式），很明显，以不同的标准态计算时，$K^{\ominus}$ 是不同的，则 $\Delta_r G^{\ominus}$ 也是不同的。

（2）$\gamma_i^{\ominus}$ 定义式为 $\gamma_i^{\ominus}=\frac{k_{H,i}}{p_i^*}$（两个标准态的压强关系），是温度的函数。

（4）如 M 在温度 T_1 处发生相变，则 $\Delta G^{\ominus}-T$ 曲线斜率增加，可知式（2）中 M 为气相，式（3）中 M 为液相，式（4）中 M 为固相。

令 $\Delta G_1^{\ominus}=\Delta G_3^{\ominus}$，得 $T_1=860.74\text{K}$，此温度为 M 的熔点；令 $\Delta G_2^{\ominus}=\Delta G_3^{\ominus}$，得 $T_2=1277.6\text{K}$，此温度为 M 的沸点。

（5）相界线构筑规则：规则 1：在三元系中，单相区与两相区邻接界线的延长线必须同时进入两个两相区或一个三相区，否则构筑错误。

规则 2：在二元系中，单相区与两相区邻接的界线延长线必须进入两相区，不能进入单相区，或者说单相区两条边界线的交角小于 180°。

（7）在界面处（$y=0$），流体流速 $v_{y=0}=0$，假设浓度边界层内传质是以分子扩散一种方式进行，稳态下，服从菲克第一定律，则垂直于界面方向上的物质流密度即为扩散流密度 J，$J=-D\left(\frac{\partial c}{\partial y}\right)_{y=0}$，将 $\left(\frac{\partial c}{\partial y}\right)_{y=0}=\frac{c_b-c_S}{\delta_c'}$ 代入，则：

$$J=k_d(c_S-c_b),\quad k_d=\frac{D}{\delta_c'}$$

式中　k_d——传质系数；

c_S——由固体表面向流体内传输的物质在固体和流体界面的浓度；

c_b——该物质在流体体内的浓度；

J——该物质在界面处扩散流密度。

50. 2008 年北京科技大学冶金物理化学试题选解

一、答：

（1）恒温下，由标准大气压（$p^{\ominus}$）下的最稳定单质生成标准大气压（$p^{\ominus}$）下 1mol 某物质时反应的自由能能差。

例：$C+1/2O_2 = CO$，$\Delta_r G$。由标准大气压下稳定单质 C 生成标准大气压下 1mol CO 反应的自由能差为 CO 的标准生成吉布斯自由能。

（2）因为

$$2C+O_2 = 2CO$$

所以

$$\Delta S^{\ominus}=2S^{\ominus}_{CO}-S^{\ominus}_{C}-S^{\ominus}_{O_2}\approx 2S^{\ominus}_{CO}-S^{\ominus}_{O_2}>0$$

$-\Delta S^{\ominus}<0$，从而 $\Delta G^{\ominus}-T$ 曲线的斜率为负值。

（3）规则溶液：混合热不为零，混合熵等于理想溶液混合熵的溶液。

$$\Delta_{mix}S_{m,re}=\Delta_{mix}S_{m,id}$$

具有以上特征的溶液称为规则溶液，也称标准溶液。

（4）当为 1000K 时，$\Delta_f G^{\ominus}_{MnO}=-308570$，$\Delta_f G^{\ominus}_{Mn_2O_3}=-715460$，$\Delta_f G^{\ominus}_{MnO_2}=149370$，$\Delta_f G^{\ominus}_{Mn_3O_4}=-1034280$。由于 $\Delta_f G^{\ominus}_{Mn_3O_4}$ 最小，则 Mn_3O_4 最易生成。

（6）对于 $CaO-SiO_2$ 体系 N_i 为：

$$N_{CaO}=\frac{x_{CaO}}{x_{CaO}+2x_{SiO_2}},\quad N_{SiO_2}=\frac{2x_{SiO_2}}{x_{CaO}+2x_{SiO_2}}$$

光学碱度
$$\Lambda=N_{CaO}\Lambda_{CaO}+\Lambda_{SiO_2}N_{SiO_2}$$

（7）在界面处（$y=0$）液体流速 $\mu_{y=0}=0$，假设在浓度边界层内物质以分子扩散的一种方式进行，稳态下符合菲克第一定律，则垂直于界面方向上的物质流密度即为扩散流密度 J：

$$J=-D\left(\frac{\partial C}{\partial y}\right)_{y=0},\quad J=\frac{D}{\delta'_c}(c_S-c_b)=k_d(c_S-c_b)$$

式中 k_d——传质系数；

c_S——由固体表面向流体内传输的物质在固体和流体界面的浓度；

c_b——该物质在流体体内的浓度；

J——该物质在界面处扩散流密度。

（8）炼钢过程 C-O 反应动力学的机理：

1）钢渣界面上吸附的氧［O］向钢液内部扩散。

2）钢液内部的碳氧扩散到 CO 气泡表面。

3）在 CO 气泡的表面发生反应［C］(s)＋［O］(s)→CO(g)。

4）生成的 CO 气体扩散到气泡内部使气泡长大并上浮，通过钢水和渣进入炉气。

（10）溶质的渗透理论要点：

1）流体 2 可看作由许多微元体组成，相间传质由流体中的微元体完成。

2）每个微元体内某组元的浓度为（c_b），由于自然流动或湍流若无微元被带到界面与另一流体相接触如流体 1 中某组元的浓度大于流体 2 的相平衡浓度则流体 1 向流体 2 微元中迁移。

3）微元在界面停留的时间很短，以 t_e 表示，经 t_e 时间后微元体又进入流体 2 内，此时微元体内的浓度增加（$c_b+\Delta c$）。

4）由于微元体在界面的寿命很短，组元渗透到微元体中的深度小于微元的厚度，微观上以该传质过程看作非稳态的一维半无限体的扩散过程。

51. 2009 年北京科技大学冶金物理化学试题选解

一、答：

（1）$\Delta_f G$ 定义：恒温下，由标准大气压（$p^{\ominus}$）下的最稳定单质生成标准大气压（$p^{\ominus}$）下 1mol 某物质时反应的自由能差；$\Delta_{sol}G$ 定义：恒温下，某一元素溶解在溶剂中，形成 1%（质量）的溶液时的自由能变化。举例如下：

$$C(s) + 1/2O_2 = CO(g) \qquad \Delta_f G_1 = a - bT$$

即在恒温下，由标准大气压下最稳定单质 C（石墨）与氧气反应生成标准大气压下 1mol CO 反应的自由能差，即 $\Delta_f G_1$ 值。$\Delta_f G_1$ 即为 CO 的标准生成吉布斯自由能值。

$$[C] = [C]_{1\%(质量)} \qquad \Delta_f G_2 = a_2 - b_2 T$$

即在恒温下，C 元素溶解在溶剂（如铁液）中，形成 1%的溶液时自由能的变化，其值为 $\Delta_f G_2$，则 $\Delta_f G_2$ 即为 C 溶解吉布斯自由能值。

（2）$a_{R,i}/a_{\%,i} = p_i/p^* /(p_i/k_{\%,i}) = k_{\%,i}/k_{H,i}k_{H,i}/p_i^* = x_i^{\ominus} \cdot \gamma_i^{\ominus}$

而 $k_{\%,i}/k_{H,i} = A_{\gamma_i}/(100A_{\gamma_i})$，从而得到 $a_{R,i}/a_{\%,i} = A_{\gamma_i}/(100A_{\gamma_i}) \cdot \gamma_i^{\ominus}$。

（3）当氧分压低于 0.1Pa 时，硫以硫化物形式存在于渣中。相应的反应为：

$$1/2S_2(g) + (O^{2-}) = (S^{2-}) + 1/2O_2(g)$$

$$K = \frac{a_{S^{2-}}}{a_{O^{2-}}} \cdot \left(\frac{p_{O_2}}{p_{S_2}}\right)^{1/2}, \qquad K' = (\%S) \cdot \frac{\gamma_{S^{2-}}}{a_{O^{2-}}} \cdot \left(\frac{p_{O_2}}{p_{S_2}}\right)^{1/2}$$

硫容量表达式为

$$c_S = (\%S) \cdot \left(\frac{p_{O_2}}{p_{S_2}}\right)^{1/2}$$

其中，c_S 为熔渣硫容量，它是熔渣中以 1%质量分数的硫浓度与一定氧分压和硫分压平衡的关系式。

（4）过剩摩尔混合吉布斯自由能为实际摩尔混合吉布斯能与理想摩尔混合自由能的差值：

$$\Delta_{mix} G_m^E = \Delta_{mix} G_{m,re} - \Delta_{mix} G_{m,id} = RT(x_1 \ln\gamma_1 + x_2 \ln\gamma_2)$$

定义：

$$\Delta_{mix} G_{1,m}^E = RT\ln\gamma_1$$

$$\Delta_{mix} G_{2,m}^E = RT\ln\gamma_2$$

因此

$$\Delta_{mix} G_m^E = \Delta_{mix} G_m = \Delta_{mix} G_{m,\ id} = \sum x_i \Delta_{mix} G_i - \sum x_i \Delta_{mix} G_{i,\ id}$$

$$= RT(\sum x_i \ln a_i - \sum x_i \ln x_i) = RTx_i \ln\gamma_i$$

称 $\Delta_{mix} G_{1,m}^E$ 及 $\Delta_{mix} G_{2,m}^E$ 分别为组元 1 和组元 2 的过剩偏摩尔混合自由能。

（5）分子结构理论假设：

1）炉渣是由简单氧化物分子及其相互作用形成的复杂氧化物分子所组成。

2）炉渣中只有简单氧化物才能参与金属液间的反应。

3）由酸性氧化物及碱性氧化物复合成复杂氧化物的过程存在着动态平衡。

自由氧化物的浓度（活度）等于由化学分析所测定的氧化物的总浓度与该氧化物的结合浓度之差，即 $n_{B(自)} = n_{B(总)} - n_{B(结)}$，组分 B 的活度为 $a_B = n_{B(自)} / \sum n$，其中，$n_{B(自)}$、$n_{B(结)}$、$\sum n$ 分别指组分 B 的自由氧化物、复合氧化物、自由氧化物及复合氧化物的物质量的总和。

（6）有效边界层：在界面处（即 $y=0$）沿着直线对浓度分布曲线引一切线，此切线与浓度边界层外流体内部的浓度（c_b）的延长线相交，通过交点做一个与界面平行的平面，此平面与界面之间的区域称做有效边界层，用 δ_c 来表示，在界面处的浓度梯度即为直线的斜率：

$$\frac{\partial c}{\partial y}=\frac{c_S-c_b}{\delta_c}$$

（7）双膜理论为液液相传质理论模型，界面两侧各存在一个边界层，过程的总阻力包括两个边界层的传质阻力和界面化学反应的化学阻力，相关机理也很简单。

1）钢中 Mn 原子向钢渣界面迁移，$[Mn]\rightarrow[Mn]^*$。

2）渣中 SiO_2 向钢渣界面迁移，$(SiO_2)\rightarrow(SiO_2)^*$。

3）钢渣界面发生化学反应，$[Mn]^*+(SiO_2)^* = 2(MnO)^*+[Si]^*$。

4）界面的（MnO）* 从界面向渣中迁移，$(MnO)^*\rightarrow(MnO)$。

5）界面的［Si］* 从界面向钢液中迁移，$[Si]^*\rightarrow[Si]$。

（8）多相反应特征：在不同的界面上发生，反应物要从内部传输到反应界面，在界面处发生化学反应，生成物要从界面处离开。因此多相反应的动力学问题须考虑物质传输对反应速率的影响。

$$J=k_d(c_S-c_b)$$

式中 k_d——传质系数，$k_d=\frac{D}{\delta_c'}$；

c_S——由固体表面向流体内传输的物质在固体和流体界面的浓度；

c_b——该物质在流体体内的浓度；

J——该物质在界面处扩散流密度。

（9）要在液相中形成气泡，就需要很高的过饱和度。因为，在液相中产生一个气泡核心需要克服表面张力做功，气泡越小，表面张力产生的附加压力就越大，形成气泡所需的过饱和度越大，在碳氧反应中，因为钢液与 CO 气泡之间的表面张力 σ 存在，导致了刚形成的 CO 小气泡受到一个附加压力 $p_{附}=2\sigma/R$（R 为 CO 小气泡的曲率半径），由于铁液中碳氧反应（$[C]+[O]=CO$）产生的 CO 压力远小于 CO 小气泡受到的附加压力（$p_{附}$），因此碳氧生成 CO 反应在单一的铁液中很难发生。

在钢液脱碳的过程中，钢液和 CO 气体间的表面张力约为 1.50N/m，在钢液形成一个 1×10^{-7}m 的气泡核心，表面张力所产生的附加压力为 30MPa，在钢液中碳氧反应产生的 CO 压力远小于此值。因此在钢液中的碳-氧反应很难形成 CO 气泡。

（10）活度的热力学表达式为：$\mu_i=\mu_i^{\ominus}+RT\ln a_i$。由于组元 i 的拉乌尔活度 $a_{R,i}$、亨利活度 $a_{H,i}$ 及 $a_{\%,i}$ 在数值上各不相等，因此对于不同活度的标准态所得的标准化学势 $\mu_i^{\ominus}$ 也各不相同。且活度采用不同标准态计算时，$\Delta_r G^{\ominus}$ 值是不同的，由等温方程式 $\Delta_r G^{\ominus}=-RT\ln K^{\ominus}$ 可知，标准平衡常数 $K^{\ominus}$ 也不同，在活度的标准态不同时，只要保证同一组元在平衡态和指定态的活度计算采取的标准态一致时，即便所得化学反应的 $\Delta_r G^{\ominus}$ 不同，标准平衡常数 $K^{\ominus}$ 也不同，但 $\Delta_r G$ 仍相同，即 $\Delta_r G$ 是定值。

二、解：应注意此点是组分 A 所在初晶区内的物系点，在温度下降到其所在的等温线所示的温度时，开始析出 A，然后沿着 Ax 连线的延长线移动，不断析出 A（背向规则），温度降低到达此延长线与二元共晶 E_3E 交点 m 时，开始析出二元共晶体 A+C。液相再沿着 E_3E 线的 mE 线移动，不断析出此二元共晶体，液相达到 E 点时，析出三元共晶体 A+B+C。x 点在三元系液相中对应 P 点，x 点（一相，三组元，自由度为3），P 点冷却到液面上，析出固相 A（二相，三组元，自由度为2）。开始有纯固相 AC 共同析出（三相，自由度为1）。二固相 A、C 同时析出，直至 E 点（四相，自由度为零）。在 E 点全部结晶为固体 A+B+C，液相消失，为三相，自由度为1。

三、解：令 $\Delta_r G^{\ominus}=0$，得到 $T=2470$K。考虑到镁熔点为 648.9℃，镁沸点为 1090℃，在 1473K 时，镁呈现气态，因此可以创造真空条件，还可以添加 CaO，借以降低 SiO_2 的含量，进而促进反应的进行。综合考虑，采取创造真空条件来实现温度的降低。

$$\Delta_r G=\Delta_r G^{\ominus}+RT\ln\left(\frac{p_{Mg}}{p^{\ominus}}\right)^2=523000-211.71T+RT\ln\left(\frac{p_{Mg}}{p^{\ominus}}\right)^2$$

当 $\Delta_r G=0$ 时，得 $T=1473$K，代入得 $p_{Mg}=18.27$Pa。

因此要使还原温度降低到 1473K，需要确保真空度小于 18.27Pa。

四、解：

（1）反应机理：气/固反应的一般反应式为

$$A(g)+bB(s) = gG(g)+sS(s)$$

1）气体反应物 A 通过气相扩散边界层到达固体反应物表面的外扩散。

2）气体反应物通过多孔的还原产物（S）层，扩散到化学反应界面的内扩散（在气体反应物向内扩散的同时，还可能有固态离子通过固体产物层的扩散）。

3）气体反应物 A 在反应界面与固体反应物 B 发生化学反应，生成气体 G 和固体产物 S 的界面化学反应，由气体反应物的吸附、界面化学反应本身及气体产物的脱附等步骤组成。

4）气体产物 G 通过多孔的固体产物（S）层扩散到达多孔层的表面。

5）气体产物通过气相扩散边界层扩散到气相内。

（2）外扩散为控速速率的推导公式（略）。

52. 2010 年北京科技大学冶金物理化学试题选解

一、答：

（1）在铁溶液中发生化学反应 i=[i]%，所以：

$$\Delta_{sol}G^{\ominus} \equiv -RT\ln\frac{a_{\%,i}}{a_{R,i}} = RT\ln\frac{a_{R,i}}{a_{\%,i}}$$

根据等温方程式：

$$\frac{a_{R,i}}{a_{\%,i}} = \frac{A_{Fe}}{100A_{\gamma_i}}\gamma_i^{\ominus}$$

由活度之间的关系式，有 $A_{Fe}=55.85$，代入可得：

$$\Delta_{sol}G^{\ominus} = RT\ln\frac{55.85}{100A_{\gamma_i}}\gamma_i^{\ominus}$$

（2）考察的是三种活度标准态之间的关系。

组元 i 以纯物质为标准态，当组元 i 服从拉乌尔定律时，$x_i=1$（i 为纯物质），$K_i=p_i^*$（纯物质蒸气压），K_i 为纯物质标准态，对组元 i 的浓度不服从拉乌尔定律的情况下，为了使用线性关系的形式描述组元 i 的浓度与其在气相中的蒸气压关系。对于拉乌尔定律的浓度项进行修正。修正为：

$$p_i = p_i^* \cdot (x_i\gamma_i) = p_i^* a_{R,i}$$

即定义了组元 i 以纯物质为标准态的活度。

由 γ_i 与 $f_{\%,i}$之间的关系，即

$$\gamma_i = \gamma_i^{\ominus} f_{\%,i}\frac{[\%i]\Delta A_r + 100A_{\gamma_i}}{100A_{\gamma_i}}$$

当 $[\%i]\to 0$ 时，$\gamma_i=\gamma_i^{\ominus}f_{\%,i}$，组元服从亨利定律，$f_{\%,i}=1$。

因此有 $\gamma_i=\gamma_i^{\ominus}f_{\%,i}$为常数。

（3）在氧势图中，曲线的斜率分为三种：斜率为负、约为零、为正值。原则如下：由 $\Delta G^{\ominus}=\Delta H^{\ominus}-T\Delta S^{\ominus}$（对应 $\Delta G^{\ominus}=a-bT$），由于凝聚态，（固液）的熵值远小于气态熵值，就是 $S_{i,s}^{\ominus}\ll S_g^{\ominus}$。

1）斜率为负值的情况：

$$2C+O_2 = 2CO$$

因此
$$\Delta S^{\ominus}=2S_{CO}^{\ominus}-S_{O_2}^{\ominus}-S_C^{\ominus}\approx 2S_{CO}^{\ominus}-S^{\ominus}>0$$

$-\Delta S^{\ominus}<0$，从而 $\Delta G^{\ominus}-T$ 曲线的斜率为负值。

2）斜率为零的情况：

$$C+O_2 = CO_2$$

$$\Delta S^{\ominus}=S_{CO_2}^{\ominus}-S_{O_2}^{\ominus}-S_C^{\ominus}\approx S_{CO_2}^{\ominus}-S_{O_2}^{\ominus}\approx 0$$

3）斜率为正值的情况：

$$M(s)+O_2 = MO_2$$

$$\Delta S^{\ominus}=S_{MO}^{\ominus}-S_{O_2}^{\ominus}-S_M^{\ominus}\approx -S_{O_2}^{\ominus}<0$$

此种情况为大多数曲线存在的情况，第一种情况仅限于反应 $2C+O_2=2CO$。这就是氧势图中 $\Delta_rG_i^{\ominus}$ 的关系斜率大都为负值，而极少数为正值的原因。热力学角度，原则上，只要升高温度，碳可以还原任何元素的氧化物；从钢铁生产上的角度，如果没有这条线，就

不会有今天的高炉炼铁。

（4）规则溶液的定义：过剩混合热（其实为混合热）不为零，混合熵与理想溶液的混合熵相同的溶液称做正规溶液，定义式为：

$$\Delta_{mix}H_{m,re}\neq\Delta_{mix}H_{m,id}=0$$

$$\Delta_{mix}S_{m,re}=\Delta_{mix}S_{m,id}$$

（5）熔渣是由各种电中性简单氧化物分子 CaO 与 SiO_2 以及它们组成的复杂氧化分子 $CaO\cdot SiO_2$、$2CaO\cdot SiO_2$ 等组成的理想溶液。

简单氧化物分子与复杂氧化物分子之间存在着化学平衡，平衡时的简单氧化物的摩尔分数称该氧化物的活度，其中 CaO、SiO_2 为自由氧化物，$CaO\cdot SiO_2$、$2CaO\cdot SiO_2$ 为复杂氧化物，也称做结合氧化物，而且只有自由氧化物才具有反应能力，参加化学反应，对于此渣系列取氧化物为 $2CaO\cdot SiO_2$。

$$(2CaO\cdot SiO_2) = 2(CaO)+(SiO_2)$$

则有：

$$K=\frac{x_{CaO}^2x_{SiO_2}}{x_{2CaO\cdot SiO_2}}$$

则由 K 计算 x_{CaO} 及 x_{SiO_2}，为 CaO 及 SiO_2 的活度。

（6）有效边界层的定义：为了数学上的处理方便，将分子扩散和湍流传质折算为稳态的分子扩散，由浓度为 c_S 的固体表面质点，作浓度曲线的切线使之与本体浓度 c_b 的延长线相交于一点，过这点做一平行于固体表面的平面，该平面与固体表面之间的区域称为有效边界面，其厚度用 δ_c' 表示，在界面处的浓度梯度就是直线的斜率。速度边界层、浓度边界层及有效边界层如图 1 所示。

$$\left(\frac{\partial c}{\partial y}\right)_{y=0}=\frac{c_b-c_S}{\delta_c'}$$

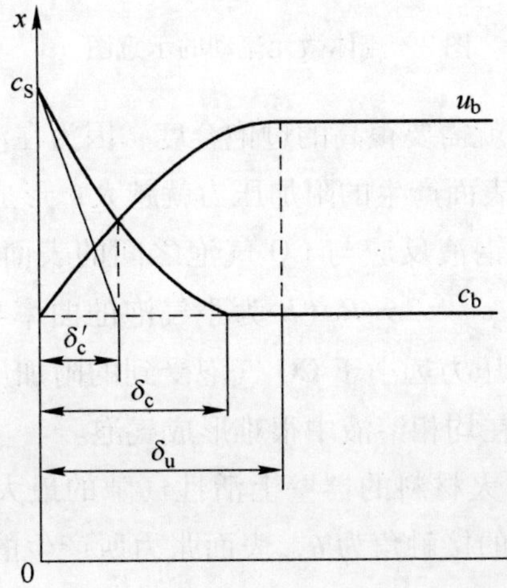

图 1　速度边界层、浓度边界层及有效边界层

瓦格纳（C. Wagner）定义 δ'_c为有效边界层：

$$\delta'_c = \frac{c_b - c_S}{\left(\frac{\partial c}{\partial y}\right)_{y=0}}$$

（7）溶质渗透理论的假设条件：

1）流体 2 可看做由许多微元组成，相间的传质是由流体中的微元完成的。

2）每个微元内某组元浓度为 c_b，由于自然流动或湍流，若某微元被移带到界面与另一流体（流体 1）相接触，若流体 1 中某组元的浓度大于流体 2 的相平衡浓度则该组元从流体 1 向流体 2 微元迁移。

3）微元在界面停留的时间很短，以 t_e 表示，经过 t_e 时间后，微元又进入流体 2 内，此时微元体内的浓度增加到 $c_b+\Delta c$。

由于微元体在界面处的寿命很短，组元渗透到微元体中的深度远小于微元的厚度，微观上，该传质过程看作非稳态的一维无限体的扩散过程。流体微元流动如图 2 所示。

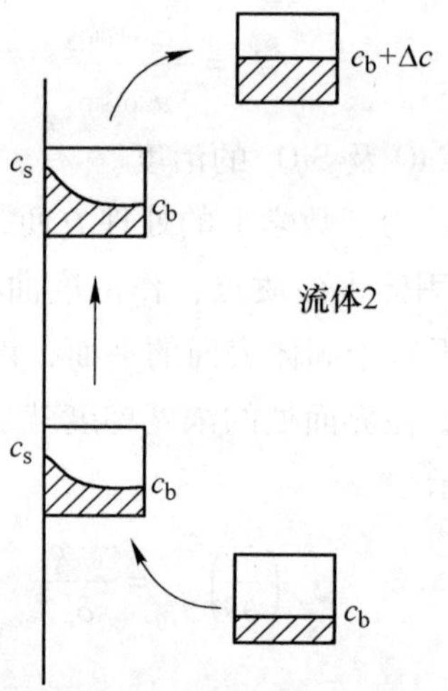

图 2　流体微元流动的示意图

（8）在液相中形成气泡，就需要很高的过饱合度，因为在液相中产生一个气泡需要克服表面张力做功，气泡越小，表面产生的附加压力就越大，形成气泡所需要的过饱和度越大，例如在碳氧反应中，因为钢液反应与 CO 气泡之间的表面张力 σ 存在，导致形成的 CO 小气泡形成一个附加压力：$p_{附} = 2\sigma/R$（R 为小气泡的曲率半径），由于铁溶液中碳氧反应 [C]+[O]══CO，产生从压力远小于 CO 气泡受到的附加压力，因此碳氧生成 CO 的反应在铁溶液中很难发生，即在均相溶液中很难形成气泡。

（9）铁溶液深度为 H 的耐火材料的器壁上活性气隙的最大半径推导：设孔隙是半径为 R 圆柱形孔隙，固相与液相的接触角为 θ，表面张力所产生的附加压力方向与液相所产生的重力方向相反。

由于 $p_{附} = 2\sigma/R$，而 $R = R\cos(180° - \theta) = -2\sigma\cos(180° - \theta)/R$（其中 R 为液相弯月面曲

率半径)。如果孔隙中残余气体和炉气相平衡，当表面张力产生于附加压力大于钢水重力所产生的静压力时钢水就不能充满这一孔隙，显然，当附加压力与静压力相等时孔隙的尺寸为临界值，即能产生气泡孔隙的最大直径，设液体的浓度为 R，g 为重力加速度，H 为液体表面到固体相表面的高度，则静压力 $p_{静}=\rho gh$。根据 $p_{附}=p_{静}$，求出活性孔隙半径的上限 r_{max}：

$$r_{max}=-\frac{2\sigma\cos\theta}{\rho gh}$$

实际孔隙的半径大于 r_{max}时，将会被液体填充而不能成为气泡核心。

二、答：

(1) 分析成分为 P 的液相的冷却时所产生的路径，到每一相区的组织所冷却完成后的最终产物有几相，分析其成分如何。

冷却到液相面时（成分为 x 点），刚析出固相 A，此时固相成分为 A 点，液相成分点（液相点）为 x 点，相数 $\Phi=2$，组分数 $c=3$，自由度 $f=c-\Phi+1=2$。

随着 A 的析出，液相点沿着 Ax 的延长线由 x 向 m 变化，固相点仍为 A 点，相数 $\Phi=2$，组分数 $c=3$，自由度为 2，根据杠杆规则，固液质量之比$\frac{w_s}{w_m}=xk/(Ax)$（k 为 xm 之间点）。

当液相点到 m，有固相 C 析出，由于此相变放热，温度下降变缓，相数 $\Phi=3$，组分数 $c=3$，自由度 $f=c-\Phi+1=1$，根据杠杆规则，固液质量之比$\frac{w_s}{w_m}=\frac{xm}{Ax}$。

随着 C 的析出，固相点沿 An 延长线由 A 向 n 变化，相应地液相点沿着 mE 延长线由 m 向 B 变化，相数 $\Phi=3$，组分数 $c=3$，自由度 $f=1$。

当固相点刚变到 n，相应的液相点变到 E，此时析出固相 B，由杠杆原理，此时固液质量之比$\frac{w_s}{w_z}=xn/(Ex)$，相数 $\Phi=4$，组分数 $c=3$，自由度 $f=0$。

继续冷却，由于自由度 $f=0$，体系温度不变，这样的温度一直保持到液相完全消失为止，此时液相点不存在，固相点为 x 点，相数 $\Phi=3$，组分数 $c=3$，自由度 $f=1$。

三、解：

2×[式（1）-式（3）] 得到铁水中 C 氧化的反应如下：

$$2[C]_{1\%}+O_2 = 2CO \qquad \Delta G^{\ominus}=-281160-84.187(J/mol)$$

$$\Delta_r G_{CO}=\Delta_r G^{\ominus}+RT\ln\frac{(p_{CO}/p^{\ominus})^2}{a_C^2(p_{O_2}/p^{\ominus})}=\Delta_r G^{\ominus}+RT\ln\frac{(p_{CO}/p^{\ominus})^2}{f_C^2 w_{[C]\%}^2(p_{O_2}/p^{\ominus})}$$

$p_{O_2}=p_{CO}=101325Pa$，所以：

$$\Delta_r G_{CO}=-281160-84.18T+RT\ln\frac{1}{f_C^2 w_{[C]\%}^2(p_{O_2}/p^{\ominus})}$$

$$= -281160 - 84.18T - 38.29T\lg f_C w_{[C]_\%}$$

$$= -281160 - 84.18T - 32.29T(\lg f_C + \lg w_{[C]_\%})$$

$$\lg f_C = e_C^C C\% + e_C^{Si}[\%Si] = 0.14 \times 3.8 + 0.08 \times 0.6 = 0.58$$

代入有：

$$\Delta_r G_{CO} = -281160 - 84.18 \times 1673 - 32.29 \times 1673 \times (0.58 + \lg 3.8) = -484646.89 J/mol$$

式（2)-式（4）同理得到铁水 Si 氧化反应如下：

$$\Delta G^{\ominus} = -816130 + 214.1T (J/mol)$$

$$\Delta_r G_{SiO_2} = \Delta_r G^{\ominus} + RT\ln \frac{a_{SiO_2}}{a_{[Si]}(p_{O_2}/p^{\ominus})}$$

因为 $a_{SiO_2} = 0.5$，$p_{O_2} = p^{\ominus}$

$$[Si] + O_2 = SiO_2$$

因此

$$\Delta_r G_{SiO_2} = \Delta_r G^{\ominus} + RT\ln \frac{0.5}{a_{[Si]}}$$

$$\Delta_r G_{SiO_2} = \Delta_r G^{\ominus} - 2.303RT\ln a_{[Si]} - 0.6931RT$$

而 $\lg f_{[Si]} = e_{Si}^{Si}[\%Si] + e_{Si}^{C}[\%C] = 0.11 \times 0.6 + 0.18 \times 3.8 = 0.75$

从而

$$\Delta_r G_{SiO_2} = -816130 + 214.1 \times 1673 - 2.303 \times 8.314 \times 1673 \times (0.75 + \lg 0.6) - 0.6931 \times 8.314 \times 1673$$

$$= -467591.36 (J/mol)$$

比较得 $\Delta_r G_{CO} < \Delta_r G_{SiO_2}$，因此，在 1400℃下碳先氧化。

四、解：

（1）步骤：

1）气体反应物 A 通过气相扩散边界层到达固体反应物表面的扩散。

2）气体反应物通过多孔的还原产物（S）层，到达扩散化学反应界面内扩散。

3）气体反应物 A 在反应界面与固体反应物 B 发生化学反应，生成产物 G 和固体产物 S 的界面化学反应，由气体反应物的吸附，界面化学本身及气体产物的脱附等组成。

4）气体产物通过多孔的固体产物（S）层扩散到达多孔层的表面。

5）气体产物通过气相扩散边界层扩散到气体相内。

（2）内扩散为限制性环节时，速率方程的推导为：固相产物层中的扩散即内扩散速率 v_D 可以表示为：

$$v_D = -\frac{dn_A}{dt} = 4\pi r_i^2 D_{eff}\frac{dc_A}{dr_i}$$

而 $D_{eff} = -\frac{D\varepsilon_p}{\tau}$，则

$$v_D = -\frac{dn_A}{dt} = 4\pi D_{eff}\frac{r_0 r_i}{r_0 - r_i}(c_{AS} - c_{Ai})$$

在稳态或准稳态的条件下，内扩散速率 v_D 可以看成另一个常数对于不可逆反应，则未反应核表面浓度总量为零，则 $c_{Al}=0$，且颗粒表面浓度 c_{AS} 等于在气相内部的本体的浓度 c_{AS}，最终结果为：

$$v_D=-\frac{dn_A}{dt}=-4\pi D_{eff}\frac{r_0 r_i}{r_0-r_i}c_{Ab}$$

此题详细参考文献［31］中 117~119 面的推导过程。

53. 2011 年北京科技大学冶金物理化学试题选解

一、答：

（1）氧势图中不同元素的氧化物与温度的关系构成斜率不同，位置高低不同的直线。且直线位置越低，则氧化物越稳定，越难被还原；同一温度下，几种元素同时与氧相遇，则位置低的元素最先氧化；位置低的元素在标准状态下可以将位置高的氧化物还原。

（2）分子结构理论假设：

1）炉渣是由简单氧化物分子以及其相互作用形成的复杂氧化物分子组成。

2）炉渣中只有简单氧化物才能参与金属液间的反应。

3）由酸性氧化物以及碱性氧化物复合成复杂的氧化物的过程存在着动态平衡。

自由氧化物的浓度（活度）等于由化学分析所测定的氧化物的总浓度与该氧化物的结合浓度之差，即 $n_{B(自)}=n_{B(总)}-n_{B(结)}$，组分 B 的活度 $a_B=n_{B(自)}/\sum n$，其中，$n_{B(自)}$、$n_{B(结)}$、$\sum n$ 分别指组分 B 的自由氧化物的物质的量、复合氧化物的物质的量、自由氧化物以及复合氧化物的物质的量的总和。

需要指出的是，由于 $n_{B(结)}$ 取决于复合化合物分子式的选定，而这种分子式不能确定，常是根据经验确定的，但所选定的化合物实际上是不能证明其存在的，另一方面，熔渣的复合氧化物种类众多，数量大，因此分子理论假设计算组分活度的方法是复杂且不可取的。

（3）考查采取不同活度的标准态时，组分的标准吉布斯自由能与吉布斯自由能的区别。活度的热力学表达式：$\mu_i=\mu_i^\ominus+RT\ln a_i$，由于组元 i 的拉乌尔活度 $a_{R,i}$ 及亨利活度 $a_{H,i}$ 及 $a_{\%,i}$ 在数值上各不相同，因此对于不同活度的标准态所得的标准化学势 $\mu_i^\ominus$ 也各不相同。且活度采用不同标准态计算时，$\Delta_r G^\ominus$ 值是不同的，由于等温方程式 $\Delta_r G^\ominus=-RT\ln K^\ominus$ 可知，标准平衡常数 K 也不同，但活度的标准态不同时，只要保证在同一组元在平衡态和指定态的活度计算采取的标准一致时，即便所得的化学反应的 $\Delta_r G^\ominus$ 不同，标准平衡常数 $K^\ominus$ 也不同，

但 $\Delta_r G^\ominus$ 值仍相同。

因此答案为活度不同，化学势不同，平衡常数不同，$\Delta_r G^\ominus$ 不同，$\Delta_r G$ 相同。

（4）当氧分压低于 0.1Pa 时，硫以硫化物形式存在于渣中。相应得

$$1/2S_2(g) + (O^{2-}) =\!=\!= (S^{2-}) + 1/2O_2(g)$$

反应的平衡常数 $$K^\ominus = \frac{a_{(S^{2-})}}{a_{(O^{2-})}}\left(\frac{p_{O_2}/p^\ominus}{p_{S_2}/p^\ominus}\right)^{1/2} = \frac{\gamma_{(S^{2-})}x_{(S^{2-})}}{a_{(O^{2-})}}\left(\frac{p_{O_2}}{p_{S_2}}\right)^{1/2}$$

若 $\sum n$ 为渣中所有组元物质的量，则有

$$K^\ominus = \frac{\gamma_{(S^{2-})}\dfrac{w_{(S)\%}}{32\sum n}}{a_{(O^{2-})}}\left(\frac{p_{O_2}}{p_{S_2}}\right)^{1/2} \tag{1}$$

因此

$$K^\ominus = \left[w_{[S]\%}\left(\frac{p_{O_2}}{p_{S_2}}\right)^{1/2}\right]\frac{\gamma_{(S^{2-})}}{32\sum n a_{(O^{2-})}} \tag{2}$$

式（2）等号右边中括号内一项成为炉渣的硫化物容量，用符号 c_S 表示，即

$$c_S = w_{(S)\%}\left(\frac{p_{O_2}}{p_{S_2}}\right)^{1/2}$$

因此有 $$c_S = K^\ominus \cdot 32\sum n\left(\frac{p_{O_2}}{p_{S_2}}\right)^{1/2}$$

（5）实质是考察浓度以质量分数表达式的瓦格纳一次作用参数，对 Fe-i-j-…-m 多元系，$e_i^j = \left(\dfrac{\partial \lg f_i}{\partial w_{[j]\%}}\right) w_{[j]\%}$；$w_{[j]\%} \to 0$，而 $\lg f_i = \sum_{j=2}^{n} e_i^j w_{[j]\%}$，$e_i^j$ 称为活度相互作用系数，其物理意义为，当铁液中 i 的组元保持不变时，j 组元的质量分数每增加 1%时，所引起的 i 组元活度系数对数值的改变。定义规定［%j］→0，因为只有［%j］→0 时，$\lg f_i^j$ 与［%j］才呈现线性关系。

（6）混合热不为零，但混合熵与理想溶液混合熵相同的溶液称做正规溶液。

（7）由有效边界层理论得到的有效边界层厚度值如下：

瓦格纳（C. Wagner）定义 δ_c' 为有效边界层：

$$\delta_c' = \frac{c_b - c_S}{\left(\dfrac{\partial c}{\partial y}\right)_{y=0}}$$

边界层理论模型为：在界面处（$y=0$），液体流速 $u_{y=0}=0$，假设在浓度边界层内传质是以分子扩散一种方式进行，稳态下，服从菲克第一定律，则垂直于界面方向上的物质流密度即为扩散流密度 J：

$$J = -D\left(\frac{\partial c}{\partial y}\right)_{y=0}$$

$$\left(\frac{\partial c}{\partial y}\right)_{y=0}=\frac{c_b-c_S}{\delta_c'}$$

因此
$$J=\frac{D}{\delta_c'}(c_S-c_b)=k_d(c_S-c_b)$$

式中　k_d——传质系数；

c_S——由固体表面向流体内传输的物质在固体和流体界面的浓度；

c_b——该物质在浓度边界层外流内部浓度；

J——该物质在界面的扩散流密度。

（8）溶质渗透理论认为流体 2 中的各微元和流体 1 的接触时间即寿命 t_e，t_e 代表平均寿命。且传质为非稳态，即在强烈流动的流体中，任何流体微团界面的停留时间很短，且停留时间固定，得到的传质系数 $k_d=2\sqrt{\frac{D}{\pi t_e}}$；而丹克沃茨的表面更新理论认为流体 2 的各微元和流体 1 的接触时间，即各寿命不相同，而是按照 0~∞ 分布，符合统计分布规律，即流体微团在表面上的更新不同时进行，按照统计学分布规律取 S，得到的传质系数为 $k_d=\sqrt{DS}=\sqrt{\frac{D}{t_e}}$。

（9）有效边界层，双膜理论：

$$k_d=\frac{D}{\delta_c'}$$

式中　D——扩散系数；

δ_c'——有效边界厚度。

黑壁溶质渗透理论公式为：

$$k_d=2\sqrt{\frac{D}{\pi t_e}}$$

式中　t_e——平均寿命。

丹克沃茨表面更新理论为：

$$k_d=\sqrt{DS}=\sqrt{\frac{D}{t_e}}$$

式中　S——表面更新率。

二、解：以纯固态钒为标准态：

$$V(s) = [V] \qquad \Delta_{sol}G^{\ominus}_{V(s)}=0$$

已知
$$2V(s)+O_2(g) = 2VO(s) \qquad \Delta_rG^{\ominus}=-861490+150.2T(J/mol)$$

对以上反应进行处理得：

$$2[V](s)+O_2(g) = 2VO(s) \qquad \Delta_rG_1^{\ominus}=-861490+150.2T(J/mol)$$

令
$$\Delta_rG_1=\Delta_rG_1^{\ominus}+RT\ln\frac{a^2_{VO(s)}}{a_{R,V(s)}\left(\frac{p_{O_2}}{p^{\ominus}}\right)}=0$$

式中　VO——纯固态，活度为 1。

则
$$\Delta_r G_1^{\ominus} = -RT\ln \frac{1}{a_{R,V(s)}^2 \left(\frac{p_{O_2}}{p^{\ominus}}\right)} - 861490 + 150.2T = 0$$

将 $T = 1873K$，以及 $p_{O_2} = 6.7\times10^{-6}Pa$ 代入上式得

$$a_{R,V(s)} = 0.998\times10^{-3}$$

首先以假想的纯物质为标准态，当 $T = 1873K$ 时，钒为固态，由

$$V(s) = [V] \qquad \Delta_{sol} G_{V(s)}^{\ominus} = -15480 - 45.6T(J/mol)$$

求得
$$\Delta_{sol} G_{V(s)}^{\ominus} = RT\ln\gamma_V^{\ominus} \frac{0.5585\times10^{-3}}{M_V} = RT\ln\gamma_V^{\ominus} \frac{0.5585\times10^{-3}}{50.94\times10^{-3}}$$

得到 $\gamma_V^{\ominus} = 0.140$。

依据纯物质标准态和 1%溶液标准态活度之间的关系，即

$$\frac{a_{R,i}}{a_{\%,i}} = x^{\ominus}\gamma^{\ominus}$$

得出
$$a_{\%,V} = \frac{a_{R,V}}{\gamma_V^{\ominus}} \frac{100M_V}{M_{Fe}} = \frac{0.998\times10^{-3}}{0.140} \times \frac{100\times50.94\times10^{-3}}{55.85\times10^{-3}} = 0.650$$

四、解：CO 在产物层内的扩散为控速环节，CO 在颗粒表面的浓度与气体本体中的浓度相同，即为 c_b，如图 1 和图 2 所示，CO 在产物层内的扩散速率：

$$r_D = -\frac{dn_{CO}}{dt} = 4\pi r_i^2 D_{eff} \frac{dc_{CO}}{dr_i}$$

对上式积分

$$\int_{c_b}^{c_i} dc = -\frac{1}{4\pi D_{eff}} \frac{dn}{dt} \int_{r_0}^{r_i} \frac{dr_i}{r_i^2}$$

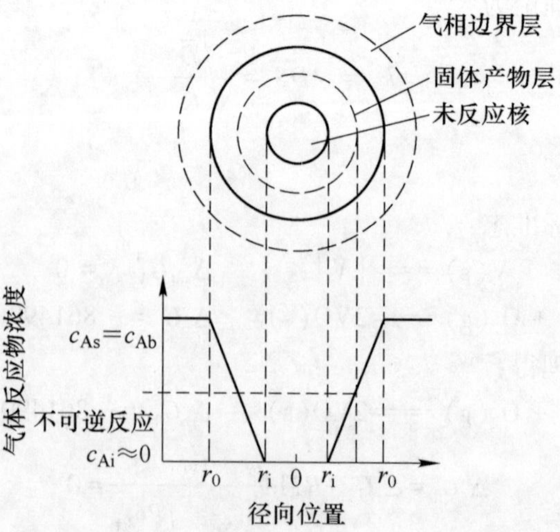

图 1　产物层中的内扩散控制时，气体反应物 A 的浓度分布

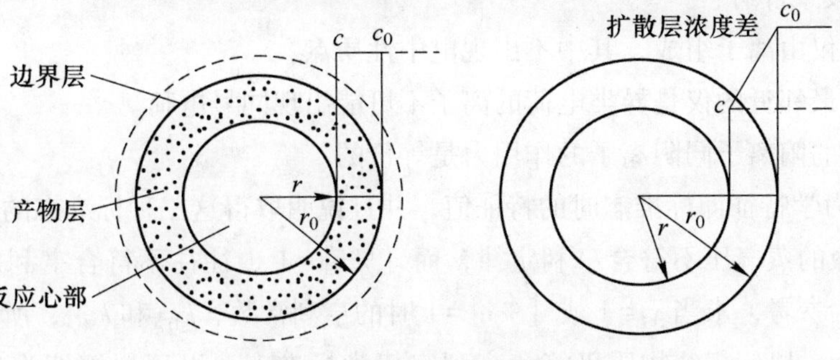

图 2　气固相反应模型图

$$-\frac{dn_{CO}}{dt}=4\pi D_{eff}\frac{r_0 r_i}{r_0-r_i}(c_b-c_i)\approx 4\pi D_{eff}\frac{r_0 r_i}{r_0-r_i}c_b$$

由于

$$-\frac{dn_{CO}}{dt}=-\frac{dn_{FeO}}{dt}=-\frac{4\pi r_i^2\rho}{M_{FeO}}\frac{dr_i}{dt}$$

$$4\pi D_{eff}\frac{r_0 r_i}{r_0-r_i}=-\frac{4\pi r_i^2\rho}{M_{FeO}}\frac{dr_i}{dt}$$

$$\int_0^t -\frac{M_{FeO}D_{eff}}{\rho}c_b dt=\int_{r_0}^{r_i}\left(r_i-\frac{r_i^2}{r_0}\right)dr_i$$

$$t=\frac{\rho r_0^2}{6D_{eff}M_{FeO}c_b}\left[1-3\left(\frac{r_i}{r_0}\right)^2+2\left(\frac{r_i}{r_0}\right)^3\right] \text{或} t=\frac{\rho r_0^2}{6D_{eff}M_{FeO}c_b}[1-3(1-x_b)^{2/3}+2(1-x_b)]$$

当完全反应时，$x_b=1$，因此

$$t=\frac{\rho r_0^2}{6D_{eff}M_{FeO}c_b}$$

根据 $K^{\ominus}=\frac{p_{CO_2}/p^{\ominus}}{p_{CO}/p^{\ominus}}=\frac{p_{CO_2}}{p_{CO}}=0.696$，考虑 $p_{CO_2}+p_{CO}=10^5\text{Pa}$，因此

$$p_{CO}=0.59\times10^5\text{Pa},\ c_b=\frac{p_{CO}}{RT}=\frac{0.59\times10^5}{8.314\times1073}=6.614(\text{mol/m}^3)$$

54. 2012 年北京科技大学冶金物理化学试题选解

一、答：

（1）碳氧反应可能的产物有三种情况，即产物为 CO，产物为 CO_2，产物为 CO 和 CO_2 的混合物。相关条件下主要从碳和氧的物质的量比来进行确定。

（2）假设条件有：

1）熔渣仅由离子组成，其中不出现电中性质点。

2）离子最邻近的仅是异类电荷的离子不可能出现同号电荷。

3）所有的阳离子同阴离子的作用力是等价的。

（3）热力学特征即标准态时的特征值，并且说明取得这三种标准态的条件：因为稀溶液中的纯溶液的蒸气压不符合亨利定律，而［%i］=1 也往往不符合亨利定律，因此必须以理想溶液为参考，求当 $x_i=1$ 或［%i］=1 时的亨利常数，$k_{H,i}$ 和 $k_{\%,i}$，所以亨利活度的参考态，表述为：以假想纯物质仍符合亨利定律为标准态，以理想溶液为参考态，以假想［%i］=1 时的溶液仍符合亨利定律为标准态，以理想稀溶液为参考态。

（4）当 $p_{O_2}\geqslant 10^{-5}$MPa 时

$$1/2S_2(g)+3/2O_2+(O^{2-})=\!=\!=SO_4^{2-}$$

因此

$$K_S=\frac{1}{p_{S_2}^{1/2}p_{O_2}^{3/2}}\frac{X_{SO_4^{2-}}\gamma_{SO_4^{2-}}}{a_{O^{2-}}}$$

$$X_{SO_4^{2-}}=\frac{(\%S)}{32\sum n_B}$$

$$c_{SO_4^{2-}}=\frac{(\%S)}{p_{S_2}^{1/2}p_{O_2}^{3/2}}=\frac{32K_S(\sum n_B)a_{O^{2-}}}{\gamma_{SO_4^{2-}}}$$

$c_{SO_4^{2-}}$ 即为硫酸盐容量，表示渣在不同氧分压时溶解的能力，统称硫容量。

（5）在等温等压下，对 Fe-2-3 体系，认为多元系组元的活度系数 f_i 取对数后对各个组元的浓度［%2］、［%3］的函数，将其在浓度为零附近展开则

$$\lg f_2=\frac{\partial\lg f_2}{\partial[\%2]}[\%2]+\frac{\partial\lg f_2}{\partial[\%3]}[\%3]+\cdots+\frac{\partial\lg f_2}{\partial[\%n]}[\%n]$$

令 $\frac{\partial\lg f_2}{\partial[\%2]}=e_2^2$，$\frac{\partial\lg f_2}{\partial[\%3]}=e_2^3$，…，$\frac{\partial\lg f_2}{\partial[\%n]}=e_2^n$，称做组元 2，3，…，$n$ 对 i 的活度相互系数，则 $\lg f_i=\sum\limits_{i=1}^{n}e_i^j[\%j]$。

一般

$$f_i=f_i^2f_i^3\cdots f_i^n$$

$$\lg f_i=\sum_{j=2}^{n}\lg f_i^j=\sum_{j=2}^{n}e_i^j[\%j],\quad \lg f_i^j=e_i^j[\%j]$$

（6）过剩摩尔混合吉布斯自由能 $\Delta_{mix}G_m^E$，即为实际摩尔混合吉布斯自由能与理想摩尔混合吉布斯自由能之差：

$$\Delta_{mix}G_m^E=\Delta_{mix}G_{mire}-\Delta_{mix}G_{mid}=RT(x_1\ln\gamma_1+x_2\ln\gamma_2)$$

正规溶液的混合熵与理想溶液的混合熵相同，即 $\Delta_{mix}G_m^E=\Delta_{mix}S_{mid}$，则 $\Delta_{mix}S_m^E=0$。

因为正规溶液中 $\Delta_{mix}G_{m,正规}=\Delta_{mix}H_{m,正规}-T\Delta_{mix}S_{m,正规}$，所以 $\Delta_{mix}H_{m,正规}=\Delta_{mix}G_{m,正规}+T\Delta_{mix}S_{m,正规}$。则

$$\Delta_{mix}H_m^E=\Delta_{mix}G_m^E=RT(x_1\ln\gamma_1+x_2\ln\gamma_2)$$

（7）解答要点：

1）要分别解释 c_S、c_b 的含义。c_S 指的是由固体表面向流体内传输的物质在固体和流体界面的浓度。c_b 指的是该物质在浓度边界层外流体内部的浓度。

2）关键要指出 J 的值应当始终为正值，流体表面向流体内传输的物质在固体和流体界面浓度差是扩散源，其浓度肯定要比该物质在浓度边界层外流体内部浓度大，也就是 c_S 始终要大于 c_b。

（8）反应机理：

1）溶解在钢中的氧和碳通过钢液边界层扩散到气泡表面。

2）氧碳在氩气泡表面发生化学反应。

3）生成的 CO 从气泡表面扩散到气泡内部并随气泡上浮排除。

（9）由于钢液中碳含量很低，可以认为碳在钢液边界层中的扩散是碳氧化反应过程的控速环节。根据传质理论，碳的传质速率：

$$\frac{dn_C}{dt}=Ak_d(c_{[C]}-c_{[C],s})$$

$$k_d=2\sqrt{\frac{D}{\pi t_e}}$$

式中　k_d——钢中碳的传质系数；

A——氩气泡的表面积；

t_e——接触时间；

$c_{[C]}$——钢中碳的浓度，mol/m³；

$c_{[C],s}$——钢液和气泡界面处碳的浓度，mol/m³；

D——钢中碳的扩散系数。

表面更新理论，也是气液传质理论模型，流体微元在表面上的更新同时进行，主要从两者的假设分析。丹克沃茨通过对溶质渗透理论的修正而发展出表面更新理论，两者的区别：表面更新理论认为表面更新过程是随时间进行的，而溶质渗透理论每隔一定时间周期性的变化（发生）表面更新理论更深刻地揭示了对流传质过程的物理本质非定态扩散和表面更新，因此表面更新理论更真实地描述流体情况，得到的传质系数也更为准确。

（10）孔隙是半径为 r 的圆柱形的孔隙，固相与液相的接触角为 θ，表面张力所产生的附加压力与液体产生的重力相反，于是

$$p_{附}=\frac{2\sigma}{R},\quad r=R\cos(180-\theta)$$

因此

$$p_{附}=\frac{2\sigma}{R}=-\frac{2\sigma\cos\theta}{r}$$

根据钢水静压力=附加力，即 $p_{静}=p_{附}$，有

$$\rho gh=-\frac{2\sigma\cos\theta}{r},\quad r_{\max}=-\frac{2\sigma\cos\theta}{\rho_1 gh}$$

从而最大气泡的体积 $$V=\frac{4}{3}\pi r_{\max}^3=\frac{4}{3}\pi\left(-\frac{2\sigma\cos\theta}{\rho_1 gh}\right)^3$$

二、解：

(1) 2×[式 (1)-式 (3)] 得到铁水中 C 氧化的反应如下：

$$2[\mathrm{C}]_{1\%}+\mathrm{O_2}=\!=\!=2\mathrm{CO}\qquad \Delta G^{\ominus}=-281160-84.418T(\mathrm{J/mol})\qquad (\mathrm{a})$$

$$\Delta_r G_{\mathrm{CO}}=\Delta_r G^{\ominus}+RT\ln\frac{p_{\mathrm{CO}}/p^{\ominus}}{a_{\mathrm{C}}^2(p_{\mathrm{O_2}}/p^{\ominus})}$$

$$=\Delta_r G^{\ominus}+RT\ln\frac{(p_{\mathrm{CO}}/p^{\ominus})^2}{f_{\mathrm{C}}^2w_{[\mathrm{C}]\%}^2(p_{\mathrm{O_2}}/p^{\ominus})}$$

$$p_{\mathrm{CO}}=p_{\mathrm{O_2}}=1.01325\times10^5\mathrm{Pa}$$

因此 $$\Delta_r G_{\mathrm{CO}}=-281160-84.18T+RT\ln\left(\frac{1}{f_{\mathrm{C}}^2w_{[\mathrm{C}]\%}^2}\right)$$

$$=-281160-84.18T-38.29T\lg f_{\mathrm{C}}w_{[\mathrm{C}]\%}$$

$$\lg f_{\mathrm{C}}=e_{\mathrm{C}}^{\mathrm{C}}w_{[\mathrm{C}]\%}+e_{\mathrm{C}}^{\mathrm{Si}}w_{[\mathrm{Si}]\%}=0.14\times3.5+0.08\times0.6=0.538$$

$$\Delta_r G_{\mathrm{CO}}=-281160-84.18\times1573-38.29\times1573\times(0.538+\lg3.5)=-478748.28(\mathrm{J/mol})$$

同样，式 (2)-式 (4) 得到铁水中的 Si 氧化反应如下：

$$(\mathrm{Si})+\mathrm{O_2}=\!=\!=\mathrm{SiO_2}\qquad \Delta_r G^{\ominus}=-816130+214.1T(\mathrm{J/mol})\qquad (\mathrm{b})$$

$$\Delta_r G_{\mathrm{SiO_2}}=\Delta_r G^{\ominus}+RT\ln a_{\mathrm{SiO_2}}/a_{\mathrm{Si}}(p/p^{\ominus})$$

因为 $$p=1.01325\times10^5\mathrm{Pa}$$

所以 $$a_{\mathrm{SiO_2}}=0.2$$

$$\Delta_r G_{\mathrm{SiO_2}}=\Delta_r G^{\ominus}+\ln0.2/a_{\mathrm{Si}}=\Delta_r G^{\ominus}-2.303RT\lg a_i-1.6094RT$$

$$\lg f_{\mathrm{Si}}=e_{\mathrm{Si}}^{\mathrm{Si}}w_{[\mathrm{Si}]\%}+e_{\mathrm{Si}}^{\mathrm{C}}w_{[\mathrm{C}]\%}=0.11\times0.6+0.18\times3.5=0.696$$

$$\Delta_r G_{\mathrm{SiO_2}}=-816130+214.1\times1573-2.303\times8.314\times1573\times(0.696+\lg0.6)$$
$$=-514679.01(\mathrm{J/mol})$$

因为 $\Delta_r G_{\mathrm{CO}}>\Delta_r G_{\mathrm{SiO_2}}$，所以 Si 优先氧化。

(2) 求在铁水中 Si 和 C 氧化的转化程度。

用式 (a)-式 (b) 可得

$$(\mathrm{SiO_2})+2[\mathrm{C}]=\!=\!=[\mathrm{Si}]+2\mathrm{CO}\qquad \Delta_r G_{\mathrm{m}}^{\ominus}=534970-298.28T(\mathrm{J/mol})$$

因此 $$\Delta_r G_{\mathrm{m}}=\Delta_r G^{\ominus}+RT\ln\left[\frac{\left(\frac{p_{\mathrm{CO}}}{p^{\ominus}}\right)^2 f_{[\mathrm{Si}]\%}w_{[\mathrm{Si}]\%}}{a_{\mathrm{SiO_2}}f_{[\mathrm{C}]\%}^2w_{[\mathrm{C}]\%}^2}\right]$$

$$\Delta_r G_{\mathrm{m}}=534970-316.06T(\mathrm{J/mol})$$

令 $\Delta_r G_{\mathrm{m}}=534970-316.06T=0$ 得，$T=1692.6\mathrm{K}$，即温度达到 1692.6K 时，碳开始氧化。

四、解：

（1）高炉炉渣脱硫反应机理可以表述为：脱硫反应是渣铁界面处进行离子迁移的过程，对脱硫反应可以认为是原来在铁水中呈现中性原子硫，在渣铁界面处则吸取熔渣中的电子变成 S^{2-} 进入炉渣中，而炉渣中的氧负离子（O^{2-}）在界面处失去电子变成中性的氧原子，其离子反应式可以写成：

$$[S]+2e^-=\!=\!=(S^{2-}),\ (O^{2-})-2e^-=\!=\!=[O],\ [S]+(O^{2-})=\!=\!=(S^{2-})+[O]$$

反应后进入生铁的氧与生铁中的碳化合成 CO，从生铁中排除。

（2）由于 S 在铁水的扩散为限制性环节，那么脱硫速率可以表述为：

$$-\frac{d[\%S]}{dt}=\frac{A_{m-s}D_s}{V_m\delta_s}([\%S]-[\%S]^0)$$

$$\int_{[\%S]^0}^{[\%S']}-\frac{d[\%S]}{[\%S]-[\%S]^0}=\frac{A_{m-s}D_s}{V_m\delta_s}\int_0^t dt$$

$$\ln\frac{[\%S]-[\%S]^0}{[\%S']-[\%S]^0}=\frac{A_{m-s}D_s}{V_m\delta_s}t$$

计算铁水中的［S］含量从 0.80%降至 0.023%所需时间。

将 $\frac{A_{m-s}}{V_m}=0.43cm^{-1}$，$D_{[S]}=4\times10^{-5}$，$\delta_m=0.03cm$，$[\%S]=0.80$，$[\%S']=0.023$，$[\%S]^0=0.013$ 代入可得：所需要的时间 $t=3318s$，即 55min。

55. 2013 年北京科技大学冶金物理化学试题选解

一、答：

（1）纯物质为标准态时的活度　　$a_{R,i}=\frac{p_i}{p^*}$

1%浓度为标准态时的活度　　$a_{\%,i}=\frac{p_i}{k_{\%,i}}$

由 $a_{R,i}/a_{\%,i}=k_{\%,i}/p_i^*$ 及相似三角形 $k_{\%,i}/k_{H,i}=x_i^\ominus$，得 $a_{R,i}/a_{\gamma,i}=x_i^\ominus\gamma_i^\ominus$

又 $x_i=w_{[i]\%}M_j/(w_{[i]\%}M+100M_i)$，当 $w_{[i]}\geqslant0$ 时，$x_i=w_{[i]}M_j/100M_i$，则 $x_i^\ominus=M_j/100M_i$。

从而　　$$\frac{a_{R,i}}{a_{\%,i}}=x_i^\ominus\gamma_i^\ominus=\frac{M_j}{100M_i}\gamma_i^\ominus$$

由于 $a_{R,i}/a_{\%,i}=x_i\gamma_i/f_{\%,i}w_{[i]\%}=(M_j/100M_i)\gamma_i^\ominus$，则 $\gamma_i/f_{\%,i}=\gamma_i^\ominus M_j/100M_i\times w_{[i]\%}/x_i=\gamma_i^\ominus x_i/x_i=\gamma_i^\ominus$

（2）依题式（2）-式（1）得

$$SiO_2(s) \xlongequal{\quad} (SiO_2) \qquad \Delta G_3^{\ominus} = \Delta G_2^{\ominus} - \Delta G_1^{\ominus} = (a_2 - a_1) - (b_2 - b_1)T$$

此题为 SiO_2 的溶解反应，在 $T \leqslant 1873K$ 温度下，如果 SiO_2 能够发生溶解反应，则 $\Delta G_s^{\ominus} < 0$，即 $\Delta G_2^{\ominus} < \Delta G_1^{\ominus}$。

当反应处于平衡状态时，则 $\Delta G_3^{\ominus} = 0$，即 $\Delta G_2^{\ominus} = \Delta G_1^{\ominus}$，当反应在此温度条件下不能发生，则 $\Delta G_3^{\ominus} > 0$，即 $\Delta G_2^{\ominus} > \Delta G_1^{\ominus}$。

（3）假设在氧势图上存在两种金属单质 M 和 N，设 M 氧化反应的氧势线高于 N 氧化反应的氧势线，即在标态下：

$$2\frac{x}{y}M + O_2 \xlongequal{\quad} \frac{2}{y}M_xO_y \qquad \Delta G_M^{\ominus} \tag{1}$$

其对应的氧势线高。

$$2\frac{x}{y}N + O_2 \xlongequal{\quad} \frac{2}{y}N_xO_y \qquad \Delta G_N^{\ominus} \tag{2}$$

其对应的氧势线低。

由题意：$\Delta G_N^{\ominus} < \Delta G_M^{\ominus}$，则式（2）-式（1）得：

$$2\frac{x}{y}N + \frac{2}{y}M_xO_y \xlongequal{\quad} 2\frac{x}{y}M + \frac{2}{y}N_xO_y \qquad \Delta G_3^{\ominus} \tag{3}$$

因此，$\Delta G_3^{\ominus} = \Delta G_N^{\ominus} - \Delta G_M^{\ominus} < 0$

即热力学上，反应式（3）能够向右进行，所以在标准态下低位置的金属元素，可以还原位置高位元素的氧化物。

（4）在正规溶液中，活度可以由与溶液的 a 函数还原导出：

$$\ln\gamma_1 = a(1 - x_1)^2 = ax_2^2$$

而 Wanger 模型可以计算出活度系数公式

$$\lg f_i = e_i^i w_{[i]\%} + e_i^j w_{[j]\%}$$

（5）1）熔渣有电中性的简单氧化物和它们之间形成的复杂氧化物，简单氧化物如：CaO、MgO、FeO、SiO_2 等，复杂氧化物有 $2CaO \cdot SiO_2$、$2FeO \cdot SiO_2$。

2）简单氧化物与复杂氧化物之间存在着平衡，平衡时简单氧化物的摩尔分数称为活度。

设平衡时简单氧化物的物质的量分别为 n_{CaO}、n_{FeO}、n_{SiO_2} 及复杂氧化物的物质的量为 $n_{2CaO \cdot SiO_2}$，因此各简单氧化物的摩尔分数及其活度为：

$$a_{CaO} = x_{CaO} = n_{CaO}/(n_{CaO} + n_{FeO} + n_{2CaO \cdot SiO_2})$$

$$a_{FeO} = x_{FeO} = n_{FeO}/(n_{CaO} + n_{FeO} + n_{2CaO \cdot SiO_2})$$

$$a_{SiO_2} = x_{SiO_2} = n_{SiO_2}/(n_{CaO} + n_{FeO} + n_{2CaO \cdot SiO_2})$$

（6）吉布斯-亥姆赫兹方程为：

$$[\partial(\Delta G^{\ominus}/T)/\partial T]_p = -\Delta H^{\ominus}/T^2$$

将等压下等温方程式 $\Delta G^{\ominus} = -RT\ln K^{\ominus}$ 代入上式得：

$$\mathrm{d}\ln K^{\ominus}/\mathrm{d}T=\Delta H^{\ominus}/RT^2$$

若将$\Delta H^{\ominus}$视为常数，可以得出积分式

$$\ln K^{\ominus}=-\Delta H^{\ominus}/RT^2+B$$

因此，$-RT\ln K^{\ominus}=\Delta H^{\ominus}-BRT$（$B$ 为积分常数）

则得

$$\Delta G^{\ominus}=\Delta H^{\ominus}-BRT=a-bT\text{（其中 }a=\Delta H^{\ominus},\ b=kB\text{）}$$

因此，$\Delta G^{\ominus}$与温度 T 的关系为线性。

（7）在非常贴近与固体的界面处，浓度分布呈直线，在界面处（即 $y=0$）沿着直线对浓度分布曲线引入一切线，此切线与浓度边界层外流体内部的浓度 c_b 的延长线相交，通过交点作一个与界面平行的平面，此平面与界面之间的区域称为有效边界层。

界面处的浓度梯度：$$\left(\frac{\partial c}{\partial y}\right)_{y=0}=\frac{c_b-c_S}{\delta_c'}$$

菲克第一定律：$$J=-D\left(\frac{\partial c}{\partial y}\right)_{y=0}$$

边界层理论：在界面处（$y=0$）流体流速 $u_{y=0}$，假设在浓度边界层内传质是以分子扩散的方式进行的稳态下服从菲克第一定律，则垂直了假面方向的物质流密度

$$J=-D\left(\frac{\partial c}{\partial y}\right)_{y=0}=\frac{D}{\delta_c'}(c_S-c_b)=k_d(c_S-C_b)$$

式中　k_d——传质系数；

c_S——界面浓度；

c_b——该物质在流体内部浓度。

（8）根据溶质渗透理论有

$$k_d=2\sqrt{\frac{D}{\pi t_e}}$$

假设气泡为球冠形 $\theta=55°$，则球冠的高度 H 近似等于半径的一半，即 $H\approx0.5r$。

接触时间：$$t_e=H/u=r/(2u)$$

综合得 $$k_d=2\sqrt{\frac{Du}{\pi r}}$$

（9）　$$p_{附}=2\sigma/R=-2\sigma\cos\theta/r=2.6\times10^6(\mathrm{Pa})$$

而　$$p_{静}=\rho gh=7200\times10\times1=7.2\times10^4(\mathrm{Pa})$$

因此 $p_{附}>p_{静}$，即该气隙可以成为活性孔隙。

当活性气隙内气相扩展到一定程度时，由于浮力的作用，气泡脱离孔隙而上浮，气泡浮力与活性孔隙接触处的表面张力平衡了，则有

$$\frac{4}{3}\pi\left(\frac{d_B}{2}\right)^3 g(\rho_{钢}-\rho_{气})=2\pi r\sigma$$

因此　$$d_b=\left[\frac{12r\sigma}{g(\rho_{钢}-\rho_{气})}\right]^{1/3}$$

$$=6.67 \times 10^{-3}(\mathrm{m})$$

即初始形成的气泡直径为 $6.67\times10^{-3}\mathrm{m}$。

二、答：

（1）由相图分析可以知道，F 冷却到液相面上析出固相 A，随着 A 的析出液相成分变化，沿着 FH 方向进行到达 H 点时，开始有存固相 AB 析出，由杠杆定律可知得一次结晶的 A 与液相的比为 $\frac{m_A}{m_L}=\frac{FH}{AF}$，且 $m_A+m_L=m_F$，因此：

$$m_A = \frac{FH}{AH}m_F, \quad F = C - P + 1 = 3 - 2 + 1 = 2$$

（2）当冷却到达 H 点以后，析出纯固相 A、B，液相成分变化沿着 HE 方向进行，体系由固相 A，固相 B 及液相组成，$F=C-P+1=3-3+1=1$。

（3）三元共晶开始，液相到达 E 点，一次结晶结束以后：$m_2=(AF/AH)m_F$；二次结晶结束以后：$m_{22}=(SF/SE)m_L=(AF/AH)(SF/SE)m_F$；因此三元共晶开始前，液相的量为 $(AF/AH)(SF/SE)m_F$。

三、解：

（1）取 100g 炉渣进行计算，则

组元	CaO	SiO_2	MnO	MgO	FeO	P_2O_5
n_i	0.762	0.322	0.125	0.374	0.167	0.015
x_i	0.432	0.182	0.071	0.212	0.095	0.008

$n_{总}=1.765\mathrm{mol}$，由此可知

$$\sum m_i x_i = 0.432 + 2 \times 0.182 + 0.071 + 0.212 + 0.065 + 5 \times 0.008 = 1.214$$

因此 $n_{CaO} = x_{CaO}/\sum m_i x_i = 0.356$，$n_{SiO_2} = 2x_{SiO_2}/\sum x_i m_i = 0.3$。同理 $n_{MnO} = 0.058$，$n_{MgO} = 0.175$，$n_{FeO} = 0.078$，$n_{P_2O_5} = 0.035$。则：

$$\Lambda = \sum n_i \Lambda_i$$
$$=0.356 + 0.3 \times 0.48 + 0.058 \times 0.59 + 0.175 \times 0.78 + 0.078 \times 0.51 + 0.033 \times 0.4$$
$$=0.724$$

（2）完全离子溶液模型：

$$\sum n_{i+} = n_{CaO} + n_{MnO} + n_{MgO} + n_{FeO} = 1.428\mathrm{mol}$$

$$\sum n_{j-} = n_{O^{2-}} + n_{SiO_2} + 2n_{P_2O_5}$$

$$n_{O^{2-}} = 1.428 - 2n_{SiO_2} - 3n_{P_2O_5} = 0.739\mathrm{mol}$$

因此

$$\sum n_j = 0.739 + 0.322 + 2 \times 0.015 = 1.091\mathrm{mol}$$

$$x_{Fe^{2+}} = \frac{n_{Fe^{2+}}}{\sum n_{i^+}} = 0.167/1.428 = 0.117$$

$$x_{Mn^{2+}} = 0.088$$

$$x_{Ca^{2+}} = 0.534$$

$$x_{O^{2-}} = \frac{n_{O^{2-}}}{\sum n_{j^-}} = 0.739/1.09 = 0.677$$

$$a_{CaO} = x_{Ca^{2+}} x_{O^{2-}} = 0.362$$

$$\gamma_{CaO} = \frac{a_{CaO}}{x_{CaO}} = \frac{0.362}{0.432} = 0.84$$

$$a_{MnO} = x_{Mn^{2+}} x_{O^{2-}} = 0.060$$

$$\gamma_{MnO} = \frac{a_{MnO}}{x_{MnO}} = \frac{0.060}{0.071} = 0.83$$

此渣中$\%SiO_2>11$，需引入活度系数对 a_{FeO} 修正。

$$\lg\gamma_{Fe^{2+}}\gamma_{O^{2-}} = 1.53\sum SiO_4^{4-} - 0.17$$

进而

$$\lg\gamma_{Fe^{2+}}\gamma_{O^{2-}} = 1.53 \times [(0.322 + 0.030) \times 1.09] - 0.17 = 0.324$$

算出

$$\gamma_{Fe^{2+}}\gamma_{O^{2-}} = 2.1$$

因此

$$a_{FeO} = \gamma_{Fe^{2+}}\gamma_{O^{2-}} x_{Fe^{2+}} x_{O^{2-}} = 0.166,\quad \gamma_{FeO} = 2.1$$

（3）根据与熔渣平衡的钢液中 $w[O]=0.058\%$，由 $L_O=[\%O]/a_{FeO}$ 以及 1600℃时 $L_O=0.23$，渣中 $L'_O=[\%O]/a_{FeO}=0.058/0.166=0.35$。

由 $(FeO)═[O]+[Fe]$，$K^{\ominus}=[\%O]/a_{FeO}=L$，而 $\Delta G^{\ominus}=-RT\ln K^{\ominus}$，$\Delta G=\Delta G^{\ominus}+RT\ln L'_O=RT\ln L'_O/L_O>0$。即反应逆向进行，即钢液中的氧向熔渣传递。因此，此渣为还原性渣。

四、解：

（1）反应方程为：　　$[Mn] + (FeO) ═══ (MnO) + [Fe]$

反应过程为：

1）组元［Mn］由金属液内穿过金属液一侧界面向金属-熔渣界面迁移。

2）组元（FeO）由渣相内穿过金属液一侧边界层向渣-钢液界面迁移。

3）在界面上发生化学反应。

4）反应产物（MnO）由熔渣-钢液界面内侧穿过钢液边界层向钢液内部迁移。

5）反应产物［Fe］由钢液-熔渣界面内穿过钢液边界层向钢液内部迁移。

由于反应中限制性环节多是扩散过程，所以可能的限制性环节为 1）。

（2）在钢液中锰的扩散为限制性环节时得：

$$\ln\frac{w_{[Mn]_0} - w_{[Mn]_{eq}}}{w_{[Mn]_b} - w_{[Mn]_{eq}}} = \frac{Ak_d}{V}t$$

式中，$V=Ah$。

$$\ln \frac{0.3-0.03}{0.06-0.03}=\frac{k_d}{0.5}\times 1800$$

$$k_d=6.01\times 10^{-4}\text{m/s}$$

而

$$d=\frac{D}{k_d}=\frac{1.1\times 10^{-6}}{6.01\times 10^{-4}}=0.018\text{m}$$

56. 2014 年北京科技大学冶金物理化学试题选解

一、答：

（1）$\Delta G^{\ominus}=-RT\ln K^{\ominus}$，表示化学反应的等温方程式，$\Delta G^{\ominus}$是反应产物与反应物处于标准态时的自由能的差，表示反应物的限度，是反应平衡态的度量；等式右边表示的是平衡态，$K^{\ominus}$是反应的平衡常数，通常用K表示，两者之间在数值上是相等的。

（2）Cr、C 氧化的共轭反应可以写为：

$$4[\text{C}]+\text{Cr}_3\text{O}_4(\text{s})==3[\text{Cr}]+4\text{CO},\quad \Delta G^{\ominus}=934706-617.22T$$

1）在特定的标准态下，由于参加反应的气体压强为 $p_{CO}=1$，参加反应的固态或液态物质为纯物质，溶于金属液中的元素量 1%（标准态）时，$\Delta_r G^{\ominus}=\Delta_r G^{\ominus}+RT\ln Q=\Delta_r G^{\ominus}$即可以判断去 C 保 Cr 的最低还原温度，可以直接用 Ellinghan 图，即标准态下的最低温度为 $4/3Cr+O_2=2/3Cr_2O_3$ 氧势线与 $2C+O_2=2CO$ 的氧势线的交点对应的温度。

2）当处于非标准态时 $RT\ln Q\neq 0$，此时，求反应的最低还原温度可依据方程 $\Delta_r G=\Delta_r G^{\ominus}+RT\ln Q$，令 $\Delta_r G=0$ 来求对应的最低还原温度。

（3）对于二元正规溶液有：$\Delta_{mix}H_{m.re}\neq\Delta_{mix}H_{mix.id}$（正规溶液的定义），$\Delta_{mix}S_{m.re}=\Delta_{mix}S_{m.id}$。即正规溶液的混合熵与理想溶液的混合熵相等。而 $\Delta_{mix}G_m=\Delta_{mix}H_{i.m}-T\Delta_{mix}S_{i.m}$。因此在全浓度范围内：$\Delta_{mix}H_{i.m}=\Delta_{mix}G_m+T\Delta_{mix}S_{i.m}=RT\ln a_i-RT\ln x_i=RT\ln\dfrac{a_i}{x_i}=RT\ln\gamma_i$。

（4）当 $p_{O_2}\leqslant 1\times 10^{-7}$MPa 时，$1/2S_2(g)+(O^{2-})==1/2O_2+(S^{2-})$。

$$K_S=(p_{O_2}/p_{S_2})^{1/2}(x_{S^{2-}}\gamma_{S^{2-}})/a_{O^{2-}}$$

而

$$x_{S^{2-}}=(\%S)/32\sum n_B$$

定义熔渣硫化物容量：

$$c_S=(\%S)\left(\frac{p_{O_2}}{p_{S_2}}\right)^{1/2}=32K_S\sum n_B\frac{a_{O^{2-}}}{\gamma_{S^{2-}}}$$

意义：硫化物容量可以表示熔渣在不同氧分压下溶解 S 的能力，还可以用来计算熔渣的碱度 R 和硫的分配比 L_S。

（5）在 Fe-Ni 二元系溶液中有：

$$a_{R,i}/a_{\%,i}=(p_i/p_i^*)/(p_i/k_{\%,i})=k_{\%,i}/p^*$$
$$=k_{\%,i}/k_{H,i}k_{H,i}/p_i^*=x_{i,\%}$$
$$a_{R,i}=x_i\gamma_i,\quad a_{\%,i}=f_{\%,i}[\%i]$$

因此

$$\gamma_i x_i=x_i^{\ominus}\gamma_i^{\ominus}[\%i]f_{\%,i}$$

又

$$x_i=A_{rj}[\%i]/[\%i]\Delta A_r+100A_{ri},\quad x_i^{\ominus}=\frac{A_{rj}}{100A_{ri}}$$

$$\gamma_i=f_{\%,i}\frac{[\%i]\Delta A_r+100A_{ri}}{100A_{ri}}\gamma_i^{\ominus}$$

在铁液中，由于 Fe-Ni 二元系溶液中，Ni 浓度在满足亨利定律范围内，即有［%i］趋于零。

将（1）代入上式即有 $\gamma_{Ni}=\gamma_{Ni}^{\ominus}$。

（6）多相反应动力学的基本方程为：

$$J=k_d(c_S-c_b)$$

联系：多相反应动力学基本方程与有效边界层理论联系。有效边界层理论是将边界层中的湍流传质和分子扩散等效处理为厚度为 δ_c' 的边界层中的分子扩散。在稳态下服从菲克第一定律，得到了垂直于界面方向上的扩散密度 J，其中，$J=D/\delta_c'(c_S-c_b)$。而在固液界面附近传质过程，此扩散流度与界面浓度和流体内部浓度之差成正比：

$$J=k_d(c_S-c_b)$$

且

$$k_d=D/\delta_c'$$

式中　k_d——传质系数；

c_S——传输的物质在固液面浓度；

c_b——传输的物质在流体内部的浓度。

区别：菲克第一定律表示是传质过程只能是分子扩散，而多相反应动力学方程表示的是传质过程既有分子扩散，也有湍流传质。

（7）1）该图形表达的是界面化学反应为控速环节时的反应物浓度示意图。

2）对于球形反应物颗粒，在未反应核及多孔产物层界面上，气-固反应的速率为：

$$v_c=-dn_A/dt=4\pi r_i^2k_{rea}c_{Ai}\tag{1}$$

当界面的化学反应阻力比其他步骤阻力大得多时，过程为界面化学反应阻力控速。此时的气体反应物在气相内，颗粒的表面及反应物界面上浓度都相等，即

$$c_{Ab}=c_{As}=c_{Ai}$$

当界面化学反应控速时，球形颗粒的反应速率方程为：

$$v_c=-\frac{dn_A}{dt}=4\pi r_i^2k_{rea}c_{Ab}\tag{2}$$

考虑到

$$-\frac{dn_A}{dt}=-\frac{dn_B}{dt}=-\frac{4\pi r_i^2\rho_B}{bM_B}\frac{dr_i}{dt} \tag{3}$$

由于式（2）、式（3）相等，即有

$$(-4\pi r_i^2\rho_B/bM_B)\times(dr_i/dt)=4\pi r_i^2 k_{rea}c_{Ab}$$

分离变量，积分得：

$$t=\frac{\rho_B r_0}{bM_B k_{rea}c_{Ab}}\left(1-\frac{r_i}{r_0}\right)$$

由完全反应式，$r_i=0$，$t=t_f$

$$t_f=\frac{\rho_B r_0}{bM_B k_{rea}c_{Ab}}$$

$$\frac{t}{t_f}=1-\frac{r_i}{r_0}=1-(1-x_B)^{1/3}$$

$$x_B=1-\left(\frac{r_i}{r_0}\right)^3$$

二、解：将两反应合并得：

$$(FeO)+[C]═CO+[Fe] \qquad \Delta G^\ominus=98810-90.69T$$

该反应在一般情况下的自由能变化为：

$$\Delta G=\Delta G^\ominus+RT\ln\frac{a_{[Fe]}\frac{p_{CO}}{p^\ominus}}{a_{(FeO)}a_{[C]}}$$

由于在钢液中 $a_{[Fe]}=1$，炼钢是在正常大气压下进行的，故 $p_{CO}=1\text{atm}(1.01\times10^5\text{Pa})$

因此，$\Delta G=\Delta G^\ominus+RT\ln1/(a_{(FeO)}a_{[C]})=\Delta G^\ominus-2.303RT\lg a_{(FeO)}a_{[C]}$

$$\begin{aligned}\lg f_{[C]}&=e_C^C[\%C]+e_C^{Si}[\%Si]+e_C^O[\%O]\\&=0.14\times0.5+0.08\times0.1-0.34\times0.06\\&=0.0576\end{aligned}$$

因此 $\lg a_{[C]}=\lg f_{[C]}+\lg[\%C]=0.0576+\lg0.5=0.2434$

取100g炉渣，各组元的物质的量为：$n_{CaO}=27.6/56=0.4929\text{mol}$，$n_{FeO}=29.3/72=0.4069\text{mol}$，$n_{MnO}=7.9/71=0.1113\text{mol}$，$n_{MgO}=9.8/40=0.245\text{mol}$，$n_{Fe_2O_3}=5.2/160=0.03\text{mol}$，$n_{P_2O_5}=3.7/142=0.019\text{mol}$，$n_{SiO_2}=17.5/60=0.297$。

复杂氧化物的物质的量为：$n_{2CaO\cdot SiO_2}=n_{SiO_2}=0.2917\text{mol}$，$n_{CaO\cdot Fe_2O_3}=n_{Fe_2O_3}=0.0325\text{mol}$，$n_{4CaO\cdot P_2O_5}=0.019\text{mol}$。

自由氧化物的含量为：

$$\begin{aligned}n_{自}&=n_{CaO}+n_{MnO}+n_{MgO}-2n_{2CaO\cdot Fe_2O_3}-n_{CaO\cdot Fe_2O_3}-4n_{CaO\cdot P_2O_5}\\&=0.4929+0.103+0.245-2\times0.2917-0.0325-4\times0.019\\&=0.1573\text{mol}\end{aligned}$$

因此　$\Delta G=\Delta G^{\ominus}-2.303RT(\lg a_{(FeO)}+\lg a_{[C]})$

$=98810-90.89\times1873-2.303\times8.3147\times1873(\lg0.4484-0.2434)$

$=-49829.45\text{J/mol}<0$

从而炉渣可以脱出 $w_{[C]}=0.5\%$钢液中的碳。

三、答：

（1）往成分为 m 点的溶液中加入 $1/2W_m$ 的纯 A 后，由直线规则，新的物相成分点 m' 在 Am 的连线上，且满足 $Am'/mm'=W_m/(1/2W_m)=2$。

1）随着温度的降低，溶液中不断有固相 A 析出，此时为二相，自由度为 2，液相成分沿 Am'变化。

2）液相成分到达 e 点时发生二元共晶反应，$L_e=A+D$，同时有固相 AD 析出，此时为 3 相，自由度为 1，此时液相成分沿着 eE_5 变化，固相成分沿着 Aa 变化。

3）液相线成分到达 E_5 点发生三元共晶反应 $L_{E_5}=A+D+C$，同时有固相 A、P、C 析出（$p=4$，$f=0$），液相成分点不动，固相成分沿 am'变化，液相耗尽时反应停止，此时固相成分点在 m'点。

（2）当液相成分点刚到达 e 点还未发生二元共晶反应时，溶解中的 A 都是一次结晶 A。

由杠杆定律：
$$\frac{W_A}{W_L}=\frac{\overline{em'}}{\overline{Am'}}$$

又因为
$$W_{A1}+W_L=3/2W_m$$

所以
$$W_{A1}=\frac{\overline{em}}{\overline{Ae}}=\frac{3}{2}W_m\quad\text{（一次结晶 A）}$$

当液相线成分刚到达 E_5 且还未发生三元共晶反应时，溶液中的 A 是一次结晶 A 和二次结晶 A，由杠杆定律
$$\frac{W_s}{W_i}=\frac{\overline{E_5m'}}{\overline{am'}}$$

又因为
$$W_s+W_i=3/2W_m$$

所以
$$W_s=\frac{\overline{E_5m'}}{\overline{E_5a}}\cdot\frac{3}{2}W_m$$

在相图中，由杠杆定律
$$\frac{W_{A1}+W_{A2}}{W_D}=\frac{\overline{Da}}{\overline{Aa}}\quad\text{（二次结晶）}$$

又因为
$$W_{A1}+W_{A2}+W_D=W_A$$

所以
$$W_{A2}=\left(\frac{\overline{E_5m'}}{\overline{E_5a}}\frac{\overline{Da}}{\overline{AD}}-\frac{\overline{em'}}{\overline{Ae}}\right)\cdot\frac{3}{2}W_m$$

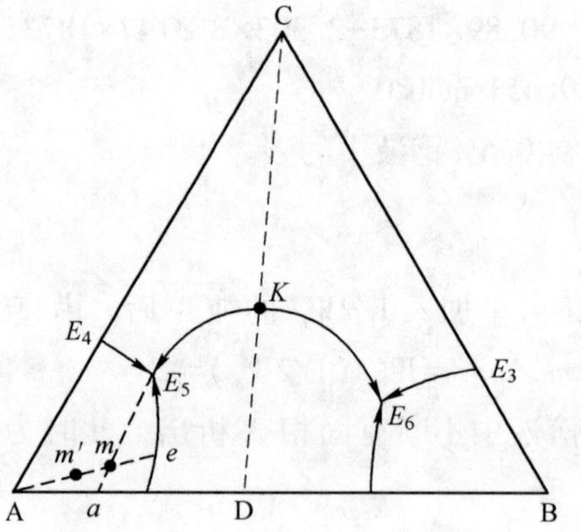

图1 三元图

四、解：

(1)
$$(CaO) + [S] = (CaS) + [O]$$

反应机理：

1）组元［S］穿过钢液一侧边界层向金属液-熔渣界面迁移。

2）组元（CaO）由渣相一侧边界层向渣-金界面迁移。

3）在界面发生化学反应 $(CaO)^* + [S]^* = (CaS)^* + [O]^*$。

4）反应产物（CaO）由渣-金界面穿过渣相边界层向渣相内迁移。

5）反应产物［O］由金-渣界面穿过金属液边界层向金属液内部迁移。

(2) 铁水中的［S］含量从0.10%降至0.02%所需要的时间：

$$-\frac{d[\%S]}{dt} = \frac{AD_s}{V\delta_m}([\%S] - [\%S]^{eq})$$

$$\int_{[\%S]_0}^{[\%S]} -\frac{d[\%S]}{[\%S] - [\%S]^{eq}} = \frac{AD_s}{V\delta_m}\int_0^t dt$$

因此，

$$\ln\frac{[\%S]_0 - [\%S]^{eq}}{[\%S] - [\%S]^{eq}} = \frac{AD_s}{V\delta_m}t$$

$$\ln\frac{[\%S]_0 - [\%S]^{eq}}{[\%S] - [\%S]^{eq}} = \ln\frac{0.1 - 0.01}{0.02 - 0.01} = \ln 9$$

代入数据，则：

$$t = \frac{V\delta_m}{AD_s}\ln 9 = \frac{1}{0.43}\times\frac{0.03}{4\times 10^{-5}}\times\ln 9$$

$$= 3.83\times 10^3 (s)$$

(3) 对脱硫反应速率的主要影响因素为：碱度，FeO，加入锰铁，温度。

57. 2008 年重庆大学冶金原理试题选解

一、答：

（1）硫容量：熔渣中硫的 $W_{(S)}$ 与脱硫反应中氧分压和硫分压平衡的关系式，表示熔渣吸收或容纳硫的能力。

（2）直接还原：用固体碳还原氧化物的还原。

（3）理想溶液：在全部浓度范围内服从拉乌尔定律的溶液。

（4）碳势：碳以纯石墨为标准态，溶解于金属中并与其发生反应，消耗 1mol 石墨形成碳化物的标准吉布斯自由能，用 $\pi_c = RT\ln a_c$ 表示。

（5）质量作用定律：基元反应的反应速率与各反应物的浓度的幂的乘积成正比，其中各反应物的浓度的幂指数即为基元反应方程式中该反应物化学计量数的绝对值。

（6）基元反应：测定反应机理的级数反应式的反应物分子数之和时，级数为正整数，则这类反应的反应式能代表反应的机理，该反应是基元反应，反应物分子相互碰撞直接转化为产物分子，服从质量作用定律。

二、答：

（1）黏度是单位速度梯度下，作用于熔渣液层间单位面积的摩擦力，单位为 Pa · s 或 $(N \cdot s)/m^2$，$1Pa \cdot s = 10P$。流体力学中还常用运动黏度（ν），它是动力黏度（η）与液体密度（ρ）之比，即 $\nu = \dfrac{\eta}{\rho}$，其单位为 m^2/s。黏度与温度的关系式，阿累尼乌斯表达式：

$$\eta = A_\eta \exp\left(\frac{E_\eta}{RT}\right)$$

式中　A_η——常数，Pa · s；

E_η——黏流活化能，J/mol。

也可表示成对数式：　$\ln\eta = \dfrac{E_\eta}{RT} + \ln A_\eta$　（或 $\ln\eta = \dfrac{A}{T} + B$）

测定方法：测量熔池中熔渣的温度，将熔渣注入漏斗中；漏斗的出口端设有一水平管道，测量熔渣在水平管道中的流动长度；根据测量的流动长度，对照标定曲线获得相应温度下的熔渣黏度。

（2）分子反应方程式：$2[P] + 5(FeO) + 4(CaO) \Longrightarrow (4CaO \cdot P_2O_5) + 5[Fe]$

离子反应方程式：　$2[P] + 5(Fe^{2+}) + 8(O^{2-}) \Longrightarrow 2(PO_4^{3-}) + 5[Fe]$

脱磷的有利条件为：高碱度、高氧化性、大渣量、低温。

$$L_P = \frac{w_{(P)}}{w_{[P]}} c'_{PO_4^{3-}} \times \frac{M_P}{M_{PO_4^{3-}}} \times a_{[O]}^{5/2} \times f_P$$

因为高碱度和高氧化性能使 $L_P = \frac{w_{(P)}}{w_{[P]}}$ 增大，即使 P 可以从钢液中转向熔渣中，大渣量在 L_P 不变的情况下，渣量越大，P 被转移入渣中的量越多，越有利于脱磷；脱磷为强放热反应，所以低温有利于脱磷。

（3）化学反应速率常数 k 与温度的关系式可由阿累尼乌斯方程表示出：

$$k = k_0 \exp\left(\frac{E_a}{RT}\right)$$

式中 E_a——化学反应的活化能，它是完成化学反应进度，是物质变为活化分子需要的平均动能，J/mol；

k_0——指数前系数，又称为频率因子，也是 $T \to \infty$ 时的 k。

E_a 值越大，k 受温度的影响就越强烈。对于 k_0 有相近值的不同反应，活化能越小，则在一定温度时的 k 就越大，即反应趋向于沿着活化能较小的途径进行，活化能可看成是反应进行中需要克服的一种能碍。

（4）1）参与反应的各物质处于不同的相内进行的化学反应称为多相化学反应。

2）

$$3CO(g) + Fe_2O_3 = 3CO_2(g) + 2Fe(s)$$

$$2(MnO) + [Si] = 2[Mn] + (SiO_2)$$

$$[Mn] + (FeO) = (MnO) + (Fe)$$

3）诱导期、自动催化期（反应界面扩大期）和反应界面缩小期。

诱导期：反应从固体表面的某些活性点（晶格歪扭程度大的缺陷多的地方）开始，但由于新相核的生成有困难，故初时无可察觉的速率。

自动催化期：新晶核长大期，新旧两相的界面不断向矿块内扩大，这对气体的吸附及界面反应有催化作用，所以反应速率随着界面的扩大而加速。应有催化作用，所以反应速率随着界面的扩大而加快。

反应界面缩小期：当晶核发展出来的各反应界面的前沿达到极限，并进而彼此开始重叠，使界面缩小之时起，反应速率逐渐下降。

（5）因为

$$\Delta G = a^3 \Delta G_v + 6a^2 \sigma$$

所以有：

$$\frac{d\Delta G}{da} = 3a^2 \Delta G_v + 12a\sigma$$

令

$$\frac{d\Delta G}{da} = 0$$

则

$$a^* = -\frac{4\sigma}{\Delta G_v}$$

$$\Delta G_v^* = a^{*3} \Delta G_v + 6a^{*2}\sigma = \left(-\frac{4\sigma}{\Delta G_v}\right)^3 \Delta G_v + 6\left(-\frac{4\sigma}{\Delta G_v}\right)^2 \sigma = \frac{32\sigma^3}{\Delta G_v}$$

三、解：

（1）1）以纯物质 B 为标准态：$p_B^* = 2000\text{Pa}$，$a_B = \dfrac{p_B}{p_B^*} = \dfrac{40}{2000} = 0.02$。

$x_B = \dfrac{M_A}{100M_B} \times w_{[B]\%} = \dfrac{50}{100\times60} \times 3 = 0.025$，$\gamma_B = \dfrac{a_B}{x_B} = \dfrac{0.02}{0.025} = 0.796$。

以假想纯 B 为标准态：$k_{H(x)} = 100\text{Pa}$，$a_B = \dfrac{p_B}{k_{H(x)}} = \dfrac{40}{1000} = 0.04$，$f_B = \dfrac{a_B}{x_B} = \dfrac{0.04}{0.025} = 1.6$。

以 1%浓度 B 为标准态：当 $w_{(B)} = 1\%$时，有的溶液服从亨利定律，有的溶液其溶质不服从亨利定律，对于本题而言，$w_{(B)} = 0.1\%$时，$k_{H(\%)} = \dfrac{p_B}{w_{[B]\%}} = 1/0.1 = 10\text{Pa}$，$w_{(B)} = 1\%$，时 $k'_{H(\%)} = \dfrac{p_B}{w_{[B]\%}} = 11/1 = 11\text{Pa}$。$k_{H(\%)} \neq k'_{H(\%)}$，溶质在 $w_{(B)} = 1\%$时已经不服从亨利定律了，故标准态蒸气压为 $k_{H(\%)} = 10\text{Pa}$，$a_B = \dfrac{p_B}{k_{H(\%)}} = \dfrac{40}{10} = 4$，$f_B = \dfrac{a_B}{w_{[B]\%}} = 4/3 = 1.33$。

2）$r_B^{\ominus} = \dfrac{a_{B(R)}}{a_{B(H)}} = \dfrac{p_B/p_B^*}{p_B/k_{H(x)}} = \dfrac{k_{H(x)}}{p_B^*} = \dfrac{1000}{2000} = 0.5$

3）$\Delta G_B^{\ominus} = RT\ln\left(r_B \dfrac{M_a}{100M_b}\right) = 8.31\times1873\times\ln\left(0.5\times\dfrac{50}{100\times60}\right) = -85345.18\text{J/mol}$

（2）1）因为 $\Delta G = \Delta G^{\ominus} + RT\ln J$，$J = \left(\dfrac{p_{Ca}}{p^{\ominus}}\right)^3$

所以有　$\Delta G = 659984 - 288.75 \times (1200 + 273) + 8.314 \times (1200 + 273)\ln\left(\dfrac{p_{Ca}}{p^{\ominus}}\right)^3 = 0$，

$$p_{Ca} = 168.33\text{Pa}$$

2）因为 $\Delta G = \Delta G^{\ominus} + RT\ln J = 659984 - 288.75T + 8.314T\ln\left(\dfrac{1.33}{1.01325\times10^5}\right)^3$

令 $\Delta G = 0$，则 $T = 1160.32\text{K} = 887℃$

（3）1）$-\dfrac{dc}{dt} = kc^n$，$-\dfrac{dc}{dt} = k\,dt$，$\displaystyle\int_{c_B}^{c_A} - c^{-n}dc = \int_0^t k\,dt$，$\dfrac{1}{1-n}c^{1-n}\Big|_{c_A^N}^{c_A^0} = kt$

则
$$k = \frac{1}{t}\,\frac{c_A^{0(1-n)} - c_A^{1-n}}{1-n}$$

2）钢液中的脱硫为一级反应：$v = kc_S$，$\dfrac{v_1}{v_2} = \dfrac{k_1}{k_2} = \dfrac{t_1}{t_2} = \dfrac{50}{60}$。由 $k = k_0 e^{-\frac{E_a}{RT}}$得

$$\ln\frac{k_1}{k_2} = -\frac{E_a}{R}\left(\frac{1}{T_1} - \frac{1}{T_2}\right)$$

则
$$\ln\frac{50}{60} = -\frac{E_a}{8.314}\times\left(\frac{1}{1580+273} - \frac{1}{1600+273}\right)$$

$$E_a = 263045.7\text{J}$$

（4）设以 100g 熔渣作计算基础，则 $n_{(MnO)} = \dfrac{8.84}{55+16} = 0.125$，$n_{(FeO)} = \dfrac{12.02}{56+16} = 0.167$，$n_{(CaO)} = 0.762$，$n_{(SiO_2)} = 0.322$，$n_{(MgO)} = 0.374$，$n_{(P_2O_5)} = 0.015$。

1mol 碱性氧化物电离形成 1mol 阳离子和 O^{2-}：

$CaO = Ca^{2+} + O^{2-}$，$FeO = Fe^{2+} + O^{2-}$，$MgO = Mg^{2+} + O^{2-}$，$MnO = Mn^{2+} + O^{2-}$

故　　$n_{(Ca^{2+})} = n_{(CaO)}$，$n_{(Fe^{2+})} = n_{(FeO)}$，$n_{(Mg^{2+})} = n_{(MgO)}$，$n_{(Mn^{2+})} = n_{(MnO)}$

而　　$\sum n_{B^+} = n_{(CaO)} + n_{(FeO)} + n_{(MgO)} + n_{(MnO)} = 1.428$

络离子按下列反应进行：

$$SiO_2 + 2O^{2-} = SiO_4^{4-}$$

故 $n_{(SiO_4^{4-})} = n_{(SiO_2)} = 0.322$。

$$P_2O_5 + 3O^{2-} = 2PO_4^{3-}$$

故 $n_{(PO_4^{3-})} = 2n_{(P_2O_5)} = 0.030$。

又自由氧离子的物质的量等于熔渣内熔渣碱性氧化物物质的量之和，减去酸性氧化物形成络离子消耗的碱性氧化物物质的量和的差值。

$$n(O^{2-}) = \sum n_{B^+} - 2n_{(SiO_2)} - 3n_{(P_2O_5)} = 1.428 - 2 \times 0.322 - 3 \times 0.0151 = 0.739$$

而

$$x_{(Fe^{2+})} = \frac{n_{Fe^{2+}}}{\sum n_{B^+}} = \frac{0.167}{1.428} = 0.117$$

$$\sum n_{B^-} = n_{O^{2-}} + n_{(SiO_4^{4-})} + n_{(PO_4^{3-})} = n_{O^{2-}} + n_{(SiO_2)} + 2n_{(P_2O_5)}$$

$$= 0.739 + 0.322 + 2 \times 0.015 = 1.09$$

$$a_{FeO} = x_{Fe^{2+}} x_{O^{2-}} = 0.117 \times 0.677 = 0.079$$

$$\sum n = 1.765$$

$$\gamma_{FeO} = \frac{a_{FeO}}{x_{FeO}} = \frac{a_{FeO}}{n_{FeO}/\sum n} = \frac{1.765 \times 0.079}{0.167} = 0.83$$

58. 2009 年重庆大学冶金原理试题选解

一、答：

（1）熔渣的氧化性是熔渣向与之接触的金属液供给［O］的能力，即熔渣能氧化金属液中元素的能力，而熔渣的还原性则是熔渣能从金属液排出溶解氧的能力，一般可根据熔渣中氧化铁的浓度来大致划分熔渣的氧化或还原性，像具有还原能力的高炉渣，其为 $w_{[FeO]}<1\%$，而氧化性强的炼钢渣，其为 $w_{[FeO]}=10\%\sim25\%$。

组成钢铁冶炼炉渣的诸氧化物中，以 FeO 的氧势最高，易放出氧，进行氧化反应，而其他氧化铁，如 Fe_2O_3 又易转变成 FeO，因此通常以 $\sum(FeO)\%$ 表示炉渣的氧化性，它是渣中 FeO 和 Fe_2O_3 折算成（FeO）的总和。

从分子结构理论观点，只有自由氧化物才能参加化学反应，所以熔渣的氧化性应该以氧化铁的活度 $a_{(FeO)}$ 来表示。当这种熔渣与金属液接触达到平衡时，渣中的（FeO）将按分配定律进入金属液中，其反应为：

$$(FeO) = [Fe] + [O] \qquad L_O = \frac{w_{[O]\%}}{a_{(FeO)}}$$

温度一定时，L_O 值一定，渣中 $a_{(FeO)}$ 越大，与之平衡的金属液中的氧浓度也越大，所以可用 $a_{(FeO)}$ 来表征熔渣的氧化能力，从上式得出 $\lg a_{(FeO)} = -\lg L_O + \lg w_{[O]\%} = \frac{6320}{T} - 2.734 + \lg w_{[O]\%}$，从熔渣离子理论观点，渣中 O^{2-} 是进入金属液中［O］的供给者，似应以 O^{2-} 代表熔渣的氧化能力，但是氧由渣向金属液中转移是通过伴随 Fe^{2+} 来实现的 $(O^{2-}) = [O] + 2e$，$(Fe^{2+}) + 2e = [Fe]$，$(Fe^{2+}) + (O^{2-}) = [Fe] + [O]$。而 $L_O = a_{[O]}/a_{(FeO)}$，$a_{FeO} = x_{(Fe^{2+})}x_{(O^{2-})}$。温度一定时，$L_O$ 一定，$a_{[O]}$ 也一定时，就可以用 $a_{(FeO)}$ 的大小来表示渣的氧化能力，它与渣中 Fe^{2+} 和 O^{2-} 的浓度有关，$a_{O^{2-}}$ 或 $x_{(O^{2-})}$ 代表熔渣碱性的强弱，当其值高时，$a_{(FeO)}$ 增加，渣的氧化能力也提高，但当碱度达到 2 以上时，由于由铁氧络离子形成，渣中 Fe^{2+}、O^{2-} 的浓度减小，从而 $a_{(FeO)}$ 降低，熔渣的氧化能力则下降，所以仅 $a_{O^{2-}}$ 大，并不一定能反映出熔渣的氧化能力，其中 $a_{Fe^{2+}}$ 也有一定的作用。

（2）溶解与铁液中的非金属元素，如 C、O、S、P、N 等的原子结构和性质与铁原子有较大的差别，它们对铁液的主要物理性质：熔点、密度、黏度、表面张力等也有一定的影响，尤以碳最为显著，碳降低铁熔点的作用最明显，所以低碳钢的熔点比高碳钢的熔点高，由于铁液的结构对含碳量的增加发生了较复杂的变化，只是铁液的密度、黏度和表面张力也发生了类似的变化。

当 $w_{[C]}<0.15\%$ 时，铁液接近 δ_{Fe} 的近程序结构，随着碳量的增加，碳原子间隙 Fe 原子空隙位的数目增多，δ_{Fe} 结构改变，熔体的自由体积增大，因而铁液的密度逐渐减小，黏度也相应降低，而在 $w_{[C]}=0.15\%\sim0.20\%$ 时最小，另一方面，由于 Fe_3C 群聚团的不断形成，初时其量较少，与周围 Fe 原子的作用力较弱，所以易于流动，黏度因之下降，同时又易于排向液面发生吸附，所以表面张力也降低。当 $w_{[C]}$ 增加到 $0.2\%\sim0.4\%$ 之间时，由于铁也能溶解更多的碳原子，密度较小的 δ_{Fe} 原子周围有 4 个 Fe 原子，Fe_4C 逐渐变为密度较大的 γ_{Fe}（碳原子周围有 6 个 Fe 原子）铁液的密度因而增加，而在 $w_{[C]}=0.4\%$ 时完全转变为 γ_{Fe}，结构密度达到最高值。另一方面形成的 Fe_3C 群聚团的数目也不断增多，并与周围 Fe 原子的作用力增强，成为“大片状”，而成为黏滞流动的主要单元，因而移动缓慢黏度增加。同时，这种结构的流动单元也难以排向铁液表面，所以铁液的表面张力增加，达

到了最高值。

当 $w_{[C]}$ 大于 4.0%以后，这些性质的降低是由于铁液的熔点比以前有更大的降低，相对于过热度的提高，Fe_3C 群聚团的结构也在改变，所以黏度、表面张力又有较大的降低。

(3) 1) $$2[P] + 8(O^{2-}) = 2(PO_4^{3-}) + 10e$$

2) $$4(FeO_2^-) + 4e = 4(Fe^{2+}) + 8(O^{2-})$$

$$5(Fe^{2+}) + 10e = 5[Fe]$$

$$2[P] + 5(Fe^{2+}) + 8(O^{2-}) = 2(PO_4^{3-}) + 5[Fe]$$

$$[Fe] = (Fe^{2+}) + 2e$$

$$4(FeO_2^-) + [Fe] = 5(Fe^{2+}) + 7(O^{2-}) + [O]$$

(4) 液-液反应是指两个互不相溶的液体之间的反应，它是钢铁冶金中最主要的反应。反应物来自两个不同的互相接触的相，并在它们共同的相界面上进行界面化学反应，生成物则以扩散方式离开相界面，传递到不同的两液相中，利用双膜理论可以分析液-液反应的动力学。

整个反应由反应物向相界面扩散，界面化学反应及生成物离开向界面的扩散所组成，其限制环节分为两类：一类是反应物和生成物的扩散成为限制环节；另一类是界面反应成为限制环节。温度、物质的浓度、搅拌强度等外界条件对速率的影响是不同的，由此可通过实验来判断反应过程的限制环节。但是，在高温冶金反应过程中，绝大多数限制环节是处于扩散范围内的，只有小部分是属于界面化学反应的限制类型。因此，可用改变搅拌强度的方法来确定反映的限制环节。因为当一个反应的速率受温度的影响不大时，增加流体的搅拌强度能使反应速率迅速提高，则表明扩散就是限制环节，此时可进一步改变影响各组分扩散速率的其他条件，如改变组分原始浓度和熔池的几何条件（渣层或金属层厚度的改变）确定哪一个组分的扩散是限制环节，为此对选定的组分，可由其速率式写出：

$$-\frac{dc}{dt} = \beta \frac{A}{V}(c^* - c)$$

$$\int_c^{c^*} -\frac{dc}{c^* - c} = \beta \frac{A}{V} t$$

$$\varphi(c) = \frac{\beta}{L} t$$

其中 $$L = \frac{V}{A}\text{(渣层或钢液层深度)}$$

如实验测得 $\varphi(c)-t$ 的关系是直线，则可证明该组分的扩散是限制环节。例：$2(MnO)+[Si]=SiO_2+2[Mn]$。

(5) $$v = \frac{dn}{dt} = kAc$$

其中 $$c = c_0$$

由于金属块溶解很慢，而组分的扩散又很快，故界面浓度等于相内浓度，而

$$n=\frac{W}{M}=\frac{\pi r^2 l\rho}{M}=\pi r^2 l\rho$$

又 $A=2\pi rl$，故

$$A=2\pi l\left(\frac{n}{\pi l\rho}\right)^{1/2}=2\left(\frac{\pi l}{\rho}\right)^2 n^{1/2}$$

于是
$$-\frac{\mathrm{d}n}{\mathrm{d}t}=2k\left(\frac{\pi l}{\rho}\right)^{1/2}n^{1/2}c_0=k'n^{1/2}$$

其中
$$k'=2k\left(\frac{\pi l}{\rho}\right)^{1/2}c_0$$

式中　ρ——金属的密度，mol/m^3。

分离变量后，积分上式有

$$-\int_{n_0}^{n}\frac{\mathrm{d}n}{n^{1/2}}=k'\int_0^t\mathrm{d}t$$

$$2(n_0^{1/2}-n^{1/2})=k't \quad 或 \quad n^{1/2}=-\frac{1}{2}k't+n_0^{1/2}$$

式中　n_0——金属块物质的量的初始值。

二、解：

(1)　　$[Si]+O_2 = (SiO_2)(s)$　　$\Delta_r G_m=\Delta_r G^{\ominus}-RT\ln a_{Si}p_{O_2}$

当［Si］采用不同标准态时，$\Delta_r G_m^{\ominus}$ 和 a_{Si} 有不同的数值，为计算 $\Delta_r G_m$ 需要先计算出各标准态的 $\Delta_r G_m^{\ominus}$ 及其相应的 a_{Si}，反应的 $\Delta_r G_m^{\ominus}$。由下列反应组合求出：

$Si(l)+O_2 = (SiO_2)(s)$　　$\Delta G^{\ominus}=-946350+197.64T(J/mol)$

$Si(l) = [Si]$　　$\Delta G_{Si}^{\ominus}$

$[Si]+O_2 = (SiO_2)(s)$　　$\Delta_r G_m^{\ominus}=\Delta G^{\ominus}-\Delta G_{Si}^{\ominus}$

1）纯液态硅标准态：$a_{Si}(R)=0.2\times0.03=0.006$，$\Delta G_{Si}^{\ominus}=0$

$$\Delta_r G_m=\Delta_r G_m^{\ominus}-RT\ln a_{Si}=\Delta G^{\ominus}-\Delta G_{Si}^{\ominus}-RT\ln a_{Si}$$
$$=-946350+449857=-496492J/mol$$

2）质量1%溶液标准态：

$$a_{Si(\%)}=a_{Si(R)}\Big/\left(\frac{55.58}{100\times28}\times0.0013\right)=231 \qquad \Delta G_{Si}^{\ominus}=-131500-17.61T$$

$$\Delta_r G_m=[-946350+197.64T-(-131500-17.61T)]-19.147T\lg231$$
$$=-496458J/mol$$

3）假想纯液硅标准态：$a_{Si[H]}=\dfrac{a_{Si(R)}}{\gamma_{Si}^{\ominus}}=4.62$，而 $\Delta G_{Si}^{\ominus}=RT\ln\gamma_{Si}^{\ominus}=RT\ln0.0013$，则

$$\Delta_r G_m=(-946350+197.64T-19.147T\lg0.0013)-19.14T\lg4.62$$
$$=-496493(J/mol)$$

由上述计算可知，组分活度的标准态不同，则 $\Delta_r G_m^{\ominus}$ 不同，由此不同标准态计算的

$\Delta_r G_m$ 是相同的。

（2）去钒保碳反应为　$2/3[V]+CO═══1/3(V_2O_3)+[C]$

由已知条件可知

$$\Delta_r G_m^\ominus = 1/3\Delta G_1^\ominus - 2/3\Delta G_3^\ominus - \Delta G_2^\ominus - \Delta G_4^\ominus = -218013+135.22T(\text{J/mol})$$

$$\Delta_r G_m = -218013+\left[135.22+19.14\lg\left(\frac{a_{(V_2O_3)}^{1/3}a_{[C]}}{a_{[V]}^{2/3}p_{CO}}\right)\right]T$$

$$a_{(V_2O_3)} = \gamma_{(V_2O_3)}x_{(V_2O_3)} = 1.12\times10^{-8}$$

$a_{[C]}$：　$\lg f_{[C]} = e_C^C w_{[C]\%} + e_C^{Si} w_{[Si]\%} + e_C^V w_{[V]\%} + e_C^P w_{[P]\%} + e_C^S w_{[S]\%} = 0.554$

$$f_{[C]} = 3.58,\quad a_{[C]} = 3.58\times4.0 = 14.32$$

$a_{[V]}$：　$\lg f_{[V]} = e_V^C w_{[C]\%} + e_V^{Si} w_{[Si]\%} + e_V^V w_{[V]\%} + e_V^P w_{[P]\%} + e_V^S w_{[S]\%} = -1.35$

$$f_{[V]} = 0.045,\qquad a_{[V]} = 0.045\times0.4 = 0.018$$

$\Delta_r G_m = -218013+135.22T$，$\Delta_r G_m = 0$，转化温度 $T=1612\text{K}(1339℃)$。

（3）1）2 级反应的速率积分式为

$$t = \frac{1}{k}\frac{c_0 - c}{c_0 c},\qquad \frac{dc}{dt} = kc^2,\qquad \int -\frac{dc}{c^2} = \int k dt,\qquad \frac{1}{c} = kt + \frac{1}{c_0}$$

式中　c_0——初始浓度；

c——t 时间的残存浓度。

设 x 是反应物在 t 时已反应的浓度，则在 80min 的 $x=0.3c_0$，而

$$c = c_0 - x = 0.4\times10^3 - 0.3\times0.4\times10^3 = 0.28\times10^3$$

$$k = \frac{1}{80}\times\frac{0.4-0.28}{0.4\times0.28}\times10^{-3} = 1.34\times10^{-5}\text{m}^3/(\text{mol}\cdot\text{min})$$

2）反应完成 80%所需时间：

$$c = c_0 - x = 0.4\times10^3 - 0.8\times0.4\times10^3 = 0.08\times10^3$$

$$t = \frac{1}{k}\frac{c_0 - c}{c_0 c} = \frac{1}{1.34\times10^{-5}}\times\left(\frac{0.4-0.08}{0.4\times0.08}\times10^{-3}\right) = 746\text{min}$$

59. 2010 年重庆大学冶金原理试题选解

一、答：

（1）1）$w_{[C]}>2.11\%$（生铁），$w_{[C]}<0.02\%$（熟铁），$w_{[C]}<0.0218\%$，含［Fe］高达 99.5%~99.9%（工业纯铁），铁基高温合金是指在高温条件下以铁液为溶剂，其他少量金属为溶质形成的合金，$0.0218\%<w_{[C]}<2.11\%$（钢）。

2）低碳钢 $w_{[C]} \leqslant 0.25\%$，中碳钢 $w_{[C]} = 0.25\% \sim 0.6\%$，高碳钢 $w_{[C]} > 0.6\%$。

3）低合金钢合金元素总含量不大于 5%；中合金钢合金元素总含量为 5%~10%；高合金钢合金元素总含量大于 10%。

4）结构钢；工具钢；特殊性能钢。

5）强度、硬度、塑性、韧性、抗疲劳强度、屈服强度、耐磨性、抗拉强度、抗压强度等。

6）碳素钢在室温下的金相组织基本上由铁素体、珠光体和渗碳体构成，这三者的体积分数和分布状态的变化直接影响到碳素钢的性能，表现为含碳量增加，则钢的强度增加，塑性降低，当钢中加入合金元素时，合金元素的原子有的进入铁素体和奥氏体中形成固液体，有的置换渗碳体中的部分铁原子，形成合金渗碳体从而改变了钢的组织和结构，使钢的性能发生变化。

（2）理想溶液是指在整个浓度范围内都服从拉乌尔定律的溶液，$U_{AB} = 1/2(U_{AA} + U_{BB})$（$U_{AA}$、$U_{BB}$ 为同种质点交互作用能；U_{AB} 为异种质点交互作用能），微观作用力应满足各原子间的交互作用能相等。

（3）冶金热力学研究反应在一定条件下进行的可能性方向及限度进而能够控制和创造一些条件，使之达到人们所要求的方向及其进行的程度（最大产率），而冶金动力学是从分子论研究化学反应本身的速率和机理的，以及在有流体流动，传质传热并考虑体系几何特征条件下研究反应过程的速率和机理。化学动力学多是研究在常温下单相系反应过程和机理，而冶金动力学则是研究高温条件下多相系的冶金化学反应的速率和机理。

（4）对于化学反应 $V_1B_1 + V_2B_2 = V_3B_3 + V_4B_4$，有

$$\xi = \frac{n_{Bt} - n_{Bt}^0}{v_i} = \frac{\Delta n_{Bt}}{v_i} \quad 或 \quad d\xi = \frac{dn_{Bt}}{v_i}$$

反应式中，任一反应物或产物的物质的量的变化除以其化学计量数（对反应物取负号，对产物取正号）其结果成为该反应的进度，用符号 ξ 表示。

引入反应进度这个量最大的优点是反应在进行到任何时刻都可用任一反应物或产物的物质的量的变化来表示反应进行的程度，当反应物按其反应方程式中的化学计量数进行反应时，反应进度 $\xi = 1\text{mol}$。

反应速率则定义为：

$$\xi = \frac{d\xi}{dt} = \frac{1}{v_i}\frac{dn_{Bt}}{dt}$$

即反应进度对时间的导数或反应进度对时间的变化率，当反应中体系的体积 V 保持不变，则反应速率 v 定义为：

$$v = \frac{1}{v}\frac{dn_{Bt}}{v_t dt} = \frac{1}{v_i}\frac{dc_{Bi}}{dt} \quad 或 \quad v = \frac{\xi}{V} = \frac{1}{v_i}\frac{dc_{Bi}}{dt}$$

因此在体系的体积 V 是常数时，用反应式中任一物质的浓度变化的速率均可同样表示反应的速率，而反应的吉布斯自由能变化 $\Delta_r G_m$ 也是指反应进度为 1mol 的值，单位为 J/mol。

（5）真空冶金是利用真空泵将容器空间内气体的密度降低到低于该区域内大气压的气体密度的状态下进行冶炼。在真空中熔化，精炼及浇铸钢液能使钢液不会受到大气中水蒸气、氮、氧的污染，并对具有较大蒸气压的某些溶解元素能通过化学反应，转变为不溶于钢液中的气态物质，使之挥发除去，此外对于有气体物质参与，且反应前后气体物质的量不相同的反应，因气相压力的降低可使反应的平衡向气体物质的量增加的方向移动。这是因为产生的气态物质比凝聚态物质有较大的熵值，即体系的熵值增加，从而反应的 $\Delta G_m = \Delta H_m - (S_2 - S_1)T < 0$，式中，$S_2 < S_1$。

真空冶炼有下列作用：

1）去气。除去钢液中溶解的氢和氮。对于气体 X_2 按平方根定律 $1/2X_2 = [X]$，式中，X_2 为 H_2 或 N_2。真空中 $p_{X_2} < p_{X_2(平)}$，从而 $\Delta_r G_m > 0$，钢液能出现脱气。这里 p_{X_2} 是真空压力，而 $p_{X_2(平)}$ 是由平方根定律计算的钢液中溶解气体的平衡分压。

2）溶解元素的挥发。钢液溶解元素在真空中的挥发，决定于尤其在钢液中的活度系数及其本身的蒸气压所确定的挥发系数：

$$\alpha = \sqrt{\frac{M_B}{M_{Fe}}} \frac{\gamma_B}{\gamma_{Fe}} \frac{p_B}{p_{Fe}}$$

能在真空中经处理出去的元素，其二元合金的挥发系数 $\alpha > 10$。如 Mn、Cr、Cu、Sn、Pb 等有色金属元素。

3）真空脱氧。对于脱碳反应 $[C] + [O] = CO$，$w_{[C\%]} w_{[O\%]} = m p_{CO}$，真空能使 p_{CO} 降低，则 $w_{[C\%]} w_{[O\%]}$ 积减小，并随着 p_{CO} 的降低（真空度提高）碳的脱氧能力逐渐增强，但有一定的极限。

4）真空脱硫。在真空下，钢液中的硫可与石灰作用 $[S] + CaO(s) + [C] = CaS(s) + CO$，变成 $CaS(s)$ 而除去。在 1000℃，$w_{[C]} = 0.1\%$，$p'_{CO} = 100Pa$ 时，钢液的 $w_{[S]} = 2 \times 10^{-5}\%$，但实际上达不到这样低的值。在真空中，钢液的 [S] 可能以 CS_2、CS、COS、SiS 等气态物逸出，其中生成 SiS 的可能性最大，所以钢液中较高量的 [Si] 能加强真空脱硫的作用。

5）真空去除夹杂物。在真空处理中，钢液内夹杂物可因钢液的机械搅拌作用，体系内气压的降低，夹杂物能发生分解或为 [C] 所还原，产生的气态产物如 CO 等被真空抽走，促使夹杂物减少。

6）与炉衬耐火材料的反应。在真空处理中，炉衬耐火材料可能发生下列反应：

①氧化物的热分解。当真空度（p'_{O_2}）$< p'_{O_2(MO_2)}$ 时，炉衬的耐火材料可能发生分解，而分解出的氧气，则溶解于钢液中，如 $MgO(s) = Mg(g) + [O]$。

②氧化物的还原。耐火材料的氧化物能为钢液中的 [C] 等所还原，在真空下，还原反应生成的 CO 被抽走，使在大气下难以进行的氧化物的直接还原反应得以进行，如 $MgO(s) + [C] = Mg(g) + CO$，$2MgO(s) + Si(s) = 2Mg(g) + SiO_2(s)$。因此在真空处理中，应选用不含易为碳所还原或还原后的元素对钢性能无害的耐火材料。

二、解：

（1）1）[V] 是以纯物质为标准态，$a_{(V_2O_3)}=1$，$\Delta G_1^\ominus=\Delta G_2^\ominus=-1202900+273.53T$

即
$$\Delta G=\Delta G_1^\ominus+RT\ln K$$
$$\ln K^\ominus=\frac{1202900-273.53\times1873.15}{8.314\times1873.15}$$

则
$$K^\ominus=1.37\times10^{21}$$
$$x=\frac{M_A}{100M_B}w_B=\frac{M_{Fe}}{100M_V}w_{[V]\%}=8.8\times10^{-4}$$
$$a_V=\gamma_V^\ominus x_{[V]}=8.8\times10^{-5}$$
$$\Delta_r G_m=467015\text{J/mol}$$
$$K^\ominus=\frac{a_{(V_2O_3)}}{a_{[V]}^2 p_{O_2}^{3/2}}\Rightarrow p'_{O_2}=\left(\frac{a_{(V_2O_3)}}{a_{[V]}^2 K^\ominus}\right)^{1/1.5}=2.1\times10^{-9},\quad p_{O_2}=2.1\times10^{-4}\text{Pa}$$

2）以质量 1%溶液为标准态，反应的 $\Delta_r G_m^\ominus$ 由下列组合得到：

$$2V(s)+3/2O_2 = V_2O_3(s)\qquad \Delta G_2^\ominus=-1202900+237.53T$$
$$2V(s) = 2[V]\qquad 2\Delta_r G_V^\ominus=2\times(-20710-45.61T)$$
$$2V(s)+3/2O_2 = V_2O_3(s)\qquad \Delta_r G_m^\ominus=-1161480+328.75T$$

平衡时，$\Delta_r G_m^\ominus=-RT\ln K^\ominus$，则 $K^\ominus=1.65\times10^{15}$

在稀溶液中，$f_{[V]}=1$，$a_{[V]}=f_{[V]}w_{[V]\%}=0.08$

$$\Delta_r G_m=\Delta_r G_m^\ominus+RT\ln J=-1161480+328.75\times1873+8.314\times1873\times\ln(1/0.08^2)$$
$$=-467055\text{J/mol}$$
$$p'_{O_2}=\left(\frac{1}{K^\ominus a_{[V]}^2}\right)^{1/1.5}=2.10\times10^{-9},\quad p_{O_2}=2.10\times10^{-4}\text{Pa}$$

3）由上述可见，[V] 的标准态不同反应的 $K^\ominus$，$\Delta_r G_m^\ominus$ 则不相同，但是 $\Delta_r G_m$ 及 $p_{O_2(平)}$ 是相同的，因为气体的分压只有一种标准态，即为 100kPa。

（2）
$$Fe_2O_3+3CO = 2Fe+3CO_2\qquad \Delta G_1=\Delta G_{(1)}^\ominus+RT\ln\frac{p_{CO_2}/p^\ominus}{p_{CO}/p^\ominus}=0$$
$$\Delta G_{(1)}^\ominus=\Delta_f G_{(CO_2)}-\Delta_f G_{(CO)}-\Delta_f G_{(Fe_2O_3)}$$

计算出 $p_{CO(1)}$。

$$Fe_3O_4+4CO = 3Fe+4CO_2\qquad \Delta G_2=\Delta G_{(2)}^\ominus+RT\ln\frac{(p_{CO_2}/p^\ominus)^4}{(p_{CO}/p^\ominus)^4}$$
$$\Delta G_{(2)}^\ominus=4\Delta_f G_{(CO_2)}-4\Delta_f G_{(CO)}-\Delta_f G_{(Fe_3O_4)}$$

计算出 $p_{CO(2)}$。

$$FeO+CO = Fe+CO_2\qquad \Delta G_{(3)}=\Delta G_{(3)}^\ominus+RT\ln\frac{(p_{CO_2}/p^\ominus)}{(p_{CO}/p^\ominus)}$$
$$\Delta G_{(3)}^\ominus=4\Delta_f G_{(CO_2)}-4\Delta_f G_{(CO)}$$

计算出 $p_{CO(3)}$。

比较 $p_{CO(1)}$、$p_{CO(2)}$、$p_{CO(3)}$，得出最小值。

（4）1）$v=k_1c_A-k_2c_Bc_C$，当反应达到平衡时，$v=0$。则 $K=k_1/k_2=c_Bc_C/c_A=4.9\times10^{-6}/3.9\times10^{-9}=1256.40$。

2）$-\dfrac{dc_A}{dt}=Kc_A$，$\int_{c_A^0}^{c_A}\dfrac{dc_A}{c_A}=\int_0^t -K dt$，$\ln\dfrac{c_A}{c_A^0}=-Kt$

A(g)══B(g)+C(g)，每当 A 反应 Kmol B 和 Kmol C，系统气体总量增加 Kmol，当系统总压变为 121.590kPa 时，已经反应了 121.590−101.325＝20.265kPa A。

$$\frac{c_A}{c_A^0}=\frac{p_A}{p_A^0}=0.8,\qquad \ln\frac{c_A}{c_A^0}=\ln0.8=-4.9\times10^{-6}t$$

$$t=44539.5s=743min$$

60. 2011 年重庆大学冶金原理试题选解

一、答：

（1）稀溶液：溶质的蒸气压服从亨利定律，溶剂的蒸气压服从拉乌尔定律的溶液。理想溶液：在整个浓度范围内服从拉乌尔定律的溶液，微观作用力应满足各种原子间的交互作用能相等。

（3）1）基本观点：熔渣完全由离子构成，其内不出现中性质点；和晶体中的相同，离子最邻近者仅是异号离子，并且所有同号离子不论其大小及电荷是否相同，与周围异号离子的静电作用力都是相等的，因此它们在熔渣中的分布完全是统计无序状态。

熔渣中 FeO 活度计算式：　　$a_{FeO}=x_{(Fe^{2+})}x_{(O^{2-})}$

2）正规离子溶液模型：溶液由简单阳离子（Fe^{2+}、Mn^{2+}、Mg^{2+}、Ca^{2+}、Si^{4+}、P^{5+}）和阴离子 O^{2-}组成，而阴离子仅考虑 O^{2-}一种，高价阳离子也不形成络离子；由于这些阳离子的静电势不同，故和共同 O^{2-}混合时，就有热效应产生；各阳离子无序分布于 O^{2-}之间，和完全离子溶液的状态相同，所以它的混合熵也和完全离子溶液的相同。

熔渣中 FeO 活度计算式：　　$a_{FeO}=x_{(Fe^{2+})}x_{(O^{2-})}\gamma_{Fe^{2+}}\gamma_{O^{2-}}$

3）脱磷：　$2[P]+5(FeO)+4(CaO)══(4CaO\cdot P_2O_5)+5[Fe]$

$4[P]+5(Fe^{2+})+8(O^{2-})══2(P_2O_4^{3-})+5[Fe]$

脱硫：
$$(CaO)+[S]══(CaS)+[O]$$
$$[S]+(O^{2-})══(S^{2-})+[O]$$

①$K_S^\ominus$ 指脱硫反应平衡常数，L_S 指脱硫分配系数 $K_S^\ominus$ 的影响：熔渣脱硫反应为吸热反

应，因此温度越高，$K_S^\ominus$ 越大，从而 L_S 也越大，越有利于脱硫，而且高温能加快石灰溶解和提高熔渣的流动性，获得高碱度的熔渣，并对脱硫的动力学条件有利。

②炉渣碱度越大，则 $a_{(O^{2-})}$ 增大，也使 $\gamma_{(S^{2-})}$ 减小，有利于脱硫，$a_{(FeO)}$ 越低，从而 $a_{[O]}$ 越低，越有利于脱硫。

③金属组成：金属液中的 Si、C 等元素能提高 $f_{[S]}$，使［S］向渣-金属液面转移，有利于脱硫。

（4）1）

$$CaCO_3 \xlongequal{\triangle} CaO + CO_2\uparrow$$

2）服从未反应核模型。

3）①k_+：正反应速率；K：反应平衡常数；D_e：产物层内 CO_2 的有效扩散系数；R：分解的反应度；r_0：矿球原始半径；p_{CO_2}：气相中 CO_2 的分压，当外扩散不成为限制环节时，矿球表面 $p_{CO_2}=p^0_{CO_2}$。

②过程处于动力学范围，$k_+ \ll D_e$，$\dfrac{R+\left(1-\dfrac{p^0_{CO_2}}{K}\right)}{r_0 e^{RT}}\cdot t=1-(1-R')^{1/3}$，完全分解时 $R'=1$，

$t=\dfrac{r_0 e^{RT}}{R+\left(1-\dfrac{p^0_{CO_2}}{K}\right)}$，则，矿粒完全分解的时间与矿料原始半径 r_0 的一次方成正比，这是界面反应成为限制环节的依据。在这种情况下，随着温度的升高，粒度（r_0）的减小和气相 $p^0_{CO_2}$ 的降低，分解时间缩短。

③$k_+ \gg D_e$，$\dfrac{2D_e(K-p^0_{CO_2})}{r_0^2 e^{RT}}\cdot t=1-\dfrac{2}{3}R'-(1-R')^{2/3}$，$t'=\dfrac{r_0^2 e^{RT}}{6D_e(K-p^0_{CO_2})}$（影响分解时间的因素：温度、粒度、二氧化碳浓度）。仅在反应的最后一个阶段，特别是当矿粒比较大的时候，内扩散才成为限制性环节。因此，提高温度，降低气相中 $p^0_{CO_2}$ 及减小矿块的粒度，可提高分解的速度。

（5）1）常用的三种脱氧方法：沉淀脱氧、扩散脱氧、真空脱氧。

2）沉淀脱氧的原理：将脱氧剂加入到钢液中，直接与钢液中的氧反应，生成的稳定氧化物自钢液中排除。其优点为：时间短、效率高；缺点是：产生了氧化物夹杂。

扩散脱氧的原理：利用氧势比所要脱氧的钢液的氧势更低的熔渣做脱氧剂，与欲脱氧的钢液充分接触，使钢液中的氧通过扩散方式向渣中转移而去除。其优点为：不产生氧化物夹杂；缺点是：脱氧不完全，脱氧时间较长。

真空脱氧的原理：利用真空压力的作用，使置于真空室内钢液在常压下的碳氧反应的平衡被破坏，碳作为脱氧剂，进行脱氧，生成的 CO 被抽走，从而达到降碳及脱氧的目的。其优点有：不需外加脱氧剂，不产生氧化物夹杂，同时除去钢中的［H］和［N］，使沉淀脱氧产生的夹杂上浮速度加快；缺点是：成本较高。

二、解：

（1）液相变化 $m \xrightarrow{L\to A} m_1 \xrightarrow{L\to A+C} P(L_P + A = C + D)$

固相变化　$A \to m_2 \to m$

结晶路线如图，由 $m \to m_1 \to P$。

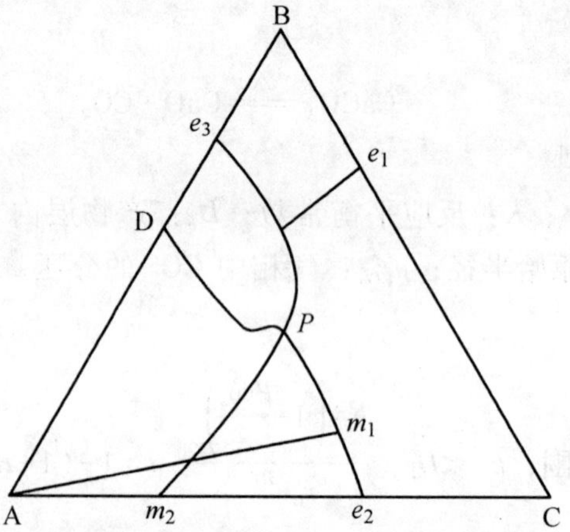

（2）刚到达 P 点时，$w_s = \dfrac{\overline{Pm}}{\overline{Pm_2}}$，$w_c = \dfrac{\overline{mm_2}}{\overline{Pm_2}}$

固相包括 A、C 两个组元，$w_A = \dfrac{\overline{Cm_2} \cdot \overline{Pm}}{\overline{AC} \cdot \overline{Pm_2}}$，$w_C = \dfrac{\overline{Am_2} \cdot \overline{Pm}}{\overline{AC} \cdot \overline{Pm_2}}$。

三、解：

（1）见 2009 年重庆大学冶金原理试题二（1）题答案。

（2）完全离子模型法：$a_{FeO} = x_{(Fe^{2+})} x_{(O^{2-})}$。

假定渣中有下列离子存在：Ca^{2+}、Mn^{2+}、Mg^{2+}、Fe^{2+}、O^{2-}、SiO_4^{4-}、PO_4^{3-}，从 100g 熔渣组分的物质的量计算出组分的摩尔分数及 $\sum n_{B^+}$，$\sum n_{B^-}$，得：

组分	CaO	SiO_2	FeO	MgO	P_2O_5	MnO	$\sum n$
n_B	0.804	0.250	0.250	0.420	0.008	0.056	1.78

$$n_{(O^{2-})} = n_{(CaO)} + n_{(MnO)} + n_{(MgO)} + n_{(FeO)} - 3n_{(P_2O_5)} - 2n_{(SiO_2)}$$
$$= 1.53 - 3 \times 0.008 - 2 \times 0.250 = 1.006$$

$$\sum n_{B^-} = n_{(O^{2-})} + n_{(SiO_4^{4-})} + n_{(PO_4^{3-})}$$
$$= 1.006 + 0.250 + 2 \times 0.008 = 1.272$$

$$\sum n_{B^+} = n_{(Ca^{2+})} + n_{(Mg^{2+})} + n_{(Mn^{2+})} + n_{(Fe^{2+})} = 1.53$$

故
$$a_{FeO} = x_{(Fe^{2+})} x_{(O^{2-})} = \frac{n_{(Fe^{2+})}}{\sum n_{B^+}} \frac{n_{(O^{2-})}}{\sum n_{B^-}}$$

$$=\frac{0.250\times1.006}{1.53\times1.272}=0.130$$

引入离子活度系数，$a_{FeO}=x_{(Fe^{2+})}x_{(O^{2-})}\gamma_{(Fe^{2+})}\gamma_{(O^{2-})}$，而

$$\lg\gamma_{Fe^{2+}}\gamma_{O^{2-}}=1.53\times\left(\frac{n_{(SiO_2)}+2n_{(P_2O_5)}}{\sum n_{B^-}}\right)-0.17$$

$$=1.53\times\frac{0.250+0.016}{1.272}-0.17=0.150$$

$$\gamma_{Fe^{2+}}\gamma_{O^{2-}}=1.41,\quad a_{FeO}=0.130\times1.41=0.1833$$

由于渣中 $w_{(SiO_2)}>11\%$，故引入活度系数后，a_{FeO}的计算值仍偏低。

61. 2012 年重庆大学冶金原理试题选解

一、答：

（1）碱度：炉渣中主要的碱性氧化物的质量分数对酸性氧化物的质量分数之比。

（2）浮氏体：由于氧进入氧化亚铁中形成 O^{2-} 过剩及产生的阳离子空位形成的离子团。

（3）反应活化能：完成一化学反应进程，使物质变为活化分子所需的平均能量。

（4）氧势：在温度 T，氧分压为 p_{O_2}的气相中，氧的化学势 μ_{O_2}与标准化学势 $\mu_{O_2}^{\ominus}$之差。

（5）磷容量：是熔渣中 $w_{(PO_4^{3-})}$与脱磷反应中氧分压和磷分压平衡的关系式，表示熔渣吸收或溶解磷氧化物的能力。

（6）沉淀脱氧：向钢液中加入能与氧形成稳定氧化物的元素，而形成的氧化物能借自身的浮力或钢液的对流运动而排除。

（7）化学扩散：当溶液中有浓度梯度存在时，发生的扩散，它是一种原子在其中作为基体的原子中的相对扩散。

二、答：

（1）提取冶金是指从矿石中提取金属及金属化合物的生产过程。分为：火法冶金、湿法冶金、电冶金。冶金过程热力学是利用化学热力学的原理研究冶金反应过程的可能性（方向）及反应达到平衡的条件，以及在该条件下反应物能达到的最大产出率，确定控制反应过程的参数（温度、压力、浓度及添加剂的选择）。

冶金过程动力学是利用化学动力学的原理及物质、热量、动量传输的原理来研究冶金过程的速率和机理，确定反应过程速率的限制环节，从而得出控制或提高反应的速率，缩

短冶炼时间，增加生产率的途径。

（2）活度是修正后的浓度值，实际溶液对标准溶液的偏差，$a_{B(R)}=\gamma_B x_B$，或称有效浓度。其意义为：表征溶液某一组分逸出能力的大小。活度的标准态：纯物质标准态、假想纯物质标准态、质量1%溶液标准态。熔渣组分的活度选择纯物质标准态；金属溶液组分的活度选择以质量1%为标准态。作为标准态的物质，其浓度值为1（$x_B=1$，$w_{[B]\%}=1$），活度也为1，从而其活度系数也为1（$\gamma_B=1$，$f_B=1$），只有具备这三个条件的物质或状态，才能作为溶液组分的标准态。

（3）多相反应过程的化学反应通常发生在体系的相界面上，反应一般有如下三个环节：反应物扩散到反应界面上；在反应界面上进行化学反应；反应产物离开反应界面向相内扩散。

（4）双膜理论适用于液-液相或气-液相反应。双膜理论采用了静止的边界层概念，并认为两相中的传质是独立进行的，实际上，由于接触的两相因物性（v，D）的不同，它们的传质系数对钢液和熔渣而言要相差20~100倍，因而是互有影响的。

（5）1）熔渣的分子结构理论认为熔渣是由一些自由状的简单氧化物（少数硫化物、卤化物）分子及这些自由氧化物形成的化合物分子所组成的，具有理想溶液性质的熔体。这些简单或自由状氧化物和其形成的化合物之间处于动态的化学平衡反应中，但只有自由状氧化物才能参加与金属液之间的化学反应，并能用平衡常数表示。反应中自由状氧化物的浓度等于其活度，而此浓度等于化学分析所测得的氧化物的总浓度与该氧化物的结合浓度之差。

2）熔渣的离子结构理论认为熔渣是带电质点（原子或原子团），即离子构成，但并不否定其内有氧化物或复杂化合物的出现，可是他们不是分子，而是带电荷的离子群聚团。

①X射线衍射指出，组成炉渣的氧化物及其他化合物的基本组成单元均是离子，即带电的原子或原子团。

②熔渣是离子导电的，其电阻率虽比液体金属的低，但比分子状的物质高，约$(0.1\sim10)\times10^2$S/m。

③熔渣能被电解，在阴极析出金属。

④SiO_2浓度高的熔渣有较高的黏度，证实其内有$Si_xO_y^{z-}$离子的存在。

三、解：

（1）1）①未反应核模型。

②分解过程的组成环节为：分解从碳酸盐矿粒表面上的某些活性点开始，而后沿着矿内反应界面进行；氧化物新相核的形成及长大；CO_2由脱附离开反应相界，在其外的产物层内扩散和通过产物层外边界层内的外扩散。

③当传质速率小于分解反应速率时，限制环节是扩散；当传质速率大于分解反应速率时，限制环节是化学反应；分解反应有较大的吸热。

2）　$p_{CO_2}=\frac{16}{100}\times\frac{1.25\times10^5}{10^5}=0.2$，　$p=\frac{1.25\times10^5}{p^{\ominus}}=1.25$

由 $\lg p_{CO_2(CaCO_3)}=-8908/T+7.53$ 得

$$T=\frac{-8908}{\lg p_{CO_2(CaCO_3)}-7.53}$$

开始温度：　$T_{开}=\frac{-8908}{\lg0.2-7.53}=1083K(810℃)$

沸腾温度：　$T_{沸}=\frac{-8908}{\lg1.25-7.53}=1198K(925℃)$

（2）由 G-D 方程 $x_A\mathrm{d}\ln a_A+x_B\mathrm{d}\ln a_B=0$，得：

$$\mathrm{d}\ln a_A=-\frac{x_B}{x_A}\mathrm{d}\ln a_B=-\frac{x_B}{x_A}\mathrm{d}\ln\gamma_B^0 x_B=-\frac{x_B}{x_A}\mathrm{d}\ln\gamma_B^0-\frac{x_B}{x_A}\mathrm{d}\ln x_B$$

$$=-\frac{x_B}{x_A}\frac{1}{x_B}\mathrm{d}x_B=-\frac{\mathrm{d}x_B}{x_A}=\frac{\mathrm{d}x_A}{x_A}=\mathrm{d}\ln x_A \tag{1}$$

式中，$x_A+x_B=1$，而 $\mathrm{d}\ln\gamma^0=0$。积分式（1）得 $\ln a_A=\ln x_A+I$。当 $x_A=1$ 时，$a_A=1$，因此 $I=0$。故 $a_{A(R)}=x_A$（拉乌尔定律）。

（3）可由两固体电解质电池测得的电动势分别计算出 FeO(s) 及 NiO(s) 的标准生成吉布斯自由能的差值得出

$$\Delta_r G_m^{\ominus}=\Delta_f G_m^{\ominus}(NiO)-\Delta_f G_m^{\ominus}(FeO)$$

第一个电池的反应及 $\Delta_r G_{m(1)}^{\ominus}$：

正极：　$2FeO(s)+4e=2Fe(s)+2O^{2-}$

负极：　$2O^{2-}+Mo(s)=MoO_2(s)+4e$

电池反应：　$2FeO(s)+Mo(s)=2Fe(s)+MoO_2(s)$

$$\Delta_r G_{m(1)}^{\ominus}=\Delta_f G_{m(MnO_2,S)}^{\ominus}-2\Delta_f G_{m(FeO,S)}^{\ominus}=-4EF=-4\times0.173\times96500$$

因此　$\Delta_f G_{m(FeO,S)}^{\ominus}=\frac{\Delta_f G_{m(MnO_2,S)}^{\ominus}}{2}+33385$

第二个电池的反应及 $\Delta_r G_{m(2)}^{\ominus}$：

正极：　$2NiO(s)+4e=2Ni(s)+2O^{2-}$

负极：　$Mo(s)+2O^{2-}=MoO_2(s)+4e$

电池反应：　$2NiO(s)+Mo(s)=MoO_2(s)+2Ni(s)$

$$\Delta_r G_{m(2)}^{\ominus}=\Delta_f G_{m(MnO_2,S)}^{\ominus}-2\Delta_f G_{m(NiO,S)}^{\ominus}=-4EF=-4\times0.284\times96500$$

因此　$\Delta_f G_{m(NiO,S)}^{\ominus}=\frac{\Delta_f G_{m(MnO_2,S)}^{\ominus}}{2}+54812$

$$\Delta_r G_m^{\ominus}=\Delta_f G_{m(NiO)}^{\ominus}-\Delta_f G_{m(FeO)}^{\ominus}$$

$$=\frac{\Delta_f G_{m(MnO_2,S)}^{\ominus}}{2}+54812-\frac{\Delta_f G_{m(MnO_2,S)}^{\ominus}}{2}-33385=21427J/mol$$

(4)
$$\lg f_{[C]}=e_C^C w_{[C]\%}+e_C^{Si} w_{[Si]\%}=0.14\times4.5+0.08\times1=0.71$$
$$f_{[C]}=5.13,\ a_{[C]}=w_{[C]\%}f_{[C]}=23.08$$
$$\lg f_{[Si]}=e_{Si}^{Si} w_{[Si]\%}+e_{Si}^{C} w_{[C]\%}=0.11\times1+0.18\times4.5=0.92$$
$$f_{[Si]}=8.32,\ a_{[Si]}=w_{[Si]\%}f_{[Si]}=8.32$$

以 100g 熔渣为基础，$x_{SiO_2}=\dfrac{\frac{30}{60}}{\frac{30}{60}+\frac{55}{56}+\frac{15}{72}}=0.3$

$$a_{SiO_2}=x_{SiO_2}\gamma_{SiO_2}=2.25\times10^{-2}$$
$$k=\frac{\left(\frac{p_{CO}}{p^{\ominus}}\right)^2 a_{[Si]}}{a_{(SiO_2)}a_{[C]}^2}=\frac{1\times8.32}{2.25\times10^{-2}\times23.08^2}=0.69$$
$$\Delta G=\Delta G^{\ominus}+RT\ln k=540870-302.27T+8.314T\ln 0.69$$

令 $\Delta G=0$，则有：$T=1771.31$K。

(5) 1) FP：二元转熔线；e_3E、e_2E、e_1P：二元共晶线；PE：三元共晶线。无变量点 P：转熔点；E：三元共晶点。

2)

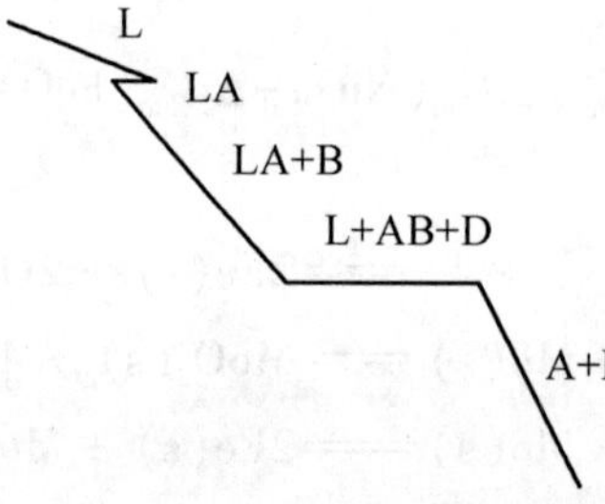

图 1 a 点结晶过程冷却曲线

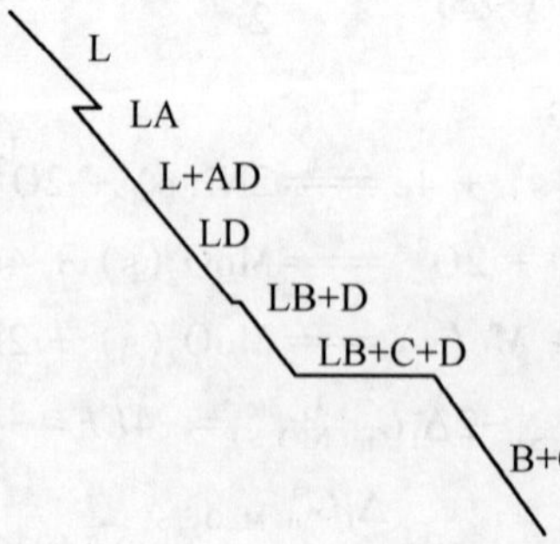

图 2 b 点结晶过程冷却曲线

3) P 点：ABD；E 点：BCD。

A 点：Ae_1PF；B 点：Be_1PEe_2；C 点：Ce_2Ee_3；D 点：$FPEe_3$。

参 考 文 献

[1] 曲英．炼钢学原理［M］．北京：冶金工业出版社，1980.

[2] 蒋仲乐．炼钢工艺及设备［M］．北京：冶金工业出版社，1981.

[3] 陈永彝．钢冶金［M］．北京：冶金工业出版社，1980.

[4] 上钢五厂一车间．电炉炼钢500问［M］．北京：冶金工业出版社，1981.

[5] 北京钢铁学校．钢锭浇注问答［M］．北京：冶金工业出版社，1980.

[6] 傅师曾．半镇静钢［M］．北京：冶金工业出版社，1982.

[7] 张荣生．钢铁生产中的脱硫［M］．北京：冶金工业出版社，1986.

[8] 汪大洲．钢铁生产中的脱磷［M］．北京：冶金工业出版社，1986.

[9] 伍成波．冶金工程实验［M］．重庆：重庆大学出版社，2005..

[10] 黄希祜．钢铁冶金原理［M］．北京：冶金工业出版社，1981.

[11] 东北工学院炼铁教研室．高炉炼铁学上、中册［M］．北京：冶金工业出版社，1978.

[12] 傅杰，等．特种冶炼［M］．北京：冶金工业出版社，1982.

[13] 吴凤林，等．顶吹转炉氧枪设计［M］．北京：冶金工业出版社，1982.

[14] 沈才芳．电弧炉炼钢工艺及设备［M］．北京：冶金工业出版社，1986.

[15] 崔更生．电弧炉炼钢熔炼［M］．哈尔滨：黑龙江科学技术出版社，1983.

[16] 董元篪，王海川．冶金物理化学［M］．合肥：合肥工业大学出版社，2011.

[17] 徐匡迪．不锈钢精炼［M］．上海：上海科学技术出版社，1985.

[18] ［苏］巴普基兹罗斯基 B M. 氧气转炉炼钢过程理论［M］．曹兆民译．上海：上海科学技术出版社，1979.

[19] ［美］盖格 G H，波伊里尔 D R. 冶金中的传热传质现象［M］．俞景禄，魏季和译．北京：冶金工业出版社，1981.

[20] ［美］威尔特 J R，等．动量热量质量传递原理［M］．李为正，叶路译．北京：国防工业出版社，1984.

[21] 张明远．冶金工程实验教程［M］．北京：冶金工业出版社，2012.

[22] 王雅贞．氧气顶吹转炉炼钢工艺及设备［M］．北京：冶金工业出版社，1983.

[23] 俞佐平．传热学［M］．2版．北京：高等教育出版社，1985.

[24] ［苏］伊茨科维奇 Г M. 钢脱氧及非金属夹杂物的变性处理［M］．王长林译．北京：冶金工业出版社，1986.

[25] 付文逵．钢铁冶炼工艺［M］．北京：机械工业出版社，1981.

[26] 黄希祜．钢铁冶金原理习题解答［M］．北京：冶金工业出版社，2007.

[27] 本书编写组．冶金新技术简介［M］．北京：冶金工业出版社，1984.

[28] ［日］川合保治．钢铁冶金反应动力学［M］．徐同宴，戴嘉惠译．北京：冶金工业出版社，1982.

[29] 卢盛意．连铸坯质量［M］．北京：冶金工业出版社，2008.

[30] 花皑，梁正敏．炼钢电弧炉的电气设备［M］．北京：机械工业出版社，1987.

[31] 郭汉杰．冶金物理化学教程［M］．2版．北京：冶金工业出版社，2008.

[32] 韩明荣，张生芹，陈建斌，等．冶金原理［M］．北京：冶金工业出版社，2008.
[33] 朱苗勇．现代冶金学（钢铁冶金卷）［M］．北京：冶金工业出版社，2008.
[34] 傅杰．现代电炉炼钢理论与应用［M］．北京：冶金工业出版社，2009.
[35] 蔡开科．连铸坯质量控制［M］．北京：冶金工业出版社，2010.

附　录

附录1　全国设置有冶金工程专业的本科高校名单

序号	学校名称	所在地（省、区、市）	学校类别	办学层次	备　注
1	东北大学	辽宁沈阳市	985 211	本-硕-博	
2	北京科技大学	北京市	211	本-硕-博	
3	中南大学	湖南长沙市	985 211	本-硕-博	
4	重庆大学	重庆市	985 211	本-硕-博	
5	上海大学	上海市	211	本-硕-博	
6	辽宁科技大学	辽宁鞍山市		本-硕-博	
7	昆明理工大学	云南昆明市		本-硕-博	
8	武汉科技大学	湖北武汉市		本-硕-博	
9	江苏大学	江苏镇江市	重点大学	本-硕-博	
10	辽宁科技学院	辽宁本溪市		本科	原本溪冶金高专，2004年升本
11	四川大学	四川成都市	985 211	本-硕	
12	湖南工业大学	湖南株洲市		本科	
13	华北理工大学	河北唐山市		本-硕	原河北理工大学合并
14	江苏科技大学	江苏镇江市		本-硕	原镇江船舶学院
15	河南科技大学	河南洛阳市		本-硕	原洛阳工学院合并
16	重庆科技学院	重庆市		本科	原重庆钢专，2004年合校升本
17	兰州理工大学	甘肃兰州市		本-硕	
18	攀枝花学院	四川攀枝花市		本科	
19	河北科技大学	河北石家庄市		本科	
20	河北工业大学	天津市		本科	
21	内蒙古科技大学	内蒙古包头市		本-硕	

续表

序号	学校名称	所在地（省、区、市）	学校类别	办学层次	备 注
22	西安建筑科技大学	陕西西安市		本-硕	
23	贵州师范大学	贵州贵阳市		本、专科	
24	贵州大学	贵州贵阳市	211	本-硕	原贵州工业大学并入
25	江西理工大学	江西赣州市		本-硕-博	2013 年开始招收博士
26	太原理工大学	山西太原市	211	本-硕	
27	青海大学	青海西宁市	211	本-硕	
28	红河学院	云南红河州		本科	
29	安徽工业大学	安徽马鞍山市		本-硕	
30	太原科技大学	山西太原市		本-硕	
31	南京工业大学	江苏南京市		本科	
32	北京科技大学天津学院（独立学院）	天津市		本科	
33	佳木斯大学	黑龙江佳木斯市		本科	2011 年设置冶金工程专业
34	长春师范学院	吉林长春市		本科	2011 年设置冶金工程专业
35	苏州大学	江苏苏州市	211		2011 年设置冶金工程专业
36	内蒙古工业大学	内蒙古呼和浩特市			2004 年设置冶金工程专业
37	江苏大学京江学院（独立学院）	江苏镇江市			2011 年设置冶金工程专业
38	山东理工大学	山东淄博市		本-硕	2011 年设置冶金工程专业
39	桂林理工大学	广西桂林市			2011 年设置冶金工程专业
40	青岛理工大学	山东青岛市			2012 年设置冶金工程专业
41	湖南工业大学科技学院（独立学院）	湖南株洲市			2012 年设置冶金工程专业
42	六盘水师范学院	贵州六盘水市			2012 年设置冶金工程专业
43	河北工程大学	河北邯郸市		本科	2013 年设置冶金工程专业
44	吕梁学院	山西吕梁市		本科	2013 年设置冶金工程专业
45	安徽工业大学工商学院	安徽马鞍山		本科	2015 年设置冶金工程专业
46	湖北理工学院	湖北黄石市		本科	2015 年设置冶金工程专业
47	郑州大学	河南省郑州市	211	本科	2016 年设置冶金工程专业
48	青海大学昆仑学院	青海西宁市		本科	2016 年设置冶金工程专业
49	广西大学	广西南宁市		本科	2013 年设置冶金工程专业
50	东北大学秦皇岛分校	河北省秦皇岛市		本-硕	

附录2　全国设置有冶金技术专业的高职（专科）院校名单

序号	学校名称	学校所在地	办学层次	备注
1	昆明工业职业技术学院	云南省昆明市	专科	
2	昆明冶金高等专科学校	云南省昆明市	专科	
3	云南锡业职业技术学院	云南省昆明市	专科	
4	山西工程职业技术学院	山西省太原市	专科	原太原冶金工业学校升格
5	吉林电子信息职业技术学院	吉林省吉林市	专科	
6	河北工业职业技术学院	河北省石家庄市	专科	
7	四川机电职业技术学院	四川省攀枝花市	专科	
8	内蒙古机电职业技术学院	内蒙古呼和浩特市	专科	
9	江西冶金职业技术学院	江西省新余市	专科	
10	甘肃钢铁职业技术学院	甘肃省嘉峪关市	专科	
11	山东日照职业技术学院	山东省日照市	专科	
12	天津冶金职业技术学院	天津市	专科	
13	首钢工学院	北京市	专科	
14	安徽工业职业技术学院	安徽省铜陵市	专科	
15	安徽冶金科技职业学院	安徽省马鞍山市	专科	
16	唐山科技职业技术学院	河北省唐山市	专科	
17	辽宁冶金职业技术学院	辽宁省本溪市	专科	
18	山东工业职业学院	山东省淄博市	专科	
19	大兴安岭职业学院	黑龙江省加格达奇市	专科	
20	兰州资源环境职业技术学院	甘肃省兰州市	专科	
21	巴音郭楞职业技术学院	新疆库尔勒市	专科	
22	新疆工业职业技术学院	新疆乌鲁木齐市	专科	
23	邢台职业技术学院	河北省邢台市	专科	

附录3 全国可以招收冶金工程专业硕士研究生的高校和研究机构名单

序号	单位名称	备注
1	北京科技大学	原北京钢铁学院
2	中南大学	原中南矿冶学院、原中南工业大学
3	东北大学	原东北工学院
4	上海大学	原上海工业大学
5	重庆大学	
6	辽宁科技大学	原鞍山钢铁学院、原鞍山科技大学
7	安徽工业大学	原马鞍山钢铁学院、原华东冶金学院
8	昆明理工大学	原昆明工学院
9	武汉科技大学	原武汉钢铁学院、原武汉冶金科技大学
10	华北理工大学	原唐山工程技术学院、原河北理工大学、原河北联合大学
11	内蒙古科技大学	原包头钢铁学院
12	江西理工大学	原江西冶金学院、原南方冶金学院
13	江苏大学	原江苏工学院
14	中国钢研科技集团有限公司	原北京钢铁研究总院
15	西安建筑科技大学	原西安冶金建筑学院
16	贵州大学	原贵州工业大学、原贵州工学院
17	四川大学	原成都工学院、原成都科技大学并入
18	太原理工大学	原太原工学院
19	太原科技大学	原太原重型机械学院
20	兰州理工大学	原甘肃工业大学
21	河南科技大学	原洛阳工学院
22	江苏科技大学	原镇江船舶学院
23	辽宁工业大学	原锦州工学院
24	山东理工大学	
25	北京有色金属研究总院	
26	中国科学院过程研究所	原中国科学院化工冶金研究所
27	昆明贵金属研究所	
28	北京矿冶研究总院	
29	长沙矿冶研究院有限责任公司	原长沙矿冶研究院
30	华南理工大学	在材料专业下招冶金方向的少量研究生
31	东北大学秦皇岛分校	

附录4　全国可以招收冶金工程专业博士研究生的高校和研究机构名单

序号	单位名称	备　注
1	北京科技大学	原北京钢铁学院
2	东北大学	原东北工学院
3	中南大学	原中南矿冶学院、原中南工业大学
4	上海大学	原上海工业大学
5	重庆大学	
6	昆明理工大学	原昆明工学院
7	辽宁科技大学	原鞍山钢铁学院、原鞍山科技大学
8	武汉科技大学	原武汉钢铁学院、原武汉冶金科技大学
9	安徽工业大学	原马鞍山钢铁学院、原华东冶金学院
10	华北理工大学	原唐山工程技术学院、原河北理工大学、原河北联合大学
11	内蒙古科技大学	原包头钢铁学院
12	江苏大学	原江苏工学院
13	贵州大学	原贵州工业大学、原贵州工学院
14	江西理工大学	原江西冶金学院、原南方冶金学院，面向国家特殊需求培养稀土方向的博士试点
15	西安建筑科技大学	原西安冶金建筑学院，在材料科学工程专业设置冶金材料制备方向
16	中国钢研科技集团有限公司	原北京钢铁研究总院、原冶金工业部北京钢铁研究总院
17	中国科学院过程研究所	原中国科学院化工冶金研究所
18	北京有色金属研究总院	
19	长沙矿冶研究院有限责任公司	原长沙矿冶研究院

附录 5　本书涉及更名的研究生招生高校与科研机构对照表

序号	原单位名称	现单位名称
1	北京钢铁学院	北京科技大学
2	东北工学院	东北大学
3	鞍山钢铁学院	辽宁科技大学
4	武汉钢铁学院	武汉科技大学
5	唐山工程技术学院	华北理工大学
6	上海工业大学	上海大学
7	北京钢铁研究总院	中国钢研科技集团有限公司
8	上海钢铁研究所	宝钢集团上海钢铁研究所

后　记

感想与感慨

三十多年来，我一直战斗在冶金教学和科研的第一线，从东北工学院读本科，到重庆钢铁设计研究院参加工作，从重庆钢铁设计研究院调到兵器工业部六二研究所，于1985年9月到北京科技大学读硕士研究生，再到重庆科技学院从事冶金教育工作，涉及的专业方向包括钢铁冶金（主要是电渣冶金、铁合金冶炼与电炉炼钢）和高等工程教育研究等领域。

我有幸师从东北大学钢铁冶金系的杜鹤桂教授、王文忠教授和北京科技大学原电冶金教研室的李士琦教授、傅杰教授、储少军教授、赵沛教授、刘海洪副教授。受到这些名师们的教诲与帮助，学习了他们的一些长处，从他们身上找到了我人生努力的方向。在整整三十五年的工作经历中，通过实践，我深深地认识到：一个人必须有理想、有抱负、有追求，还必须有毅力！一定要在工作中不断学习、不断总结，并善于积累资料；一个人要能够经受挫折、经受失败，甚至经受多次失败。只要追求梦想，坚持不懈，勤奋执著，一定能够做出一些成绩。从2004年5月重庆科技学院合校升本以来，我作为冶金工程专业负责人一直在为培养冶金工程专业应用型人才进行探索。近年来，重庆科技学院的冶金工程专业获得了“国家特色专业建设专业点”“国家卓越工程师教育计划试点专业”，拥有“国家工程实践教育中心”（与重庆钢铁股份公司共建）、“国家级钢铁制造虚拟仿真实验教学中心”和“国家级冶金工程实验教学示范中心”，实现了冶金工程专业的较大进步与发展。这些成绩的取得主要是前辈的培养、学校与学院领导的关怀、社会的支持、全体同事共同努力的结果。感谢为重庆科技学院冶金工程专业给予支持与帮助的各级领导、各界专家和各位朋友！

这是我出版的第6本书，之前在1987年研究生二年级的时候，即1987年9月在广西人民出版社出版了《大学生英语统考试题选》和《大学生英语竞赛试题选》（共61.9万字），1992年4月在重庆出版社出版了《祝您考试成功——考前准备与临场应试技巧》（9.3万字），1993年4月在东北大学出版社出版了

《铁合金冶炼技术操作》（21.2 万字），2013 年 3 月在冶金工业出版社出版了《冶金工程专业的教学改革与建设——以重庆科技学院为例》（31.6 万字）。本书本来应在 20 世纪 90 年代初出版，书稿资料的收集在我读大学期间的 1981 年就开始了，但完成此书拖得太久，当完成全部书稿的时候即将迎来我的五十四岁生日，也总算是了却了我的一桩心愿。作为自己五十四岁的生日礼物，出版这本书，很有纪念意义！完成书稿的当夜，让我兴奋与激动，久久难以入睡！

说真的，进入 50 岁之后，随着年龄的增长，自己的惰性变大了，病也多了，进取精神减退了，尽管经常在《重庆晚报》和《重庆晨报》上写点人生感悟，但不想写书了，写书太累了！好在许文林、高绪东两位年轻人的鼓励、帮助与支持，我们共同完成了本书稿的录入和编排，使本书得以顺利完稿，谢谢两位的努力与付出！

今年将迎来中国共产党第十九次全国代表大会的召开，将描绘中国未来发展的美好蓝图。站在时代的新起点上，中国钢铁工业 8 亿吨钢的生产和对冶金工程专业高层次人才的需求，需要我们冶金工作者继续努力，尽管我已五十四岁，按规定还有六年左右退休，还算年轻。中国钢铁工业的强国梦还没有实现，还需为冶金工程专业的人才培养继续努力奋斗！

吕俊杰

2017 年 7 月 6 日于重庆西郊